TensorFlow
深度学习

模型、算法原理与实战

王振丽◎编著

中国铁道出版社有限公司
CHINA RAILWAY PUBLISHING HOUSE CO., LTD.

北 京

内 容 简 介

本书循序渐进地讲解了使用 TensorFlow 开发深度学习程序的核心知识，并通过具体实例的实现过程演练了使用 TensorFlow 的方法和流程。书中首先讲解了 TensorFlow 深度学习基础知识；然后介绍了数据集制作、前馈神经网络、卷积神经网络、循环神经网络、生成式对抗网络、自然语言处理、注意力机制、概率图模型、深度信念网络、强化学习、无监督学习、TensorFlow Lite 移动端与嵌入式轻量级开发、TensorFlow.js 智能前端开发等实战应用内容；最后通过开发姿势预测器和智能客服系统，讲解 TensorFlow 的综合应用。

本书适合从事人工智能、深度学习算法开发人员阅读学习，还可作为高等院校和培训机构人工智能及其相关专业的教材。

图书在版编目（CIP）数据

TensorFlow 深度学习：模型、算法原理与实战/王振丽编著. —北京：中国铁道出版社有限公司，2024. 1
ISBN 978-7-113-30515-4

Ⅰ.①T… Ⅱ.①王… Ⅲ.①人工智能-算法 Ⅳ.①TP18

中国国家版本馆 CIP 数据核字（2023）第 162561 号

书　　名：TensorFlow 深度学习——模型、算法原理与实战
　　　　　TensorFlow SHENDU XUEXI：MOXING、SUANFA YUANLI YU SHIZHAN
作　　者：王振丽

责任编辑：于先军　　　　编辑部电话：（010）51873026　　　　电子邮箱：46768089@qq.com
封面设计：MXK DESIGN STUDIO
责任校对：苗　丹
责任印制：赵星辰

出版发行：中国铁道出版社有限公司（100054，北京市西城区右安门西街 8 号）
印　　刷：河北京平诚乾印刷有限公司
版　　次：2024 年 1 月第 1 版　2024 年 1 月第 1 次印刷
开　　本：787 mm×1 092 mm　1/16　印张：20.75　字数：418 千
书　　号：ISBN 978-7-113-30515-4
定　　价：79.80 元

前　言

TensorFlow 是一种开发机器学习程序的开源框架，可帮助开发者在计算机设备、移动设备和 IoT 设备上运行 TensorFlow 模型，并且可以开发出能够在计算机设备、Android 设备、iOS 设备和 IoT 设备上使用的深度学习程序。

本书特色

内容全面

本书详细讲解了使用 TensorFlow 开发人工智能程序的技术知识，循序渐进地讲解了这些技术的使用方法和技巧，帮助读者快速步入基于 Python 语言的人工智能开发高手之列。

实例驱动学习

本书采用理论加实例的讲解方式，通过这些实例实现了对知识点的横向切入和纵向比较，让读者有更多的实践演练机会，并且从不同的方位展现一个知识点的用法，真正实现了拔高的学习效果。

详细介绍 TensorFlow 开发的流程

本书一开始对 TensorFlow 开发的流程进行了详细介绍，而且在讲解中结合多个实用性很强的项目案例，带领读者掌握 TensorFlow 深度学习开发的相关知识，以解决实际工作中的问题。

贴心提示和注意事项

本书根据需要在各章安排了很多"注意""说明"和"技巧"等小版块，让读者可以在学习过程中更轻松地理解相关知识点及概念，更快地掌握关键技术的应用技巧。

本书内容

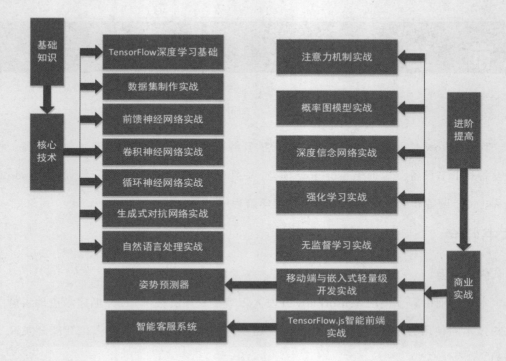

读者对象

- 软件工程师

- 机器学习开发人员

- 数据库工程师和管理员

- 研发工程师

- 大学及中学计算机教育工作者

致谢

本书在编写过程中，得到了朋友和家人的大力支持，在此对他们一并表示感谢。

由于时间仓促，作者能力与水平有限，难免存在疏漏之处，诚请读者批评指正。

王振丽

2023 年 11 月

目　录

第 1 章　TensorFlow 深度学习基础

第 2 章　数据集制作实战

第 3 章　TensorFlow 前馈神经网络实战

第 4 章　TensorFlow 卷积神经网络实战

第 8 章　注意力机制实战

第 9 章　概率图模型实战

第 10 章　深度信念网络实战

第 15 章　综合实战：姿势预测器

第 16 章　综合实战：智能客服系统

第 1 章　TensorFlow 深度学习基础

近年来，随着人工智能技术的飞速发展，机器学习和深度学习技术已经摆在人们的面前，一时间成为程序员们的学习热点。在深度学习领域，谷歌提供的 TensorFlow 是公认的最佳深度学习开发平台之一。本章将详细介绍 TensorFlow 深度学习的基础知识。

1.1　人工智能与深度学习概述

人工智能（Artificial Intelligence，AI）是研究、开发用于模拟、延伸和扩展人类智能的理论、方法、技术及应用系统的一门新的技术科学。本节将简要介绍人工智能技术和深度学习技术的基本知识。

1.1.1　人工智能介绍

自从机器诞生以来，聪明的人类就开始试图让机器具有智能，也就是人工智能。人工智能是一门极富挑战性的科学，从事这项工作的人必须懂得计算机知识、心理学和哲学。人工智能是一门综合性的交叉学科和边缘学科，它由不同的领域组成，如机器学习、计算机视觉等。总的来说，人工智能研究的一个主要目标是使机器能够胜任一些通常需要人类智能才能完成的复杂工作。

人工智能不是一个非常庞大的概念，单从字面上理解，应该理解为人类创造的智能。那么什么是智能呢？如果人类创造了一个机器人，这个机器人能有像人类一样甚至超过人类的推理、知识、学习、感知处理等能力，那么就可以将这个机器人称为是一个有智能的物体，也就是人工智能。

现在通常将人工智能分为弱人工智能和强人工智能，我们看到电影里的一些人工智能大部分都是强人工智能，它们能像人类一样思考如何处理问题，甚至能在一定程度上做出比人类更好的决定，它们能自适应周围的环境，解决一些程序中未遇到的突发事件，具备这些能力的就是强人工智能。但是在目前的现实世界中，大部分人工智能只是实现了弱人工智能，这能够让机器具备观察和感知的能力，在经过一定的训练后能计算一些人类不能计算的事情，但是它并没有自适应能力，也就是它不会处理突发的情况，只能处理程序中已经写好的，已经预测到的事情，这就叫作弱人工智能。

人工智能的研究领域主要有五层，具体如图 1-1 所示。

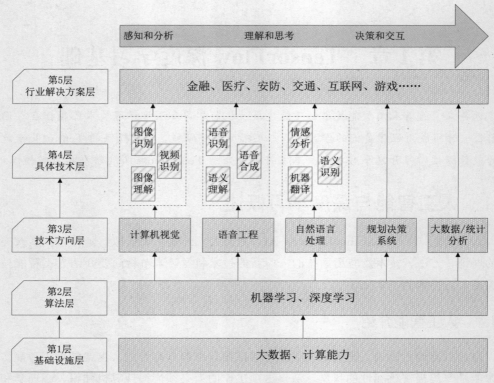

图 1-1　人工智能的研究领域

在图 1-1 所示的分层中，从下往上的具体说明如下：

- 第一层：基础设施层，包含大数据和计算能力（硬件配置）两部分，数据越大，人工智能的能力越强。
- 第二层：算法层，如卷积神经网络、LSTM 序列学习、Q-Learning 和深度学习等算法等都是机器学习的算法。
- 第三层：技术方向层，如计算机视觉、语音工程和自然语言处理等。另外还有规划决策系统，如 Reinforcement Learning（强化学习），或类似于大数据分析的统计系统，这些都能在机器学习算法上产生。
- 第四层：具体技术层，如图像识别、语音识别、语义理解、视频识别、机器翻译等。
- 第五层：行业解决方案层，如人工智能在金融、医疗、安防、交通、互联网和游戏等领域的应用。

1.1.2　机器学习

机器学习（Machine Learning，ML）是一门多领域交叉学科，涉及概率论、统计学、逼近论、凸分析、算法复杂度理论等多门学科。机器学习专门研究计算机怎样模拟或实现人类的学习行为，以获取新的知识或技能，重新组织已有的知识结构使之不断改善自身的性能。

机器学习算法是一类算法的总称，这些算法企图从大量历史数据中挖掘出其中隐含的规律，并用于预测或者分类。更具体地说，机器学习可以看作是寻找一个函数，输入是样本数据，输出是期望的结果，只是这个函数过于复杂，以至于不太方便形式化表达。需要注意的是，机器学习的目标是使学到的函数很好地适用于"新样本"，而不仅仅是在训练样本上表现很好。学到的函数适用于新样本的能力，称为泛化（Generalization）能力。

机器学习有一个显著的特点，也是机器学习最基本的做法，就是使用一个算法从大量的数据中解析并得到有用的信息，并从中学习，然后对之后真实世界中会发生的事情进行预测或做出判断。机器学习需要海量的数据进行训练，并从这些数据中得到有用的信息，然后反馈到真实世界的用户中。

我们可以用一个简单的例子来说明机器学习，假设在淘宝或京东购物时，天猫和京东会向我们推送商品信息，这些推荐的商品是我们很感兴趣的东西，这个过程是通过机器学习完成的。其实这些推送商品是京东和天猫根据我们以前的购物订单和经常浏览的商品记录而得出的结论，可以从中得出商城中的哪些商品是我们感兴趣、并且我们会有大概率购买，然后将这些商品定向推送给我们。

1.1.3　深度学习

机器学习是一种实现人工智能的方法，深度学习是一种实现机器学习的技术。深度学习本来并不是一种独立的学习方法，其本身也会用到有监督和无监督的学习方法来训练深度神经网络。但由于近几年该领域发展迅猛，一些特有的学习手段相继被提出（如残差网络），因此越来越多的人将其单独看作一种学习的方法。

假设我们需要识别某张照片是狗还是猫，如果是传统机器学习的方法，会首先定义一些特征，如有没有胡须，耳朵、鼻子、嘴巴的模样等。总之，首先要确定相应的"面部特征"作为机器学习的特征，以此来对我们的对象进行分类识别。而深度学习的方法则更进一步，它自动地找出这个分类问题所需的重要特征，而传统机器学习则需要人工地给出特征。那么，深度学习是如何做到这一点的呢？继续以猫狗识别的例子进行说明，步骤如下：

（1）确定出有哪些边和角与识别出猫和狗关系最大。

（2）根据上一步找出的很多小元素（边、角等）构建层级网络，找出它们之间的各种组合。

（3）在构建层级网络后，即可确定哪些组合可以识别出猫和狗。

注意：其实深度学习并不是一个独立的算法，在训练神经网络时也通常会用到有监督学习和无监督学习。但是由于一些独特的学习方法被提出，我觉得把它看作是单独的一种学习的算法应该也没什么问题。深度学习可以大致理解成包含多个隐含层的神经网络结构，深度学习的"深"是指隐藏层的深度。

1.1.4 机器学习和深度学习的区别

在机器学习方法中，几乎所有的特征都需要通过行业专家确定，然后手工就特征进行编码，而深度学习算法会自己从数据中学习特征。这也是深度学习十分引人注目的一点，毕竟特征工程是一项十分烦琐、耗费很多人力物力的工作，深度学习的出现大大减少了发现特征的成本。

在解决问题时，传统机器学习算法通常先把问题分为几块，一个个地解决好之后，再重新组合。但是深度学习则是端到端地一次性解决。假如存在一个任务：识别某图片中有哪些物体，并找出它们的位置。

传统机器学习的做法是把问题分为两步：发现物体和识别物体。首先，我们有几个物体边缘的盒型检测算法，把所有可能的物体都框出来。然后，再使用物体识别算法，识别出这些物体中分别是什么。图 1-2 所示为一个机器学习识别例子。

但是深度学习不同，它会直接在图片中把对应的物体识别出来，同时还能标明对应物体的名字。这样就可以做到实时的物体识别，如 YOLO net 可以在视频中实时识别物体。图 1-3 所示为 YOLO 在视频中实现深度学习识别的例子。

图 1-2　机器学习的识别　　　　　　　　图 1-3　深度学习的识别

注意：机器学习是实现人工智能的方法，深度学习是机器学习的一种算法，是一种实现机器学习的技术和学习方法。

1.2　TensorFlow 综述

TensorFlow 是谷歌公司推出的一个开源库，可以帮助我们开发和训练机器学习模型。TensorFlow 拥有一个全面而灵活的生态系统，其中包含各种工具、库和社区资源，可助力研究人员推动先进机器学习技术的发展，并使开发者能够轻松地构建和部署由机器学习提供支持的应用。

1.2.1　TensorFlow 介绍

TensorFlow 是一个端到端开源机器学习平台，由谷歌人工智能团队谷歌大脑（Google Brain）负责开发和维护，拥有包括 TensorFlow Hub、TensorFlow Lite、TensorFlow Research Cloud 在内的多个项目，以及各类应用程序接口（Application Programming Interface，API）。自 2015 年 11 月 9 日起，TensorFlow 依据 Apache 2.0 协议开放源代码。

在机器学习框架领域，PyTorch、TensorFlow 已分别成为目前学术界和工业界使用最广泛的两大实力框架，而紧随其后的 Keras、MXNet 等框架也由于其自身的独特性受到开发者的喜爱。截至 2020 年 8 月，主流机器学习库在 Github 网站的活跃度如图 1-4 所示。由此可见，在众多机器学习库中，本书将要讲解的 TensorFlow 最受开发者的欢迎，是当之无愧的机器学习第一库。目前，TensorFlow 的活跃度仍排第一。

	TensorFlow	Keras	MXNet	PyTorch
star	148k	49.4k	18.9k	41.3k
folk	82.5k	18.5k	6.7k	10.8k
contributors	2692	864	828	1540

图 1-4　主流机器学习库的活跃度

1.2.2　TensorFlow 的优势

TensorFlow 之所以能有现在的地位，主要原因有以下两点：

（1）"背靠大树好乘凉"，Google 几乎在所有应用程序中都使用 TensorFlow 来实现机器学习。得益于 Google 在深度学习领域的影响力和强大的推广能力，TensorFlow 一经推出其受关注度就居高不下。

（2）TensorFlow 本身设计宏大，不仅可以为深度学习提供强力支持，而且灵活的数值计算核心也能广泛应用于其他涉及大量数学运算的科学领域。

除了上述两点之外，TensorFlow 的其他主要优点如下：

- 支持 Python、JavaScript、C++、Java 和 Go、C＃和 Julia 等多种编程语言；
- 灵活的架构支持多 GPU、分布式训练，跨平台运行能力强；
- 自带 TensorBoard 组件，能够可视化计算图，便于让用户实时监控观察训练过程；
- 官方文档非常详尽，可供开发者查询的资料众多；
- 开发者社区庞大，大量开发者活跃于此，可以共同学习，互相帮助，一起解决学习过程中的问题。

1.3 搭建 TensorFlow 开发环境

在使用 TensorFlow 之前，必须先在我们的计算机中安装 TensorFlow。本节将详细讲解搭建 TensorFlow 开发环境的知识。

1.3.1 使用 pip 安装 TensorFlow

安装 TensorFlow 的最简单方法是使用 pip 命令进行安装，在使用这种安装方式时，无须考虑你当前所使用的 Python 版本和操作系统的版本，pip 会自动为你安装适合你当前 Python 版本和操作系统版本的 TensorFlow。在安装 Python 后，会自动安装 pip。

（1）在 Windows 系统中单击左下角的图标■，在弹出的界面中右击"命令提示符"，在弹出的界面中依次选择"更多"→"以管理员身份运行"命令，如图 1-5 所示。

图 1-5 以管理员身份运行"命令提示符"

（2）在弹出的"命令提示符"界面中输入以下命令即可安装库 TensorFlow：

```
pip install TensorFlow
```

在输入上述 pip 安装命令后，弹出下载并安装 TensorFlow 的界面，如图 1-6 所示。因为库 TensorFlow 的容量较大，并且还需要安装相关的其他库，所以整个下载安装过程会比较慢，需要大家耐心等待，确保 TensorFlow 能够正确安装成功。

图 1-6 下载、安装 TensorFlow 界面

注意： 使用 pip 命令安装的另外一个好处是，自动为你安装适合你的当前最新版本的 TensorFlow。因为在我的计算机中安装的是 Python 3.8，并且操作系统是 64 位的 Windows 10 操作系统。通过图 1-1 所示的截图可知，这时（我在写作本书时）适合我的最新版本的安装文件是 tensorflow-2.3.1-cp38-cp38-win_amd64.whl。在这个安装文件的名字中，各个字段的含义如下。

- tensorflow-2.3.1：表示 TensorFlow 的版本号是 2.3.1。
- cp38：表示适应于 Python 3.8 版本。

● win_amd64：表示适应于 64 位的 Windows 操作系统。

在使用前面介绍的 pip 方式下载安装 TensorFlow 时，能够安装成功的一个关键因素是网速。如果你的网速过慢，这时候可以考虑在百度中搜索一个 TensorFlow 下载包。因为目前适合我的最新版本的安装文件是 tensorflow-2.3.1-cp38-cp38-win_amd64.whl，那么我可以在百度中搜索这个文件，然后下载。下载完成后保存到本地硬盘中，如保存位置是：D:\tensorflow-2.3.1-cp38-cp38-win_amd64.whl，那么在"命令提示符"界面中定位到 D 盘根目录，然后运行以下命令就可以安装 TensorFlow：

```
pip install tensorflow-2.3.1-cp38-cp38-win_amd64.whl
```

安装成功后的"命令提示符"界面如图 1-7 所示。

图 1-7　安装 TensorFlow 成功后的"命令提示符"界面

1.3.2　使用 Anaconda 安装 TensorFlow

使用 Anaconda 安装 TensorFlow 的方法和上面介绍的 pip 方式相似，具体流程如下：

（1）在 Windows 系统中单击左下角的图标■，在弹出的界面中右击"Anaconda Powershell Prompt"，在弹出的界面中依次选择"更多"→"以管理员身份运行"命令，如图 1-8 所示。

图 1-8　以管理员身份运行"Anaconda Powershell Prompt"

（2）在弹出的"命令提示符"界面中输入以下命令即可安装库 TensorFlow：

```
pip install TensorFlow
```

在输入上述 pip 安装命令后，弹出下载并安装 TensorFlow 的界面，安装成功后的界面效果如图 1-9 所示。

图 1-9　下载、安装 TensorFlow 界面

1.4　TensorFlow 核心概念

在学习并编写 TensorFlow 程序之前，需要先了解 TensorFlow 中的几个基本概念。本节将详细讲解这几个核心概念的知识和用法。

1.4.1　TensorFlow 的基本构成

在 TensorFlow 官方文档中，对数据流图的解释为：数据流图用"节点"（nodes）和"线"（edges）的有向图来描述数学计算。"节点"一般用来表示施加的数学操作，但也可以表示数据输入（feed in）的起点/输出（push out）的终点，或者是读取/写入持久变量（persistent variable）的终点。"线"表示"节点"之间的输入/输出关系。这些数据"线"可以输送至"size 可动态调整"的多维数据数组，即"张量"（tensor）。张量从图中流过的直观图像是这个工具取名为"TensorFlow"的原因。一旦输入端的所有张量准备好，节点将被分配到各种计算设备完成异步并行地执行运算。

简单来说，数据流图就是在逻辑上描述一次机器学习计算的过程。TensorFlow 最基本的一次计算流程通常是：首先接受 n 个固定格式的数据输入，通过特定的函数，将其转化为 n 个张量（Tensor）格式的输出。

一般来说，某次计算的输出很可能是下一次计算的（全部或部分）输入。整个计算过程其实是一个个 Tensor 数据的流动过程。其中，TensorFlow 将这一系列的计算流程抽象为一张数据流图（Data Flow Graph）。

TensorFlow 程序通常被组织成一个构建图阶段和一个执行图阶段。在构建阶段，数据与操作的执行步骤被描述成一个图。在执行阶段，使用会话执行构建好的图中的操作。在数据流图的计算操作过程中包含以下 4 个概念：

- 图：这是 TensorFlow 将计算表示为指令之间的依赖关系的一种表示法。
- 会话：TensorFlow 跨一个或多个本地或远程设备运行数据流图的机制。
- 张量：TensorFlow 中的基本数据对象。
- 节点：提供图中执行的操作。

下面以图 1-10 为例，来说明 TensorFlow 数据流图中的几个重要概念。

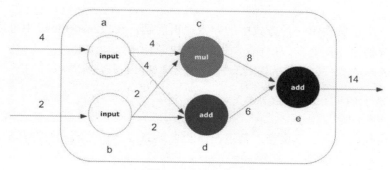

图 1-10　数据流图

构建数据流图时需要用到节点（node）和边（edge）两个基础元素，具体说明如下：

- 节点：在数据流图中，节点通常以圆、椭圆或方框表示，代表对数据的运算或某种操作。例如，在图 1-10 中，就有 5 个节点，分别表示输入（input）、乘法（mul）和加法（add）。
- 边：数据流图是一种有向图，"边"通常用带箭头线段表示，实际上，它是节点之间的连接。指向节点的边表示输入，从节点引出的边表示输出。输入可以是来自其他数据流图，也可以表示文件读取、用户输入。输出就是某个节点的"操作（Operation，下文简称 Op）"结果。在图 1-10 中，节点 c 接受两个边的输入（2 和 4），输出乘法的（mul）结果 8。

从本质上来说，TensorFlow 的数据流图就是一系列连接在一起的函数构成，每个函数都会输出若干个值（0 个或多个），以供其他函数使用。在图 1-10 中，a 和 b 是两个输入节点（input）。这类节点并非可有可无，其作用是传递输入值，并隐藏重复使用的细节，从而对输入操作进行抽象描述。

1.4.2　会话

会话是用来执行定义好的运算，会话拥有并管理 TensorFlow 程序运行时的所有资源，所有计算完成后需要关闭会话来帮助系统回收资源，否则就可能出现资源泄露的问题。在 TensorFlow 中一般有两种使用会话的模式。

第一种：需要明确调用会话生成函数和关闭会话函数。这种模式的代码如下：

```
#创建一个会话
sess = tf.Session()
sess.run(运算)
sess.close()
```

使用这种模式时，在所有计算完成后，需要明确调用 sess.close()方法来释放资源。然而，有时候程序因为异常退出，即使关闭会话函数也可能不会执行，这样会导致资源泄露问题。

第二种：为了解决第一种方式中的异常退出问题，在 TensorFlow 中可通过 Python 的上下文管理器来使用会话。例如在下面的代码中使用这种模式：

```
#创建一个会话，并通过python的上下文管理器来管理这个会话
with tf.Session() as sess:
#使用创建好的会话来计算相关结果
sess.run(运算)
```

通过上述代码，当上下文管理器退出时会自动完成会话关闭和资源释放功能。

1.4.3　优化器

优化器，就是 TensorFlow 中梯度下降的策略，用于更新神经网络中数以百万的参数。在 TensorFlow 的 tf.optimizer 类下面提供了多个优化器子类，每个子类都是一种优化器。各种优化器用的是不同的优化算法（经典的如 Mmentum、SGD 和 Adam 等），每一种优化器本质上都是梯度下降算法的拓展。

1.4.4　张量

张量是具有统一类型（称为 dtype）的多维数组。我们可以将张量理解为一个 n 维矩阵，所有类型的数据（包括标量、矢量和矩阵等）都是特殊类型的张量。在 TensorFlow 中提供一个库来定义和执行对张量的各种数学运算，以在 tf.dtypes.DType 中查看 TensorFlow 所有支持的 dtypes。

1.　什么是张量

也许你已经下载了 TensorFlow，而且准备开始着手研究深度学习。但是你会疑惑：TensorFlow 中的 Tensor 的中文翻译结果就是"张量"，"张量"到底是什么？也许你查阅了百度百科，但是发现看完后还是一头雾水，这是因为大多数讲述张量的指南，都假设你

已经掌握他们描述数学的所有术语。所以对于零基础的读者来说，学习张量会非常吃力。

张量是现代机器学习的基础，其核心是一个数据容器。究竟张量（Tensor）是什么呢？其实"张量=容器"，张量有多种形式。在绝大多数情况下，张量包含数字。当然有时候也包含字符串，但是这种情况比较少。

TensorFlow 支持以下三种类型的张量：

- 常量：常量是指其值不能改变的张量。
- 变量：在会话中张量的值需要变化时，使用变量来表示。例如，在神经网络中，权重需要在训练期间更新，可以通过将权重声明为变量来实现。变量在使用前需要被显式初始化。另外需要注意的是，常量存储在计算图的定义中，在每次加载图时都会加载相关变量。换句话说，它们是占用内存的。另外，变量又是分开存储的。它们可以存储在参数服务器上。
- 占位符：用于将值输入到 TensorFlow 图中，它们可以和 feed_dict（为占位符赋值的，格式为字典）一起使用来输入数据。在训练神经网络时，它们通常用于提供新的训练样本。在会话中运行计算图时，可以为占位符赋值。这样在构建一个计算图时不需要真正地输入数据。需要注意的是，占位符不包含任何数据，因此不需要初始化它们。

在 TensorFlow 中，使用函数 tf.constant()创建张量，语法格式如下：

```
tf.constant(
    value,
    dtype=None,
    shape=None,
    name='Const',
    verify_shape=False
)
```

上述代码中的参数说明如下：

- value：是必需参数，可以是一个数值，也可以是一个列表，表示张量的值。
- dtype：不是必需参数，表示张量的数据类型，一般可以是 tf.float32、tf.float64 等。
- shape：不是必需参数，表示张量的"形状"，用于设置张量的维数以及每一维的大小。如果指定了这个参数，当第一个参数 value 是数字时，张量中的所有元素都会用该数字填充。
- name：不是必需参数，表示张量的名字，可以是任何内容，只要是字符串即可。
- verify_shape：不是必需参数，默认值为 False，如果修改为 True，则表示检查 value 的形状与 shape 是否相符，如果不相等会报错。

2. 张量的基本形式

下面介绍张量的最基本形式，在深度学习中经常用到的张量在零维到五维。

（1）零维张量

零维张量是标量，因为标量是一个数字，所以说零维张量就是一个数字。我们可以把张量想象成一个装有数字的水桶，装在"张量/容器"水桶中的每个数字称为"标量"，标量是一个数字。实际上，可以使用一个数字的张量，我们称为零维张量，也就是一个只有零维的张量。它仅仅只是装有一个数字的水桶。大家可以想象一下，在水桶里只装有一滴水，这就是一个零维张量。

在 Python 中，张量通常被存储在 Numpy 数组中。NumPy（Numerical Python）是 Python 语言的一个扩展程序库，支持大量的维度数组与矩阵运算，此外也针对数组运算提供大量的数学函数库。在大部分的人工智能框架中，Numpy 是一个使用频率非常高的科学计算数据包。

在机器学习中，为什么想把数据转换为 Numpy 数组呢？因为需要把所有的输入数据，如字符串文本、图像、股票价格或者视频等，转换为一个统一的输入标准，以便能够更容易地得到进一步处理。在经过 Numpy 的转换处理后，把输入的数据转换成数字类型的水桶，接下来就可以使用 TensorFlow 进行进一步的处理。由此可见，Numpy 的作用仅仅是将不同类型的数据组织成为可用的格式。

请看下面的实例，功能是使用函数 tf.constant()创建一个零维张量。实例文件 zhang01.py 的具体实现代码如下：

```
import tensorflow as tf
#在默认情况下，这是一个int32类型的张量
rank_0_tensor = tf.constant(4)
print(rank_0_tensor)
```

在上述代码中，设置张量 rank_0_tensor 的值为 4，执行后会输出：

```
tf.Tensor(4, shape=(), dtype=int32)
```

通过执行结果可以看出：零维张量标量包含单个值，shape 为空，表示没有维数，只是一个数字 4。

（2）一维张量

因为一维张量是向量，所以一维张量也被称为"向量"。如果学习过 C、Java 等编程语言，那么可以将一维张量理解为是一维数组。几乎每一门编程语言都有数组这一概念，在深度学习中称为一维张量。张量是根据一共具有多少坐标轴来定义的，一维张量只有一个坐标轴。可以将一维张量称为"向量"，可以把向量视为一个单列或者单行的数字。对于开发者来说，最容易理解的方法是将一维张量看作是一维数组。

请看下面的实例，功能是使用函数 tf.constant()创建一个一维张量。实例文件 zhang02.py 的具体实现代码如下：

```
import tensorflow as tf

#创建一个浮点类型的张量
```

```
rank_1_tensor = tf.constant([1.0,2.0, 3.0, 4.0])
print(rank_1_tensor)
```

在上述代码中，在一维张量 rank_1_tensor 中设置了 4 个浮点类型的数字：1.0、2.0、3.0 和 4.0，执行后会输出：

```
tf.Tensor([1. 2. 3. 4.], shape=(4,), dtype=float32)
```

在执行结果中，shape 中的数字 4 表示在这个张量中含有 4 个成员，dtype 表示这个张量的数据类型是 float32。

一维张量没有行和列的概念，只有长度的概念。上述实例中的 rank_1_tensor 就是长度为 4 的一维张量，或者称为向量。上述一维张量 rank_1_tensor 的几何表示示意如图 1-11 所示，代表一维张量只有 axis=0 这个方向，并不是指这是一个 4 行的向量。事实上，TensorFlow 在做一些运算时，反而经常把 1 行 N 列的二维张量简化成一个长度为 N 的一维向量。

（3）二维张量

二维张量被称为矩阵，对于开发者来说，最容易理解的方法是将二维张量看作是二维数组。我们也可以将二维张量想象成是一个 Excel 表格，把它看作是一个带有行和列的数字网格。这个行和列表示两个坐标轴，一个矩阵是一个二维张量，意思是有两维，也就是有两个坐标轴的张量。

请看下面的实例，功能是使用函数 tf.constant()创建一个二维张量。实例文件 zhang03.py 的具体实现代码如下：

```
import tensorflow as tf

#二维张量，3 行 4 列
rank_2_tensor = tf.constant([
                [1, 2, 3, 4],
                [5, 6, 7, 8],
                [9, 10, 11, 12]
                ], tf.float16)
print(rank_2_tensor )
```

在上述代码中，创建了二维张量 rank_2_tensor，可以将二维张量看作是一个拥有 3 行 4 列数据的二维数组。执行后会输出：

```
tf.Tensor(
[[ 1.  2.  3.  4.]
 [ 5.  6.  7.  8.]
 [ 9. 10. 11. 12.]], shape=(3, 4), dtype=float16)
```

在执行结果中，shape 中的数字(3,4)表示在张量 rank_2_tensor 中包含 3 行 4 列共计 12 个成员，张量 rank_2_tensor 的数据类型是 float16。上述二维张量 rank_2_tensor 的几何表示示意如图 1-12 所示。

图1-11　一维张量 rank_1_tensor 的几何表示示意　　图1-12　二维张量 rank_2_tensor 的几何表示示意

（4）三维张量

我们把一系列的二维张量存储在水桶中，就形成了三维张量。可以将三维张量看作是三维数组，请看下面的实例，功能是使用函数 tf.constant()创建一个三维张量。实例文件 zhang04.py 的具体实现代码如下：

```python
import tensorflow as tf

#三维张量，3 行 4 列深度为 2 的张量
rank_3_tensor= tf.constant([
                [[ 1,  2], [ 3,  4], [ 5,  6], [ 7,  8]],
                [[11, 12], [13, 14], [15, 16], [17, 18]],
                [[21, 22], [23, 24], [25, 26], [27, 28]]
                ], tf.float16)
print(rank_3_tensor)
```

在上述代码中，创建了三维张量 rank_3_tensor，可以将三维张量 rank_3_tensor 看作是一个 3 行 4 列深度为 2 的三维数组。执行后会输出：

```
tf.Tensor(
[[[ 1.  2.]
  [ 3.  4.]
  [ 5.  6.]
  [ 7.  8.]]

 [[11. 12.]
  [13. 14.]
  [15. 16.]
  [17. 18.]]

 [[21. 22.]
  [23. 24.]
  [25. 26.]
  [27. 28.]]], shape=(3, 4, 2), dtype=float16)
```

在执行结果中，shape 中的数字(3, 4, 2)表示在张量 rank_3_tensor 中包含 3 行 4 列深度为 2 个数据，共计 3*4*2=24 个成员，张量 rank_3_tensor 的数据类型是 float16。上述三维张量 rank_3_tensor 的几何表示如图 1-13 所示。

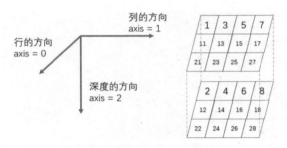

图 1-13　三维张量 rank_3_tensor 的几何表示

　　也许大家对三维张量理解不是很透彻，实际上，理解三维张量的最好方式是将其视为一个立方体，有长宽高的立方体分别对应张量的三个维。请看下面的实例，功能是使用函数 tf.constant()创建另一个三维张量。实例文件 zhang05.py 的具体实现代码如下：

```
import tensorflow as tf

rank = tf.constant([
  [[0, 1, 2, 3, 4],
   [5, 6, 7, 8, 9]],
  [[10, 11, 12, 13, 14],
   [15, 16, 17, 18, 19]],
  [[20, 21, 22, 23, 24],
   [25, 26, 27, 28, 29]],])

print(rank)
```

　　在上述代码中，创建三维张量 rank，可以将这个三维张量 rank 看作是一个 3 行 5 列深度为 2 的三维数组。执行后会输出：

```
tf.Tensor(
[[[ 0  1  2  3  4]
  [ 5  6  7  8  9]]

 [[10 11 12 13 14]
  [15 16 17 18 19]]

 [[20 21 22 23 24]
  [25 26 27 28 29]]], shape=(3, 2, 5), dtype=int32)
```

　　上述三维张量 rank 共有 3*5*2=30 个数据，为了更好地了解这个三维张量，请看下面的三种结构解剖图，图 1-14 完美演示了三维张量 rank 的结构和所包含的数据。

（5）更多维张量

　　我们可以继续堆叠立方体，创建一个越来越大的张量，来编辑不同类型的数据，也就是四维张量，五维张量等，直到 N 维张量。N 是数学家定义的未知数，它是一直持续到无穷集合里的附加单位。它可以是 5,10 或者无穷。在现实应用中，不同维数的张量存储的数据类型是不同的，例如在下面列出了用不同张量存储不同数据类型的常规做法。

- 三维张量：通常存储时间序列。
- 四维张量：通常存储图像。
- 五维张量：通常存储视频。

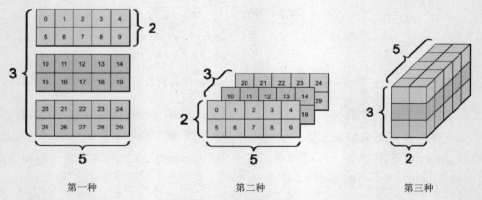

图 1-14　三维张量 rank 的三种结构解剖图

请看下面的实例，功能是使用函数 tf.constant()创建一个四维张量。实例文件 zhang06.py 的具体实现代码如下：

```
import tensorflow as tf

const4 = tf.constant([
            #第一个 3 行 4 列深度为 2 的三维张量
            [[1, 2], [ 3, 4], [ 5, 6], [ 7, 8]],
            [[11, 12], [13, 14], [15, 16], [17, 18]],
            [[21, 22], [23, 24], [25, 26], [27, 28]]
            ],
            #第二个 3 行 4 列深度为 2 的三维张量
            [[1, 2], [ 3, 4], [ 5, 6], [ 7, 8]],
            [[11, 12], [13, 14], [15, 16], [17, 18]],
            [[21, 22], [23, 24], [25, 26], [27, 28]]]
            ], tf.float16)

print(const4)
```

在上述代码中，创建四维张量 const4。执行后会输出：

```
tf.Tensor(
[[[[ 1.  2.]
   [ 3.  4.]
   [ 5.  6.]
   [ 7.  8.]]

  [[11. 12.]
   [13. 14.]
   [15. 16.]
   [17. 18.]]
```

```
    [[21. 22.]
     [23. 24.]
     [25. 26.]
     [27. 28.]]]


    [[[ 1.  2.]
     [ 3.  4.]
     [ 5.  6.]
     [ 7.  8.]]

    [[11. 12.]
     [13. 14.]
     [15. 16.]
     [17. 18.]]

    [[21. 22.]
     [23. 24.]
     [25. 26.]
     [27. 28.]]]], shape=(2, 3, 4, 2), dtype=float16)
```

我们应该如何理解上述四维张量const4呢？可以将const4看作由以下两个立方体组成：

- 第一个立方体：3 行 4 列深度为 2 的三维张量，共计 3*4*2 个元素。
- 第二个立方体：3 行 4 列深度为 2 的三维张量，共计 3*4*2 个元素。

如何判断一个张量的 batch（样本，在不能将数据一次性通过神经网络时，就需要将数据集分成几个 batch）数、行数、列数和深度呢？以上面的四维张量 const4 为例，从左边开始数连续 "[" 的数量，最多有 X 个 "[" 说明是 X 维张量。上面的张量 const4 就是四维张量。

以三维以上的张量为例，统计深度、列和 batch 的流程如下：

（1）从左边开始数连续的 "["，最后一个 "[" 对应的 "]" 中一共两个元素，分别为 1 和 2，这说明深度为 2；

（2）接下来向左边数上一级 "[" 对应的 "]" 中一共有 4 个元素[1, 2], [3, 4], [5, 6], [7, 8]，这说明列为 4；

（3）同理继续数上一级，得到 3 行，说明有 2 个 batch。

1.5　TensorFlow 开发流程

在成功安装 TensorFlow 后，即可使用它编写机器学习程序。在使用 TensorFlow 编写程序之前，需要先了解使用 TensorFlow 实现机器学习的基本流程。对于绝大多数机器学习应用来说，使用 TensorFlow 实现机器学习的基本流程如下：

（1）准备数据集；

（2）构建模型；

（3）训练模型；

（4）验证模型。

下面，将详细讲解上述各个流程的详细知识。

1.5.1 准备数据集

数据集，又称为资料集、数据集合或资料集合，是一种由数据所组成的集合。数据集通常用英文单词 Data set（或 dataset）表示，是一个数据的集合，通常以表格形式出现。每一列代表一个特定变量。每一行都对应于某一成员的数据集的问题。它列出的价值观为每一个变量，如身高和体重的一个物体或价值的随机数。每个数值被称为数据资料。对应于行数，该数据集的数据可能包括一个或多个成员。

机器学习需要大量的数据来训练模型，尤其是训练神经网络。在进行机器学习时，数据集一般会被划分为训练集和测试集，很多时候还会进一步划分出验证集（个别人称为开发集）。但是很多新手，尤其是刚刚接触到机器学习的读者，往往对数据集的划分没有概念，甚至有的人把训练后得到的模型在训练数据上取得的正确率当作是实际正确率，这是不对的。

1．数据集的划分

在现实应用中，一般有三种划分数据集的方法，具体说明如下：

（1）方法 1：按一定比例划分为训练集和测试集

这种方法也称为保留法，通常取 8-2、7-3、6-4、5-5 比例切分，直接将数据随机划分为训练集和测试集，然后使用训练集来生成模型，再用测试集来测试模型的正确率和误差，以验证模型的有效性。

方法 1 常见于决策树、朴素贝叶斯分类器、线性回归和逻辑回归等任务中。

（2）方法 2：交叉验证法

交叉验证一般采用 k 折交叉验证（k-fold cross validation），k 取为 10。在这种数据集划分法中，将数据集划分为 k 个子集，每个子集均做一次测试集，每次将其余的作为训练集。在交叉验证时，重复训练 k 次，每次选择一个子集作为测试集，并将 k 次的平均交叉验证的正确率作为最终的结果。

（3）训练集、验证集、测试集法

首先将数据集划分为训练集和测试集，由于模型的构建过程中也需要检验模型，检验模型的配置，以及训练程度，过拟合还是欠拟合。所以会将训练数据再划分为两个部分：一部分是用于训练的训练集，另一部分是进行检验的验证集。验证集可以重复使用，主要是用来辅助我们构建模型的。

训练集用于训练得到神经网络模型，然后用验证集验证模型的有效性，挑选获得最佳效果的模型，直到得到一个满意的模型为止。最后，当模型"通过"验证集之后，再使用测试集测试模型的最终效果、评估模型的准确率及误差等。测试集只在模型检验时使用，绝对不能根据测试集上的结果来调整网络参数配置，以及选择训练好的模型，否则会导致模型在测试集上过拟合。

一般来说，最终的正确率，训练集大于验证集，验证集大于测试集。对于部分机器学习任务，划分的测试集必须是模型从未见过的数据，如语音识别中一个完全不同的人的说话声，图像识别中一个完全不同的识别个体。一般来说，训练集和验证集的数据分布是同分布的，而测试集的数据分布与前两者会略有不同。在这种情况下，通常测试集的正确率会比验证集的正确率低得多，这样就可以看出模型的泛化能力，可以预测出实际应用中的真实效果。

这种方法是深度学习中经常使用的方法，因为效果相比前面的更好。该方法之所以会更好，原因是它暴露给测试集的信息更少。只是，我们有时候会控制不住自己，不断地对着测试集调参，会使其逐渐失去效果，导致模型在测试集上出现过拟合。但是测试集上正确率越高，实际中应用效果也越好，即使此时测试集也参与了调参。

2．数据集的来源

在机器学习开发过程中，既可制作自己的数据集，也可使用第三方数据集。

（1）使用第三方数据集

在现实应用中，很多企业、组织和个人制作了大量的数据。例如，在 TensorFlow 官方教程中用到了 MNIST 数据集，这便是一个第三方数据集。MNIST 是一个非常经典的数据集，是美国邮政系统开发的一个开源数据集。对于刚刚开始学习机器学习的读者来说，首先需要学会使用别人提供的数据集。MNIST 数据集由以下四部分组成：

- train-images-idx2-ubyte.gz：训练图片集，大小是 9 912 422 B。
- train-labels-idx1-ubyte.gz：训练标签集，大小是 28 881 B。
- t10k-images-idx2-ubyte.gz：测试图片集，大小是 1 648 877 B。
- t10k-labels-idx1-ubyte.gz：测试标签集，大小是 4 542 B。

MNIST 数据集是一个手写体数据集，如图 1-15 所示。

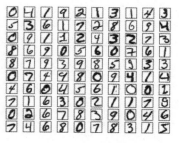

登录 MNIST 官方网站下载数据集，下载到本地后的效果如图 1-16 所示。可以看出，这个其实并不是普通的文本文件或是图片文件，而是一个压缩文件，下载并解压出来，我们看到的是二进制文件，其中训练图片集的内容部分如图 1-17 所示。MNIST 训练集有 60 000 个用例，也就是说在这个文件中包含了 60 000 个标签内容，每一个标签的值为 0～9 的一个数。

图 1-15　手写体数据集

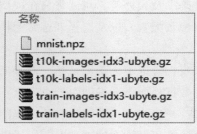

图 1-16　下载 MNIST 数据集到本地　　　　图 1-17　解压后发现是二进制文件

除了 MNIST 数据集外，还有很多机构和组织推出了数据集，比较常用的有以下几个：

● 加利福尼亚大学欧文机器学习资源库

加利福尼亚大学欧文机器学习资源库目前维护了 559 个数据集，可以通过搜索界面快速查看所有数据集。在使用这些数据集之前，建议阅读其官方的引文政策。

● Open Images 数据集

该数据集的大小高达 500 GB（压缩后），是一个包含近 900 万个图像 URL 的数据集，这些图像跨越了数千个类的图像级标签边框并且进行了注释。该数据集包含 9 011 219 张图像的训练集，41 260 张图像的验证集以及 125 436 张图像的测试集。

● IMDB 评论数据集

这是电影爱好者的梦幻数据集，它表示二元情感分类，并具有比此领域以前的任何数据集更多的数据。除了训练和测试评估示例之外，还有更多未标记的数据供你使用。原始文本和预处理的单词格式包也包括在内。

● 格物钛数据集

格物钛（上海）智能科技有限公司是一家 AI 初创型科技公司。提供针对非结构化数据存储、标注、模型训练和管理预测的一站式 AI 服务平台产品。在格物钛官方网站中收集了市面中常见的第三方数据集，包括国内和国外的，开发者可以下载并使用这些数据集进行学习。

（2）自己制作数据集

我们可以从现实世界中得到大量的图片，如用手机拍照，拍了上千、上万张照片，然后给每一张照片起一个文件名。然后将这些照片制作成数据集，每个文件名可以作为数据集中的标签。也可以使用网络爬虫技术获取很多照片信息和文字信息，如某商城中所有商品的价格信息和销量信息，基于爬虫得到的文字数据，也可以制作出自己的数据集。在制作数据集时经常用到 CV2、PIL 和 numpy 等 Python 库。

1.5.2　构建模型

在机器学习中，"模型"是运行在数据上的机器学习算法的输出。模型是在训练数据上运行机器学习算法后保存的"东西"，它表示用于进行预测所需的规则、数字和任何其他特定于算法的数据结构。

1．算法和模型的关系

在机器学习中，"算法"是在数据上运行以创建机器学习"模型"的过程。机器学习算法执行"模式识别"。算法从数据中"学习"，或者对数据集进行"拟合"。机器学习的算法如下：

- 分类算法：如 K-近邻算法。
- 回归的算法：如线性回归。
- 聚类的算法：如 K-均值算法。

我们可以把机器学习算法想象成计算机科学中的任何其他算法。例如，你可能熟悉的一些其他类型的算法包括用于数据排序的冒泡排序和用于搜索的最佳优先排序。接下来举一些例子，可以让大家清楚地明白这一点。

- 线性回归算法的结果是一个由具有特定值的稀疏向量组成的模型。
- 决策树算法的结果是一个由具有特定值的 if-then 语句树组成的模型。
- 神经网络/反向传播/梯度下降算法一起产生一个由具有特定值的向量或权重矩阵和特定值的图结构组成的模型。

在机器学习中，模型对于初学者来说更具挑战性，因为它与计算机科学中的其他算法没有明确的类比。最好的类比是将机器学习模型想象成一个"程序"。

机器学习模型"程序"由数据和利用数据进行预测的过程组成。例如，考虑线性回归算法和由此产生的模型。该模型由系数（数据）向量组成，这些系数（数据）与作为输入的一行新数据相乘并求和，以便进行预测（预测过程）。将数据保存为机器学习模型，以备后用。

我们经常使用机器学习库提供的机器学习模型的预测过程。有时候，可以自己实现预测过程作为我们应用程序的一部分。考虑大多数预测过程都非常简单，通常都是直截了当的。因为模型由数据和如何使用数据对新数据进行预测的过程组成，所以也可以将这一过程视为一种预测算法：

> 机器学习模型 == 模型数据 + 预测算法

这种区分对于理解广泛的算法非常有帮助。例如，大多数算法的所有工作都在"算法"中，而"预测算法"的工作很少。在通常情况下，算法是某种优化程序，即在训练数据集上使模型（数据+预测算法）的误差最小化。线性回归算法就是一个很好的例子。它执行一个优化过程（或用线性代数进行分析求解），找到一组权重，使训练数据集上的误差之和平方最小化。

2. 构建预测模型

构建模型是在实际进行一个项目之前要进行的工作，相当于设计，要针对用户需求设计合适的预测模型和优化模型。当我们把机器学习运用到实际工作中时，是期望机器可以具有一些人才有的智能。简单地说，输入是一个集合，输出也是一个集合，我们要建立输入集合与输出集合之间的关系模型，使系统接收到一个输入后，可以经过这个关系模型的计算，映射到输出集合上的一个点。

而把输入和输出关联的这个关系模型，就是我们要创建的预测模型。这个模型可以很简单，比如，下面的公式就是建立了一个预测模型：

```
y=W*x+b
```

上述公式是一个线性模型，当然也可以是比较复杂的模型。比如常用的包含多个隐藏层的卷积神经网络模型，都是建立起输入与输出之间的一个关系，让我们接收到一个新的输入时，可以根据输入算出一个输出。

3. 构建优化模型

在构建出预测模型后，其实这个模型什么事也干不了，只是随便写的一个表示输出与输入关系的函数。但是在初始情况下，它并不能很好地完成这个任务。下面要做的是用正确的数据带入这个函数，求出函数的参数，比如上面公式中的 W 和 b。因为每一对正确的数据带入都会得到一个参数，那么到底选择哪一个呢，这就是我们要构建的优化模型，也就是我们常说的损失函数，用一种在数学上可计算的方式，去逼近我们理想中的那个参数。比如：

```
cross_entropy = -tf.reduce_sum(y * tf.log(y_fc2))
```

这样一个损失函数，函数的值 cross_entropy 越小，就代表预测模型越好。那么我们就把问题转化为让损失函数趋于最小值的问题。这里常用的方法是梯度下降法，高等数学的理论告诉我们：

- 一个函数 $f(x, y)$ 对某个参数 x 的偏导数可以反映该函数在向量 x 附近的变化速度。
- 导函数的值为正代表函数递增，为负代表函数递减。

因此，这里只要使用链式法则，用 cross_entropy 对每一层的权重参数 w 求偏导数，就可以得到权重参数的变化率，然后再用该参数的当前值减去（学习速度*偏导数的值），就可以完成权重参数的微调（减去，表示使导函数为负）。

这就是优化模型的训练原理，这里只要设计得出这个损失函数即可。TensorFlow 的直译含义是"张量流"，就是通过使张量在图中流动的方式来计算。使用库 TensorFlow 构建模型过程，就是构建这个图的过程。

1.5.3　训练模型

训练模型就是要使数据在构建的图中跑起来。我们可以把机器想象成一个婴儿，你正带这个婴儿在公园里晒太阳，公园里有很多人在遛狗。你可以告诉婴儿这个动物是狗，那个也是狗。但突然一只猫跑过来，你告诉他，这个不是狗。久而久之，婴儿就会产生认知模式。这个学习过程称为"训练"，所形成的认知模式就是"模型"。

1.5.4　验证模型

模型验证是指测定标定后的交付模型对未来数据的预测能力（可信程度）的过程。通俗地说，验证模型就是验证我们前面制作的模型的准确率。继续用前面在公园教导婴儿识别动物的例子，假设在经过一段时间的训练后，婴儿就会产生认知模式。这时，再跑过来一个动物时，你问婴儿，这个是狗吧？他会回答是或者否。这个测试婴儿识别动物的过程，实际上就是一个验证模型。验证，就是验证我们的训练结果。

第 2 章 数据集制作实战

数据集，又称为资料集、数据集合或资料集合，是一种由数据所组成的集合。机器学习需要大量的数据来训练模型，尤其是训练神经网络。在进行机器学习时，数据集一般会被划分为训练集和测试集，很多时候还会进一步划分出验证集（个别人称为开发集）。本章将详细介绍制作 TensorFlow 数据集的知识。

2.1 使用 tf.data 处理数据集

从 Tensorflow 2.0 开始，提供了专门用于实现数据输入的接口 tf.data.Dataset，能够以快速且可扩展的方式加载和预处理数据，帮助开发者高效地实现数据的读入、打乱（shuffle）、增强（augment）等功能。

2.1.1 制作数据集并训练和评估

请看下面的实例文件 xun01.py，演示了使用 tf.data 创建数据集并进行训练和评估的过程。

```
# 首先，让我们创建一个训练数据集实例
train_dataset = tf.data.Dataset.from_tensor_slices((x_train, y_train))
# 洗牌并切片数据集。
train_dataset = train_dataset.shuffle(buffer_size=1024).batch(64)

# 现在我们得到了一个测试数据集
test_dataset = tf.data.Dataset.from_tensor_slices((x_test, y_test))
test_dataset = test_dataset.batch(64)

#由于数据集已经处理批处理，所以我们不传递 "batch\u size" 参数
model.fit(train_dataset, epochs=3)

#还可以对数据集进行评估或预测
print("Evaluate 评估:")
result = model.evaluate(test_dataset)
dict(zip(model.metrics_names, result))
```

在上述代码中，使用 dataset 的内置函数 shuffle() 将数据打乱，此函数的参数值越大，混乱程度就越大。另外，还可以使用 dataset 的其他内置函数操作数据。

- batch(4)：按照顺序取出 4 行数据，最后一次输出可能小于 batch。
- repeat()：设置数据集重复执行指定的次数，在 batch 操作输出完毕后再执行。如

果在之前，相当于先把整个数据集复制两次。为了配合输出次数，一般 repeat() 的参数默认为空。

在作者计算机中执行后会输出：

```
Epoch 1/3
782/782 [==============================] - 2s 2ms/step - loss: 0.3395 -
sparse_categorical_accuracy: 0.9036
Epoch 2/3
782/782 [==============================] - 2s 2ms/step - loss: 0.1614 -
sparse_categorical_accuracy: 0.9527
Epoch 3/3
782/782 [==============================] - 2s 2ms/step - loss: 0.1190 -
sparse_categorical_accuracy: 0.9648
Evaluate 评估：
157/157 [==============================] - 0s 2ms/step - loss: 0.1278 -
sparse_categorical_accuracy: 0.9633
{'loss': 0.12783484160900116,
 'sparse_categorical_accuracy': 0.9632999897003174}
```

另外需要注意的是，因为 tf.data 数据集会在每个周期结束时重置，所以在下一个周期中可以重复使用。如果只想在来自此数据集的特定数量批次上进行训练，则可以使用参数 steps_per_epoch，此参数可以指定在继续下一个周期之前，当前模型应该使用此数据集运行多少训练步骤。如果执行此操作，则不会在每个周期结束时重置数据集，而是会继续绘制接下来的批次，tf.data 数据集最终会用尽数据（除非它是无限循环的数据集）。

2.1.2 将 tf.data 作为验证数据集进行训练

如果只想对此数据集中的特定数量批次进行验证，则可以设置参数 validation_steps，此参数可以指定在中断验证并进入下一个周期之前，模型应使用验证数据集运行多少验证步骤。请看下面的实例文件 xun02.py，功能是通过参数 validation_steps 设置只使用数据集中的前 10 个 batch 批处理运行验证。

```
#准备训练数据集
train_dataset = tf.data.Dataset.from_tensor_slices((x_train, y_train))
train_dataset = train_dataset.shuffle(buffer_size=1024).batch(64)

#准备验证数据集
val_dataset = tf.data.Dataset.from_tensor_slices((x_val, y_val))
val_dataset = val_dataset.batch(64)

model.fit(
    train_dataset,
    epochs=1,
    #通过参数 "validation_steps"，设置只使用数据集中的前 10 个批处理运行验证
    validation_data=val_dataset,
    validation_steps=10,
)
```

验证会在当前 epoch 结束后进行，通过 validation_steps 设置验证使用的 batch 数量，假如 validation batch size(没必要和 train batch 相等)=64，而 validation_steps=100，steps 相当于 batch 数，则会从 validation data 中取 6 400 个数据用于验证。如果在一次 step 后，在验证数据中剩下的数据足够下一次 step，则会继续从剩下的数据中选取，如果不够则会重新循环。在作者计算机中执行后会输出：

```
782/782 [==============================] - 2s 2ms/step - loss: 0.3299 -
sparse_categorical_accuracy: 0.9067 - val_loss: 0.2966 - val_sparse_
categorical_accuracy: 0.9250
<tensorflow.python.keras.callbacks.History at 0x7f698e35e400>
```

注意：当时用 Dataset 对象进行训练时，不能使用参数 validation_split（从训练数据生成预留集），因为在使用 validation_split 功能时需要为数据集样本编制索引，而 Dataset API 通常无法做到这一点。

2.2　将模拟数据制作成内存对象数据集实战

在人工智能迅速发展的今天，已经出现了各种各样的深度学习框架，我们知道，深度学习要基于大量的样本数据来训练模型，那么数据集的制作或选取尤为重要。本节将详细讲解将模拟数据制作成内存对象数据集的知识。

2.2.1　可视化内存对象数据集

在下面的实例文件 data01.py 中，自定义创建了生成器函数 generate_data()，功能是创建在-1～1 连续的 100 个浮点数，然后在 Matplotlib 中可视化展示用这些浮点数构成的数据集。实例文件 data01.py 的具体实现代码如下：

```python
import tensorflow as tf
import numpy as np
import matplotlib.pyplot as plt

plt.rcParams['font.sans-serif'] = ['SimHei']  # 显示中文标签
plt.rcParams['axes.unicode_minus'] = False  # 这两行需要手动设置

print(tf.__version__)
print(np.__version__)


def generate_data(batch_size=100):
    """y = 2x 函数数据生成器"""
    x_batch = np.linspace(-1, 1, batch_size)  # 为-1~1连续的100个浮点数
    x_batch = tf.cast(x_batch, tf.float32)
    #    print("*x_batch.shape", *x_batch.shape)
    y_batch = 2 * x_batch + np.random.randn(x_batch.shape[0]) * 0.3  #
```

```
y=2x，但是加入了噪声
        y_batch = tf.cast(y_batch, tf.float32)

        yield x_batch, y_batch  # 以生成器的方式返回

    # 1.循环获取数据
    train_epochs = 10
    for epoch in range(train_epochs):
        for x_batch, y_batch in generate_data():
            print(epoch, "| x.shape:", x_batch.shape, "| x[:3]:", x_batch[:3].
numpy())
            print(epoch, "| y.shape:", y_batch.shape, "| y[:3]:", y_batch[:3].
numpy())

    # 2.显示一组数据
    train_data = list(generate_data())[0]
    plt.plot(train_data[0], train_data[1], 'ro', label='Original data')
    plt.legend()
    plt.show()
```

执行后输出下面的结果，并在 Matplotlib 中绘制可视化结果，如图 2-1 所示。

```
2.6.0
1.19.5
0 | x.shape: (100,) | x[:3]: [-1.         -0.97979796 -0.959596  ]
0 | y.shape: (100,) | y[:3]: [-1.9194145 -2.426661  -1.8962196]
1 | x.shape: (100,) | x[:3]: [-1.         -0.97979796 -0.959596  ]
1 | y.shape: (100,) | y[:3]: [-1.6366603 -2.1575317 -1.2637805]
2 | x.shape: (100,) | x[:3]: [-1.         -0.97979796 -0.959596  ]
2 | y.shape: (100,) | y[:3]: [-2.1715505 -1.7276137 -2.1352115]
3 | x.shape: (100,) | x[:3]: [-1.         -0.97979796 -0.959596  ]
3 | y.shape: (100,) | y[:3]: [-2.2009645 -1.969894  -1.9827154]
4 | x.shape: (100,) | x[:3]: [-1.         -0.97979796 -0.959596  ]
4 | y.shape: (100,) | y[:3]: [-1.8537583 -1.1212573 -1.7960321]
5 | x.shape: (100,) | x[:3]: [-1.         -0.97979796 -0.959596  ]
5 | y.shape: (100,) | y[:3]: [-1.5608777 -1.7441161 -1.8731359]
6 | x.shape: (100,) | x[:3]: [-1.         -0.97979796 -0.959596  ]
6 | y.shape: (100,) | y[:3]: [-1.6598525 -2.7624342 -2.126709 ]
7 | x.shape: (100,) | x[:3]: [-1.         -0.97979796 -0.959596  ]
7 | y.shape: (100,) | y[:3]: [-1.7708246 -1.8593228 -1.875349 ]
8 | x.shape: (100,) | x[:3]: [-1.         -0.97979796 -0.959596  ]
8 | y.shape: (100,) | y[:3]: [-2.0270834 -1.8438468 -1.7587183]
9 | x.shape: (100,) | x[:3]: [-1.         -0.97979796 -0.959596  ]
9 | y.shape: (100,) | y[:3]: [-1.9673357 -1.6247914 -1.8439946]
```

通过上述输出结果可以看到，每次生成的 x 的数据都相同，这是由 x 的生成方式决定的。如果你觉得这种数据不是你想要的，那么接下来可以生成乱序数据以消除这种影响，只需对上述代码稍加修改即可。

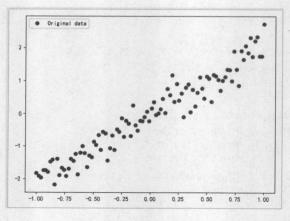

图 2-1　可视化结果

2.2.2　改进的方案

在下面的实例文件 data02.py 中，通过添加迭代器的方式生成乱序数据，这样可以消除每次生成的 x 的数据都相同的这种影响。实例文件 data02.py 的具体实现代码如下：

```python
plt.rcParams['font.sans-serif'] = ['SimHei']  # 显示中文标签
plt.rcParams['axes.unicode_minus'] = False  # 这两行需要手动设置

print(tf.__version__)
print(np.__version__)

def generate_data(epochs, batch_size=100):
    """y = 2x 函数数据生成器 增加迭代器"""
    for i in range(epochs):
        x_batch = np.linspace(-1, 1, batch_size)    # 为-1~1连续的100个
浮点数
        #   print("*x_batch.shape", *x_batch.shape)
        y_batch = 2 * x_batch + np.random.randn(x_batch.shape[0]) * 0.3
# y=2x，但是加入了噪声

        yield shuffle(x_batch, y_batch), i         # 以生成器的方式返回

# 1.循环获取数据
train_epochs = 10

for (x_batch, y_batch), epoch_index in generate_data(train_epochs):
    x_batch = tf.cast(x_batch, tf.float32)
    y_batch = tf.cast(y_batch, tf.float32)
    print(epoch_index, "| x.shape:", x_batch.shape, "| x[:3]:", x_batch
[:3].numpy())
    print(epoch_index, "| y.shape:", y_batch.shape, "| y[:3]:", y_batch
```

```
[:3].numpy())

# 2.显示一组数据
train_data = list(generate_data(1))[0]
plt.plot(train_data[0][0], train_data[0][1], 'ro', label='Original data')
plt.legend()
plt.show()
```

此时，执行后输出下面的结果，会发现每次生成的 x 的数据都不同。

```
2.6.0
1.19.5
0 | x.shape: (100,) | x[:3]: [-0.15151516  0.7171717   0.53535354]
0 | y.shape: (100,) | y[:3]: [0.05597204 1.304756   0.83463794]
1 | x.shape: (100,) | x[:3]: [-0.11111111 -0.5151515   0.83838385]
1 | y.shape: (100,) | y[:3]: [ 0.4798906 -1.1424009  1.1031219]
2 | x.shape: (100,) | x[:3]: [-0.8989899 -0.959596   0.8989899]
2 | y.shape: (100,) | y[:3]: [-2.444981 -1.5715022  1.3514851]
3 | x.shape: (100,) | x[:3]: [ 0.4949495   0.8181818  -0.03030303]
3 | y.shape: (100,) | y[:3]: [ 1.3379701   1.1126918  -0.11468022]
4 | x.shape: (100,) | x[:3]: [ 0.47474748 -0.21212122  0.5959596 ]
4 | y.shape: (100,) | y[:3]: [ 1.1210855 -0.90032357  1.3082465 ]
5 | x.shape: (100,) | x[:3]: [0.35353535 0.13131313 0.43434343]
5 | y.shape: (100,) | y[:3]: [ 0.7534245  -0.0981291   0.90445507]
6 | x.shape: (100,) | x[:3]: [-0.6969697  -0.21212122  0.8787879 ]
6 | y.shape: (100,) | y[:3]: [-1.4252775 -0.28825748  1.73506   ]
7 | x.shape: (100,) | x[:3]: [-0.67676765  0.21212122 -0.75757575]
7 | y.shape: (100,) | y[:3]: [-1.5350174 0.316071 -1.4615428]
8 | x.shape: (100,) | x[:3]: [ 0.15151516 -0.35353535  0.7979798 ]
8 | y.shape: (100,) | y[:3]: [ 0.6063673 -0.34562942  1.8686969 ]
9 | x.shape: (100,) | x[:3]: [-0.47474748  0.05050505 -0.7777778 ]
9 | y.shape: (100,) | y[:3]: [-1.398643   0.50217235 -1.5945572 ]
```

并且也会在 Matplotlib 中绘制可视化结果，如图 2-2 所示。

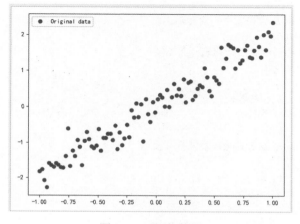

图 2-2 可视化数据

2.3 将图片制作成数据集实战

在现实应用中，我们经常将自己的图片作为素材，然后制作数据集。在本节的内容中，将通过具体实例展示将图片制作成 TensorFlow 数据集的知识。

2.3.1 制作简易图片数据集

准备好需要训练的图片，然后将图片分类好，并且给每一类图片所在的文件夹命名。如图 2-3 所示，这里共分为 2 类，分别为 0 和 1 两个文件夹。

编写实例文件 data03.py，功能是将图 2-3 中的图片制作成数据集。实例文件 data03.py 的具体实现流程如下：

图 2-3　图片数据

（1）导入需要的包，获取图片和标签并存入对应的列表中。代码如下：

```python
import tensorflow as tf
import os
os.environ['TF_CPP_MIN_LOG_LEVEL'] = '2'
import numpy as np
import cv2 as cv
import random
import csv
import time

#训练图片的路径
train_dir = 'pic\\train'
test_dir = 'pic\\test'
AUTOTUNE = tf.data.experimental.AUTOTUNE
```

（2）获取"pic\train"文件夹中的图片，并存入对应的列表中，同时贴上标签，存入 label 列表中。代码如下：

```python
#获取图片，存入对应的列表中，同时贴上标签，存入 label 列表中
def get_files(file_dir):
    # 存放图片类别和标签的列表：第 0 类
    list_0 = []
    label_0 = []
    # 存放图片类别和标签的列表：第 1 类
    list_1 = []
    label_1 = []
    # 存放图片类别和标签的列表：第 2 类
    list_2 = []
    label_2 = []
    # 存放图片类别和标签的列表：第 3 类
    list_3 = []
    label_3 = []
```

```
# 存放图片类别和标签的列表: 第 4 类
list_4 = []
label_4 = []


for file in os.listdir(file_dir):
    # print(file)
    #拼接出图片文件路径
    image_file_path = os.path.join(file_dir,file)
    for image_name in os.listdir(image_file_path):
        # print('image_name',image_name)
        #图片的完整路径
        image_name_path = os.path.join(image_file_path,image_name)
        # print('image_name_path',image_name_path)
        #将图片存入对应的列表
        if image_file_path[-1:] == '0':
            list_0.append(image_name_path)
            label_0.append(0)
        elif image_file_path[-1:] == '1':
            list_1.append(image_name_path)
            label_1.append(1)
        elif image_file_path[-1:] == '2':
            list_2.append(image_name_path)
            label_2.append(2)
        elif image_file_path[-1:] == '3':
            list_3.append(image_name_path)
            label_3.append(3)
        else:
            list_4.append(image_name_path)
            label_4.append(4)


# 合并数据
image_list = np.hstack((list_0, list_1, list_2, list_3, list_4))
label_list  =  np.hstack((label_0,  label_1,  label_2,  label_3,
label_4))
#利用 shuffle 打乱数据
temp = np.array([image_list, label_list])
temp = temp.transpose()  # 转置
np.random.shuffle(temp)

#将所有的 image 和 label 转换成 list
image_list = list(temp[:, 0])
image_list = [i for i in image_list]
label_list = list(temp[:, 1])
label_list = [int(float(i)) for i in label_list]
# print(image_list)
# print(label_list)
return image_list, label_list
```

31

如果此时打印输出 image_list 和 label_list，会看到两个列表分别存放图片路径和对应的标签。

（3）编写函数 get_tensor()将图片转成 tensor 对象，代码如下：

```python
def get_tensor(image_list, label_list):
    ims = []
    for image in image_list:
        #读取路径下的图片
        x = tf.io.read_file(image)
        #将路径映射为照片,3通道
        x = tf.image.decode_jpeg(x, channels=3)
        #修改图像大小
        x = tf.image.resize(x,[32,32])
        #将图像压入列表中
        ims.append(x)
    #将列表转换成tensor类型
    img = tf.convert_to_tensor(ims)
    y = tf.convert_to_tensor(label_list)
    return img,y
```

（4）编写函数 preprocess(x,y)实现图像预处理功能，代码如下：

```python
def preprocess(x,y):
    #归一化
    x = tf.cast(x,dtype=tf.float32) / 255.0
    y = tf.cast(y, dtype=tf.int32)
    return x,y
```

（5）将图像与标签写入 CSV 文件，格式为：[图像，标签]，代码如下：

```python
if __name__ == "__main__":
    #训练图片与标签
    image_list, label_list = get_files(train_dir)
    #测试图片与标签
    test_image_list,test_label_list = get_files(test_dir)
    for i in range(len(image_list)):
        print('图片路径 [{}] : 类型 [{}]'.format(image_list[i], label_list[i]))
    x_train, y_train = get_tensor(image_list, label_list)
    x_test, y_test = get_tensor(test_image_list,test_label_list)
    print('image_list:{}, label_list{}'.format(image_list, label_list))
    print('------------------------------------------------------------')
    # print('x_train:', x_train.shape, 'y_train:', y_train.shape)
    #生成图片,对应标签的CSV文件（只用保存一次即可）
    with open('./image_label.csv',mode='w', newline='') as f:
        Write = csv.writer(f)
        for i in range(len(image_list)):
            Write.writerow([image_list[i],str(label_list[i])])
    f.close()
    #载入训练数据集
```

```
db_train = tf.data.Dataset.from_tensor_slices((x_train, y_train))
# # shuffle:打乱数据,map:数据预处理, batch:一次取喂入10样本训练
db_train = db_train.shuffle(1000).map(preprocess).batch(10)

#载入训练数据集
db_test = tf.data.Dataset.from_tensor_slices((x_test, y_test))
# # shuffle:打乱数据,map:数据预处理, batch:一次取喂入10样本训练
db_test = db_test.shuffle(1000).map(preprocess).batch(10)
#生成一个迭代器输出查看其形状
sample_train = next(iter(db_train))
print(sample_train)
print('sample_train:', sample_train[0].shape, sample_train[1].shape)
```

执行后会输出显示以下数据集的结果，并在创建的 CSV 文件 image_label.csv 中保存图片的标签信息，如图 3-4 所示。

```
图片路径 [pic\train\0\0.png] : 类型 [0]
图片路径 [pic\train\1\1.png] : 类型 [1]
(<tf.Tensor: shape=(2, 32, 32, 3), dtype=float32, numpy=
array([[[[0.8862745 , 0.9411765 , 0.9882353 ],
        [0.8834559 , 0.9355392 , 0.98259807],
        [0.8781863 , 0.9291667 , 0.9762255 ],
        ...,
        [0.85490197, 0.9098039 , 0.9529412 ],
        [0.85490197, 0.9098039 , 0.9529412 ],
        [0.85490197, 0.9098039 , 0.9529412 ]],

       [[0.2492647 , 0.2647059 , 0.27794117],
        [0.24847196, 0.2631204 , 0.27635568],
        [0.24698989, 0.26132813, 0.27456343],
        ...,
        [0.24044117, 0.25588235, 0.2680147 ],
        [0.24044117, 0.25588235, 0.2680147 ],
        [0.24044117, 0.25588235, 0.2680147 ]],

       [[0.        , 0.        , 0.        ],
        [0.        , 0.        , 0.        ],
        [0.        , 0.        , 0.        ],
        ...,
        [0.        , 0.        , 0.        ],
        [0.        , 0.        , 0.        ],
        [0.        , 0.        , 0.        ]],

       ...,

       [[0.        , 0.        , 0.        ],
        [0.        , 0.        , 0.        ],
        [0.        , 0.        , 0.        ],
        ...,
```

```
        [0.      , 0.      , 0.      ],
        [0.      , 0.      , 0.      ],
        [0.      , 0.      , 0.      ]],

       [[0.      , 0.      , 0.      ],
        [0.      , 0.      , 0.      ],
        [0.      , 0.      , 0.      ],
        ...,
        [0.      , 0.      , 0.      ],
        [0.      , 0.      , 0.      ],
        [0.      , 0.      , 0.      ]],

       [[0.      , 0.      , 0.      ],
        [0.      , 0.      , 0.      ],
        [0.      , 0.      , 0.      ],
        ...,
        [0.      , 0.      , 0.      ],
        [0.      , 0.      , 0.      ],
        [0.      , 0.      , 0.      ]]],


      [[[0.      , 0.      , 0.      ],
        [0.      , 0.      , 0.      ],
        [0.      , 0.      , 0.      ],
        ...,
        [0.      , 0.      , 0.      ],
        [0.      , 0.      , 0.      ],
        [0.      , 0.      , 0.      ]],

       [[0.      , 0.      , 0.      ],
        [0.      , 0.      , 0.      ],
        [0.      , 0.      , 0.      ],
        ...,
        [0.      , 0.      , 0.      ],
        [0.      , 0.      , 0.      ],
        [0.      , 0.      , 0.      ]],

       [[0.      , 0.      , 0.      ],
        [0.      , 0.      , 0.      ],
        [0.      , 0.      , 0.      ],
        ...,
        [0.      , 0.      , 0.      ],
        [0.      , 0.      , 0.      ],
        [0.      , 0.      , 0.      ]],

        ...,

       [[0.      , 0.      , 0.      ],
```

```
          [0.       , 0.       , 0.       ],
          [0.       , 0.       , 0.       ],
          ...,
          [0.       , 0.       , 0.       ],
          [0.       , 0.       , 0.       ],
          [0.       , 0.       , 0.       ]],

         [[0.       , 0.       , 0.       ],
          [0.       , 0.       , 0.       ],
          [0.       , 0.       , 0.       ],
          ...,
          [0.       , 0.       , 0.       ],
          [0.       , 0.       , 0.       ],
          [0.       , 0.       , 0.       ]],

         [[0.       , 0.       , 0.       ],
          [0.       , 0.       , 0.       ],
          [0.       , 0.       , 0.       ],
          ...,
          [0.       , 0.       , 0.       ],
          [0.       , 0.       , 0.       ],
          [0.       , 0.       , 0.       ]]]], dtype=float32)>,
<tf.Tensor: shape=(2,), dtype=int32, numpy=array([0, 1])>)
    sample_train: (2, 32, 32, 3) (2,)
```

```
pic\train\0\0.png,0
p🔅\train\1\1.png,1
```

图 2-4　文件 image_label.csv 中保存的标签

2.3.2　制作手势识别数据集

请看下面的实例文件 data04.py，功能是基于"Dataset"目录中的手势图片制作数据集。实例文件 data04.py 的具体实现流程如下：

（1）读取"Dataset"目录中的手势图片，代码如下：

```
data_root = pathlib.Path('gesture_recognition\Dataset')
print(data_root)
for item in data_root.iterdir():
 print(item)
```

（2）将读取的图片路径保存到 list 中，代码如下：

```
all_image_paths = list(data_root.glob('*/*'))
all_image_paths = [str(path) for path in all_image_paths]
random.shuffle(all_image_paths)
image_count = len(all_image_paths)
print(image_count) ##统计共有多少图片
for i in range(10):
```

```
    print(all_image_paths[i])

    label_names = sorted(item.name for item in data_root.glob('*/') if
item.is_dir())
    print(label_names)  # 其实就是文件夹的名字
    label_to_index  =  dict((name,  index)  for  index,  name  in
enumerate(label_names))
    print(label_to_index)
    all_image_labels = [label_to_index[pathlib.Path(path).parent.name]
                 for path in all_image_paths]

    print("First 10 labels indices: ", all_image_labels[:10])
```

（3）分别编写函数 preprocess_image(image)和 load_and_preprocess_image(path, label)
实现预处理功能，代码如下：

```
def preprocess_image(image):
    image = tf.image.decode_jpeg(image, channels=3)
    image = tf.image.resize(image, [100, 100])
    image /= 255.0  # normalize to [0,1] range
    # image = tf.reshape(image,[100*100*3])
    return image


def load_and_preprocess_image(path, label):
    image = tf.io.read_file(path)
    return preprocess_image(image), label
```

（4）构建一个 tf.data.Dataset，代码如下：

```
ds = tf.data.Dataset.from_tensor_slices((all_image_paths, all_image_labels))
train_data = ds.map(load_and_preprocess_image).batch(16)
```

2.4 TFRecord 数据集制作实战

TensorFlow 提供了 TFRecords 格式来统一存储数据，从理论上讲，TFRecords 是一
种二进制文件，可以存储任何形式的数据，它具有以下优点：

- 统一各种输入文件的操作；
- 更好地利用内存，方便复制和移动；
- 将二进制数据和标签（label）存储在同一个文件中。

在本节的内容中，将详细讲解制作并操作 TFRecord 数据集的知识。

2.4.1 将图片制作为 TFRecord 数据集

在"img"目录中有两个子目录"0"和"1"，在两个子目录中分别保存了图片。然
后编写实例文件 data05.py，功能是将上述两个子目录"0"和"1"中的图片制作成 TFRecord

数据集。文件 data05.py 的具体实现代码如下：

```
import os
import tensorflow as tf
from PIL import Image


cwd = 'img\\'
classes = {'0', '1'}  # 人为 设定 2 类
writer = tf.compat.v1.python_io.TFRecordWriter("dog_train.tfrecords")
# 要生成的文件


for index, name in enumerate(classes):
    class_path = cwd + name + '\\'
    for img_name in os.listdir(class_path):
        img_path = class_path + img_name  # 每一个图片的地址

        img = Image.open(img_path)
        img = img.resize((128, 128))
        img_raw = img.tobytes()  # 将图片转化为二进制格式
        example = tf.train.Example(features=tf.train.Features(feature={
            "label": tf.train.Feature(int64_list=tf.train.Int64List(value=
[index])),
            'img_raw': tf.train.Feature(bytes_list=tf.train.BytesList(value=
[img_raw]))
        }))  # example 对象对 label 和 image 数据进行封装
        writer.write(example.SerializeToString())  # 序列化为字符串

writer.close()
```

执行后会创建 TFRecord 数据集文件 dog_train.tfrecords。

2.4.2　将 CSV 文件保存为 TFRecord 文件

请看下面的实例文件 data06.py，功能是将著名的鸢尾花数据集文件 iris.csv 制作成
TFRecord 数据集。文件 data06.py 的具体实现代码如下：

```
import pandas as pd
import tensorflow as tf

print(tf.__version__)

input_csv_file = "iris.csv"
iris_frame = pd.read_csv(input_csv_file, header=0)
print(iris_frame)
# label,sepal_length,sepal_width,petal_length,petal_width
print("values shape: ", iris_frame.shape)

row_count = iris_frame.shape[0]
```

```
    col_count = iris_frame.shape[1]

    output_tfrecord_file = "iris.tfrecords"
    with tf.io.TFRecordWriter(output_tfrecord_file) as writer:
        for i in range(row_count):
            example = tf.train.Example(
                features=tf.train.Features(
                    feature={
                        "label":
tf.train.Feature(int64_list=tf.train.Int64List(value=[iris_frame.iloc[i,
0]])),
                        "sepal_length":
tf.train.Feature(float_list=tf.train.FloatList(value=[iris_frame.iloc[i,
1]])),
                        "sepal_width":
tf.train.Feature(float_list=tf.train.FloatList(value=[iris_frame.iloc[i,
2]])),
                        "petal_length":
tf.train.Feature(float_list=tf.train.FloatList(value=[iris_frame.iloc[i,
3]])),
                        "petal_width":
tf.train.Feature(float_list=tf.train.FloatList(value=[iris_frame.iloc[i,
4]]))

                    }
                )
            )
            writer.write(record=example.SerializeToString())
    writer.close()
```

执行后会提取数据集中的信息，打印输出如下信息，并创建 **TFRecord** 数据集文件
iris.tfrecords。

```
    2.6.0
        Unnamed: 0  Sepal.Length  ...  Petal.Width    Species
    0            1           5.1  ...          0.2     setosa
    1            2           4.9  ...          0.2     setosa
    2            3           4.7  ...          0.2     setosa
    3            4           4.6  ...          0.2     setosa
    4            5           5.0  ...          0.2     setosa
    5            6           5.4  ...          0.4     setosa
    6            7           4.6  ...          0.3     setosa
    7            8           5.0  ...          0.2     setosa
    8            9           4.4  ...          0.2     setosa
    9           10           4.9  ...          0.1     setosa
    10          11           5.4  ...          0.2     setosa
    11          12           4.8  ...          0.2     setosa
    12          13           4.8  ...          0.1     setosa
    13          14           4.3  ...          0.1     setosa
```

14	15	5.8	...	0.2	setosa
15	16	5.7	...	0.4	setosa
16	17	5.4	...	0.4	setosa
17	18	5.1	...:	0.3	setosa
18	19	5.7	...	0.3	setosa
19	20	5.1	...	0.3	setosa
20	21	5.4	...	0.2	setosa
21	22	5.1	...	0.4	setosa
22	23	4.6	...	0.2	setosa
23	24	5.1	...	0.5	setosa
24	25	4.8	...	0.2	setosa
25	26	5.0	...	0.2	setosa
26	27	5.0	...	0.4	setosa
27	28	5.2	...	0.2	setosa
28	29	5.2	...	0.2	setosa
29	30	4.7	...	0.2	setosa
..	...	...	...	...	...
120	121	6.9	...	2.3	virginica
121	122	5.6	...	2.0	virginica
122	123	7.7	...	2.0	virginica
123	124	6.3	...	1.8	virginica
124	125	6.7	...	2.1	virginica
125	126	7.2	...	1.8	virginica
126	127	6.2	...	1.8	virginica
127	128	6.1	...	1.8	virginica
128	129	6.4	...	2.1	virginica
129	130	7.2	...	1.6	virginica
130	131	7.4	...	1.9	virginica
131	132	7.9	...	2.0	virginica
132	133	6.4	...	2.2	virginica
133	134	6.3	...	1.5	virginica
134	135	6.1	...	1.4	virginica
135	136	7.7	...	2.3	virginica
136	137	6.3	...	2.4	virginica
137	138	6.4	...	1.8	virginica
138	139	6.0	...	1.8	virginica
139	140	6.9	...	2.1	virginica
140	141	6.7	...	2.4	virginica
141	142	6.9	...	2.3	virginica
142	143	5.8	...	1.9	virginica
143	144	6.8	...	2.3	virginica
144	145	6.7	...	2.5	virginica
145	146	6.7	...	2.3	virginica
146	147	6.3	...	1.9	virginica
147	148	6.5	...	2.0	virginica
148	149	6.2	...	2.3	virginica
149	150	5.9	...	1.8	virginica

```
[150 rows x 6 columns]
values shape: (150, 6)
```

2.4.3 读取 TFRecord 文件的内容

请看下面的实例文件 data07.py，功能是将图像保存并写入 TFRecord 文件，然后读取 TFRecord 文件里的内容。如果想在同一个输入数据集上使用多个模型，这种做法很有用。我们可不以原始格式存储图像，而是将图像预处理为 TFRecord 格式，然后将其用于所有后续的处理和建模中。文件 data07.py 的具体实现流程如下：

（1）为了将标准 TensorFlow 类型转换为兼容 tf.Example 的 tf.train.Feature，编写如下的函数将值转换为与 tf.Example 兼容的类型，每个函数会接受标量输入值并返回包含上述三种 list 类型之一的 tf.train.Feature。

```python
# 将值转换为与 tf.Example 兼容的类型
def _bytes_feature(value):
  """ 从字符串/字节返回 bytes_list"""
  if isinstance(value, type(tf.constant(0))):
    value = value.numpy() # BytesList 不会从张量中解包字符串
  return tf.train.Feature(bytes_list=tf.train.BytesList(value=[value]))

def _float_feature(value):
  """从 float/double 返回一个 float_list"""
  return tf.train.Feature(float_list=tf.train.FloatList(value=[value]))

def _int64_feature(value):
  """从 bool/enum/int/uint 返回 int64_list"""
  return tf.train.Feature(int64_list=tf.train.Int64List(value=[value]))
```

（2）下载两个网络照片（见图 2-5），代码如下：

```python
cat_in_snow = tf.keras.utils.get_file('320px-Felis_catus-cat_on_snow.
jpg', 'https://storage.googleapis.com/download.tensorflow.org/example_images/
320px-Felis_catus-cat_on_snow.jpg')
williamsburg_bridge = tf.keras.utils.get_file('194px-New_East_River_
Bridge_from_Brooklyn_det.4a09796u.jpg','https://storage.googleapis.com/d
ownload.tensorflow.org/example_images/194px-New_East_River_Bridge_from_B
rooklyn_det.4a09796u.jpg')

display.display(display.Image(filename=cat_in_snow))
display.display(display.HTML('Image cc-by: &lt;a "href=https://commons.
wikimedia.org/wiki/File:Felis_catus-cat_on_snow.jpg"&gt;Von.grzanka&lt;/
a&gt;'))

display.display(display.Image(filename=williamsburg_bridge))
display.display(display.HTML('&lt;a  "href=https://commons.wikimedia.
org/wiki/File:New_East_River_Bridge_from_Brooklyn_det.4a09796u.jpg"&gt;F
rom Wikimedia&lt;/a&gt;'))
```

Image cc-by: <a "href=https://commons.wikimedia.org/wiki/File:Felis_catus-cat_on_snow.jpg">Von.grzanka</a>

<a "href=https://commons.wikimedia.org/wiki/File:New_East_River_Bridge_from_Brooklyn_det.4a09796u. Wikimedia</a>

图 2-5　两幅网络图片

（3）写入 TFRecord 文件

将特征编码转换为与 tf.Example 兼容的类型，将存储原始图像字符串特征，以及高度、宽度、深度和任意 label 特征。后者会在写入文件以区分猫和桥的图像时使用。将 0 用于猫的图像，将 1 用于桥的图像。代码如下：

```
image_labels = {
    cat_in_snow : 0,
    williamsburg_bridge : 1,
}

#这是一个示例，仅使用 cat 图像
image_string = open(cat_in_snow, 'rb').read()

label = image_labels[cat_in_snow]

#创建具有相关功能的词典
def image_example(image_string, label):
  image_shape = tf.image.decode_jpeg(image_string).shape

  feature = {
    'height': _int64_feature(image_shape[0]),
```

```
        'width': _int64_feature(image_shape[1]),
        'depth': _int64_feature(image_shape[2]),
        'label': _int64_feature(label),
        'image_raw': _bytes_feature(image_string),
    }

    return tf.train.Example(features=tf.train.Features(feature=feature))

for line in str(image_example(image_string, label)).split('\n')[:15]:
    print(line)
print('...')
```

执行后会打印输出 TFRecord 文件的结构：

```
    key: "depth"
    value {
      int64_list {
        value: 3
      }
    }
  }
  feature {
    key: "height"
    value {
      int64_list {
        value: 213
      }
...
```

此时，所有的特征都被存储在 tf.Example 消息中，接下来，函数化处理上面的代码，并将特征信息写入名为 images.tfrecords 的文件中。代码如下：

```
# 将原始图像文件写入 "images.tfrecords"
# 首先，将这两个图像处理为 'tf.Example' 消息
# 然后，写入一个 ".tfrecords" 文件
record_file = 'images.tfrecords'
with tf.io.TFRecordWriter(record_file) as writer:
    for filename, label in image_labels.items():
        image_string = open(filename, 'rb').read()
        tf_example = image_example(image_string, label)
        writer.write(tf_example.SerializeToString())
```

（4）读取 TFRecord 文件

现在已经创建文件 images.tfrecords，并可以迭代其中的记录以将写入的内容读取回来。因为在此实例中只需重新生成图像，所以只需原始图像字符串这一个特征。使用上面描述的 getter 方法（example.features.feature['image_raw'].bytes_list.value[0]）提取该特征。另外还可以使用标签来确定哪个记录是猫，哪个记录是桥。

```
raw_image_dataset = tf.data.TFRecordDataset('images.tfrecords')
```

```
#创建描述功能的词典
image_feature_description = {
    'height': tf.io.FixedLenFeature([], tf.int64),
    'width': tf.io.FixedLenFeature([], tf.int64),
    'depth': tf.io.FixedLenFeature([], tf.int64),
    'label': tf.io.FixedLenFeature([], tf.int64),
    'image_raw': tf.io.FixedLenFeature([], tf.string),
}

def _parse_image_function(example_proto):
  #使用上面的字典解析输入 tf.Example proto
  return    tf.io.parse_single_example(example_proto,    image_feature_
description)

parsed_image_dataset = raw_image_dataset.map(_parse_image_function)
parsed_image_dataset
```

执行后会输出：

```
<MapDataset shapes: {depth: (), height: (), image_raw: (), label: (),
width: ()}, types: {depth: tf.int64, height: tf.int64, image_raw: tf.string,
label: tf.int64, width: tf.int64}>
```

从 TFRecord 文件中恢复图像，代码如下：

```
for image_features in parsed_image_dataset:
  image_raw = image_features['image_raw'].numpy()
  display.display(display.Image(data=image_raw))
```

从 TFRecord 文件中恢复的图像如图 2-6 所示。

图 2-6　从 TFRecord 文件中恢复的图像

第 3 章　TensorFlow 前馈神经网络实战

前馈神经网络（Feedforward Neural Network，FNN），简称前馈网络，是人工神经网络的一种。FNN 采用一种单向多层结构，其中每一层包含若干个神经元。本章将详细讲解使用 TensorFlow 实现 FNN 操作的知识。

3.1　神经网络概述

人工神经网络（Artificial Neural Networks，ANNs）也简称为神经网络（NNs）或称为连接模型（Connection Model），它是一种模仿动物神经网络行为特征，进行分布式并行信息处理的算法数学模型。这种网络依靠系统的复杂程度，通过调整内部大量节点之间相互连接的关系，从而达到处理信息的目的。

3.1.1　深度学习与神经网络概述

深度学习是指在多层神经网络上运用各种机器学习算法解决图像、文本等各种问题的算法集合。深度学习从大类上可以归入神经网络，但是在具体实现上有许多变化。深度学习的核心是特征学习，旨在通过分层网络获取分层次的特征信息，从而解决以往需要人工设计特征的重要难题。深度学习是一个框架，包含多个重要算法，如卷积神经网络（Convolutional Neural Networks，CNN）、自编码器（AutoEncoder，AE）等。

当前多数分类、回归等学习方法为浅层结构算法，其局限性是有限样本和计算单元情况下对复杂函数的表示能力有限，针对复杂分类问题其泛化能力受到一定制约。深度学习可通过学习一种深层非线性网络结构，实现复杂函数逼近，表征输入数据分布式表示，并展现了强大的从少数样本集中学习数据集本质特征的能力。

深度学习的实质，是通过构建具有很多隐层的机器学习模型和海量的训练数据，来学习更有用的特征，从而最终提升分类或预测的准确性。因此，"深度模型"是手段，"特征学习"是目的。区别于传统的浅层学习，深度学习的不同是：①强调了模型结构的深度，通常有 5 层、6 层，甚至 10 多层的隐层节点；②明确突出了特征学习的重要性，也就是说，通过逐层特征变换，将样本在原空间的特征表示变换到一个新特征空间，从而使分类或预测更加容易。与人工规则构造特征的方法相比，利用大数据来学习特征，更能够刻画数据的丰富内在信息。

3.1.2　全连接层

全连接层（Fully Connected Layers，FC）在整个 CNN 中起到 "分类器" 的作用。如果说卷积层、池化层和激活函数层等操作是将原始数据映射到隐层特征空间，全连接层则起到将学到的 "分布式特征表示" 映射到样本标记空间的作用。在实际使用中，全连接层可由卷积操作实现：对前层是全连接的全连接层可以转化为卷积核为 1×1 的卷积；而前层是卷积层的全连接层可以转化为卷积核为 $h \times w$ 的全局卷积，h 和 w 分别为前层卷积结果的高和宽。

假如输出向量为 $o = [o_1, o_2]$，那么整个网络层可以通过一次矩阵运算完成：

$$\begin{bmatrix} o_1 & o_2 \end{bmatrix} = \begin{bmatrix} x_1 & x_2 & x_3 \end{bmatrix} @ \begin{bmatrix} w_{11} & w_{12} \\ w_{21} & w_{22} \\ w_{31} & w_{32} \end{bmatrix} + \begin{bmatrix} b_0 & b_1 \end{bmatrix}$$

3.1.3　使用 TensorFlow 创建神经网络模型

在下面的实例中，将使用 TensorFlow 创建一个神经网络模型。实例文件 wang01.py 的具体实现流程如下。

1. 用张量方式实现全连接层

在 TensorFlow 中，要想实现全连接层，只需定义好权值张量 W 和偏置张量 b，并利用 TensorFlow 提供的批量矩阵相乘函数 tf.matmul() 即可完成网络层的计算。创建输入 X 矩阵为 $b = 2$ 个样本，每个样本的输入特征长度为 $din = 784$，输出节点数为 $dout = 256$，所以定义权值矩阵 W 的 shape 为 [784,256]，并采用正态分布初始化 W。偏置向量 b 的 shape 定义为 [256]，在计算完 $X@W$ 后相加即可，最终全连接层的输出 O 的 shape 为 [2,256]，即 2 个样本的特征，每个特征长度为 256。代码如下：

```
import tensorflow as tf
from matplotlib import pyplot as plt
plt.rcParams['font.size'] = 16
plt.rcParams['font.family'] = ['STKaiti']
plt.rcParams['axes.unicode_minus'] = False


# 创建 W,b 张量
x = tf.random.normal([2,784])
w1 = tf.Variable(tf.random.truncated_normal([784, 256], stddev=0.1))
b1 = tf.Variable(tf.zeros([256]))
# 线性变换
o1 = tf.matmul(x,w1) + b1
# 激活函数
o1 = tf.nn.relu(o1)
```

2．用层方式实现实现全连接层

在 TensorFlow 中有更加高层、使用更方便的层实现方式：layers.Dense(units, activation)，只需指定输出节点数 Units 和激活函数类型即可。输入节点数将根据第一次运算时的输入 shape 确定，同时根据输入、输出节点数自动创建并初始化权值矩阵 **W** 和偏置向量 **b**，使用非常方便。其中 activation 参数指定当前层的激活函数，可以为常见的激活函数或自定义激活函数，也可以指定为 None 无激活函数。代码如下：

```
x = tf.random.normal([4,28*28])
# 导入层模块
from tensorflow.keras import layers
# 创建全连接层，指定输出节点数和激活函数
fc = layers.Dense(512, activation=tf.nn.relu)
# 通过 fc 类实例完成一次全连接层的计算，返回输出张量
h1 = fc(x)
```

通过上述一行代码即可创建一层全连接层 fc，并指定输出节点数为 512，输入的节点数在 fc(x)计算时自动获取，并创建内部权值张量 **W** 和偏置张量 **b**。可通过类内部的成员名 kernel 和 bias 来获取权值张量 **W** 和偏置张量对象 **b**。代码如下：

```
# 获取 Dense 类的权值矩阵
fc.kernel
```

执行后会输出：

```
<tf.Variable 'dense_1/kernel:0' shape=(784, 512) dtype=float32, numpy=
array([[-0.06443337, -0.0205344 , 0.0111495 , ..., 0.03467645,
         0.05734177, -0.04738677],
       [-0.0453011 , -0.0600119 , -0.01896609, ..., 0.00871194,
        -0.04120795, -0.05477473],
       [-0.00870857, 0.03563788, -0.06142728, ..., 0.0419993 ,
        -0.00972366, -0.00750636],
       ...,
       [-0.02801137, -0.0115794 , 0.06600933, ..., -0.03404392,
        -0.03490314, 0.01931299],
       [-0.01084805, 0.05528106, -0.0051664 , ..., -0.0058347 ,
         0.02473629, -0.04545905],
       [ 0.04825485, 0.01886629, 0.00533567, ..., 0.02645993,
        -0.04923414, -0.05979132]], dtype=float32)>
```

然后通过以下代码获取类 Dense 的偏置向量：

```
fc.bias
# 待优化参数列表
fc.trainable_variables
```

对于全连接层来说，因为内部张量都参与梯度优化工作，所以 variables 返回的列表与 trainable_variables 相同。

利用网络层类对象进行前向计算时，只需调用类的 __call__ 方法即可，即写成 fc(x) 方式，它会自动调用类的 __call__ 方法，在 __call__ 方法中自动调用 call 方法，全连接层

类在 call 方法中实现了 a(**X**@**W**+ **b**)的运算逻辑，最后返回全连接层的输出张量。

3．用张量方式实现神经网络

如图 3-1 所示，通过堆叠 4 个全连接层，可以获得层数为 4 的神经网络，由于每层均为全连接层，称为全连接网络。其中第 1～3 个全连接层在网络中间，称为隐藏层 1,2,3，最后一个全连接层的输出作为网络的输出，称为输出层。隐藏层 1,2,3 的输出节点数分别为[256,128,64]，输出层的输出节点数为 10。

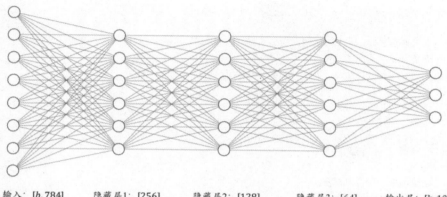

输入：[*b*,784]　　隐藏层1：[256]　　隐藏层2：[128]　　隐藏层3：[64]　输出层：[*b*,10]

图 3-1　堆叠 4 个全连接层

下面是用张量方式实现神经网络的代码：

```
# 隐藏层 1 张量
w1 = tf.Variable(tf.random.truncated_normal([784, 256], stddev=0.1))
b1 = tf.Variable(tf.zeros([256]))
# 隐藏层 2 张量
w2 = tf.Variable(tf.random.truncated_normal([256, 128], stddev=0.1))
b2 = tf.Variable(tf.zeros([128]))
# 隐藏层 3 张量
w3 = tf.Variable(tf.random.truncated_normal([128, 64], stddev=0.1))
b3 = tf.Variable(tf.zeros([64]))
# 输出层张量
w4 = tf.Variable(tf.random.truncated_normal([64, 10], stddev=0.1))
b4 = tf.Variable(tf.zeros([10]))

with tf.GradientTape() as tape: # 梯度记录器
    # x: [b, 28*28]
    # 隐藏层 1 前向计算，[b, 28*28] => [b, 256]
    h1 = x@w1 + tf.broadcast_to(b1, [x.shape[0], 256])
    h1 = tf.nn.relu(h1)
    # 隐藏层 2 前向计算，[b, 256] => [b, 128]
    h2 = h1@w2 + b2
    h2 = tf.nn.relu(h2)
    # 隐藏层 3 前向计算，[b, 128] => [b, 64]
    h3 = h2@w3 + b3
```

```
h3 = tf.nn.relu(h3)
# 输出层前向计算，[b, 64] => [b, 10]
h4 = h3@w4 + b4
```

4. 用层方式实现神经网络

用层方式实现神经网络的代码如下：

```
# 导入常用网络层 layers
from tensorflow.keras import layers
# 隐藏层 1
fc1 = layers.Dense(256, activation=tf.nn.relu)
# 隐藏层 2
fc2 = layers.Dense(128, activation=tf.nn.relu)
# 隐藏层 3
fc3 = layers.Dense(64, activation=tf.nn.relu)
# 输出层
fc4 = layers.Dense(10, activation=None)

x = tf.random.normal([4,28*28])
# 通过隐藏层 1 得到输出
h1 = fc1(x)
# 通过隐藏层 2 得到输出
h2 = fc2(h1)
# 通过隐藏层 3 得到输出
h3 = fc3(h2)
# 通过输出层得到网络输出
h4 = fc4(h3)
```

对于上述这种数据依次向前传播的网络，也可通过 Sequential 容器封装成一个网络大类对象，调用大类的前向计算函数一次即可完成所有层的前向计算，使用起来更加方便。代码如下：

```
# 导入 Sequential 容器
from tensorflow.keras import layers,Sequential
# 通过 Sequential 容器封装为一个网络类
model = Sequential([
    layers.Dense(256, activation=tf.nn.relu) , # 创建隐藏层 1
    layers.Dense(128, activation=tf.nn.relu) , # 创建隐藏层 2
    layers.Dense(64, activation=tf.nn.relu) , # 创建隐藏层 3
    layers.Dense(10, activation=None) , # 创建输出层
])

out = model(x) # 前向计算得到输出
```

3.2 单层前馈神经网络

在生物神经网络中，每个神经元与其他神经元相连，当它"兴奋"时，就会向连接的神经元发送化学物质，从而改变这些神经元内的电位，如果某个神经元的电位超过一

个阈值时，会转变为"兴奋"状态，向其他神经元发送化学物质，两个神经元信号的传递方向是单向的。

3.2.1　单层前馈神经网络介绍

在 M-P 神经元模型中，如果将多个 M-P 神经元模型按层连接，就能得到单层前馈神经网络，如图 3-2 所示。

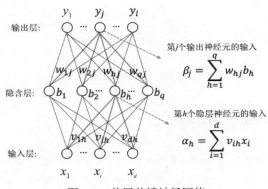

图 3-2　单层前馈神经网络

单隐层前馈神经网络由输入层、隐含层、输出层组成，可简单模拟生物神经网络，每层神经元与下一层神经元连接，神经元之间不存在跨层连接、同层连接，输入层用于数据的输入，隐含层与输出层神经元对数据进行加工。

3.2.2　BP 算法

反向传播（Backpropagation，BP）是"误差反向传播"的简称，是一种与最优化方法（如梯度下降法）结合使用的，用来训练人工神经网络的常见方法。该方法对网络中所有权重计算损失函数的梯度。这个梯度会反馈给最优化方法，用来更新权值以最小化损失函数。

BP 要求用对每个输入值想得到的已知输出，来计算损失函数梯度。因此，它通常被认为是一种监督式学习方法，虽然它也用在一些无监督网络（如自动编码器）中。它是多层前馈网络的 Delta 规则的推广，可以用链式法则对每层迭代计算梯度。BP 要求人工神经元（或"节点"）的激励函数可微。

BP 算法具有以下两个关键点：

（1）根据输入值获得输出值，计算损失函数的梯度；

（2）将梯度反馈给最优化算法（如梯度下降法），由最优化算法对连接权和阈值进行更新，使得损失函数变小。

在单层前馈神经网络中使用 BP 算法的过程如图 3-3 所示。

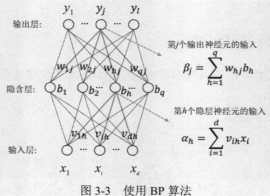

$$\beta_j = \sum_{h=1}^{q} w_{hj} b_h$$

第 j 个输出神经元的输入

$$\alpha_h = \sum_{i=1}^{d} v_{ih} x_i$$

第 h 个隐层神经元的输入

图 3-3　使用 BP 算法

3.3　深度前馈神经网络

深度前馈网络（Deep Feedforward Network，DNN），也称前馈神经网络或者多层感知机（Multilayer Perceptron，MLP），是典型的深度学习模型。在本节的内容中，将详细讲解在 TensorFlow 项目中使用 DNN 的知识。

3.3.1　深度前馈神经网络的原理

前馈网络的目标是近似某个函数 f*。例如，对于分类器，y=f*(x)将输入 x 映射到一个类别 y。前馈网络定义了一个映射 y=f(x;θ)，并且学习参数 θ 的值，使它能够得到最佳的函数近似。在 DNN 内部，参数从输入层向输出层单向传播，有异于递归神经网络，其内部不会构成有向环。这种模型被称为前向（feedforward）的，是因为信息流过 x 的函数，流经用于定义 f 的中间计算过程，最终到达输出 y。在模型的输出和模型本身之间没有反馈（feedback）连接。当 DNN 被扩展成包含反馈连接时，它们被称为循环神经网络（Recurrent Neural Network，RNN）。

DNN 之所以被称为网络（network），是因为它们通常用许多不同函数复合在一起来表示。该模型与一个有向无环图相关联，而图描述了函数是如何复合在一起的。例如，有三个函数 f(1),f(2)和 f(3)连接在一个链上以形成 f(x)=f(3)(f(2)(f(1)(x)))。这些链式结构是神经网络中最常用的结构。在这种情况下，f(1)被称为网络的第一层(first layer)，f(2)被称为第二层（second layer），依此类推。链的全长称为模型深度（depth）。正是因为这个术语才出现了"深度学习"这个名字。前馈网络的最后一层被称为输出层（output layer）。在神经网络训练的过程中，让 f(x)去匹配 f*(x)的值。训练数据提供了在不同训练点上取值的、含有噪声的 f*(x)的近似实例。每个样本 x 都伴随着一个标签 y≈f*(x)。训练样本直接指明了输出层在每一点 x 上必须做什么，它必须产生一个接近 y 的值。但是训练数据并未指明其他层应该怎么做。学习算法必须决定如何使用这些层来产生想要的输出，但是训练数据并未说明每个单独的层应该做什么。相反，学习算法必须决定如何使用这些层来最好地实现 f* 的近似。因为训练数据并未给出这些层中的每一层所需的输出，所以这些层被称为隐藏层（hidden layer）。

最后，这些网络被称为神经网络是因为它们或多或少地受到神经科学的启发。网络中的每个隐藏层通常都是向量值的。这些隐藏层的维数决定了模型的宽度（width）。向量的每个元素都可以被视为起到类似一个神经元的作用。除了将层想象成向量到向量的单个函数，也可以把层想象成由许多并行操作的单元（unit）组成，每个单元表示一个向量到标量的函数。每个单元在某种意义上类似一个神经元，它接收的输入来源于许多其他的单元，并计算它自己的激活值。使用多层向量值表示的想法来源于神经科学。用于计算这些表示的函数 f(i)(x) 的选择，也或多或少地受到神经科学观测的指引，这些观测是关于生物神经元计算功能的。然而，现代的神经网络研究受到更多的是来自许多数学和工程学科的指引，并且神经网络的目标并不是完美地给大脑建模。我们最好将前馈神经网络想成是实现统计泛化而设计出的函数近似机，它偶尔从我们了解的大脑中提取灵感，但并不是大脑功能的模型。

梯度下降算法的收敛点取决于参数的初始值。线性模型和神经网络的最大区别是，神经网络的非线性导致大多数我们感兴趣的代价函数都变得非凸。这说明神经网络的训练通常使用迭代的、基于梯度的优化，仅仅使得代价函数达到一个非常小的值；而不是像用于训练线性回归模型的线性方程求解器，或者用于训练逻辑回归或 SVM 的凸优化算法那样保证全局收敛。凸优化从任何一种初始参数出发都会收敛（理论上如此，在实践中也很鲁棒但可能会遇到数值问题）。用于非凸损失函数的随机梯度下降没有这种收敛性保证，并且对参数的初始值很敏感。对于 DNN，将所有的权重值初始化为小随机数是很重要的。偏置可以初始化为零或者小的正值。

3.3.2　基于 MNIST 数据集识别手写数字

请看下面的实例文件 main.py，功能基于 MNIST 数据集使用深度前馈神经网络识别手写数字。实例文件 main.py 的具体实现代码如下：

```
import cv2 as cv
import numpy as np
import matplotlib.pyplot as plt
import tensorflow as tf

mnist = tf.keras.datasets.mnist
(x_train, y_train), (x_test, y_test) = mnist.load_data()
```

```
    x_train = tf.keras.utils.normalize(x_train, axis=1)
    x_test = tf.keras.utils.normalize(x_test, axis=1)

    model = tf.keras.Sequential()
    model.add(tf.keras.layers.Flatten(input_shape=(28,28)))
    model.add(tf.keras.layers.Dense(units=128, activation=tf.nn.relu))
    model.add(tf.keras.layers.Dense(units=128, activation=tf.nn.relu))
    model.add(tf.keras.layers.Dense(units=10, activation=tf.nn.softmax))

    model.compile(optimizer='adam', loss='sparse_categorical_crossentropy',
metrics=['accuracy'])

    model.fit(x_train, y_train, epochs=3)

    loss, accuracy = model.evaluate(x_test, y_test)
    print(accuracy)
    print(loss)

    model.save('model')

    for x in range(1,6):
        img = cv.imread(f'data/{x}.png')[:,:,0]
        img = np.invert(np.array([img]))
        prediction = model.predict(img)
        print(f'The result is: {np.argmax(prediction)}')
        plt.imshow(img[0], cmap=plt.cm.binary)
        plt.show()
```

执行后会输出显示以下训练过程和识别结果，在 **PyCharm** 右侧显示手写的图片，如图 3-4 所示。

```
    Epoch 1/3
    1875/1875 [==============================] - 14s 6ms/step - loss: 0.2638
- accuracy: 0.9235
    Epoch 2/3
    1875/1875 [==============================] - 11s 6ms/step - loss: 0.1057
- accuracy: 0.9674
    Epoch 3/3
    1875/1875 [==============================] - 12s 7ms/step - loss: 0.0736
- accuracy: 0.9772
    313/313 [==============================] - 3s 8ms/step - loss: 0.0927 -
accuracy: 0.9709
    0.9708999991416931
    0.09265004098415375

    The result is: 2
    The result is: 3
    The result is: 1
    The result is: 3
    The result is: 3
```

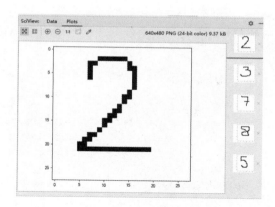

图 3-4　显示手写的图片

3.4　汽车油耗预测实战（使用神经网络实现分类）

请看下面的实例文件 wang02.py，功能是采用 Auto MPG 数据集，然后使用 Tensor Flow 创建一个神经网络模型预测汽车的油耗。

3.4.1　准备数据

本实例采用 Auto MPG 数据集，其中记录了各种汽车效能指标与气缸数、重量、马力等其他因子的真实数据。数据集中的前 5 项数据如表 3-1 所示。

表 3-1　数据集中的前 5 项数据

	MPG	Cylinders	Displacement	Horsepower	Weight	Acceleration	Model Year	Origin
0	18.0	8	307.0	130.0	3504.0	12.0	70	1
1	15.0	8	350.0	165.0	3693.0	11.5	70	1
2	18.0	8	318.0	150.0	3436.0	11.0	70	1
3	16.0	8	304.0	150.0	3433.0	12.0	70	1
4	17.0	8	302.0	140.0	3449.0	10.5	70	1

（1）首先导入我们要使用的库，代码如下：

```
import matplotlib.pyplot as plt
import pandas as pd
import seaborn as sns
import tensorflow as tf
from tensorflow import keras
from tensorflow.keras import layers, losses
```

（2）编写函数 load_dataset()下载数据集，代码如下：

```
def load_dataset():
    # 在线下载汽车效能数据集
    dataset_path = keras.utils.get_file("auto-mpg.data","http://archive.
```

```
ics.uci.edu/ml/machine-learning-databases/auto-mpg/auto-mpg.data")

    # 效能（公里数每加仑），气缸数，排量，马力，重量
    # 加速度，型号年份，产地
    column_names = ['MPG', 'Cylinders', 'Displacement', 'Horsepower',
'Weight',
                    'Acceleration', 'Model Year', 'Origin']
    raw_dataset = pd.read_csv(dataset_path, names=column_names,
                              na_values="?", comment='\t',
                              sep=" ", skipinitialspace=True)

    dataset = raw_dataset.copy()
    return dataset
```

（3）通过以下代码查看数据集中的前 5 条数据：

```
dataset = load_dataset()
# 查看部分数据
print(dataset.head())
```

执行后会输出：

```
   MPG  Cylinders  Displacement  ...  Acceleration  Model Year  Origin
0  18.0         8         307.0  ...          12.0          70       1
1  15.0         8         350.0  ...          11.5          70       1
2  18.0         8         318.0  ...          11.0          70       1
3  16.0         8         304.0  ...          12.0          70       1
4  17.0         8         302.0  ...          10.5          70       1
```

（4）需要注意的是，原始数据中的数据可能含有空字段（默认值）的数据项，需要通过以下代码清除这些记录项：

```
def preprocess_dataset(dataset):
    dataset = dataset.copy()
    # 统计空白数据,并清除
    dataset = dataset.dropna()

    # 处理类别型数据，其中 origin 列代表类别 1,2,3,分布代表产地: 美国、欧洲、日本
    # 其弹出这一列
    origin = dataset.pop('Origin')
    # 根据 origin 列来写入新列
    dataset['USA'] = (origin == 1) * 1.0
    dataset['Europe'] = (origin == 2) * 1.0
    dataset['Japan'] = (origin == 3) * 1.0

    # 切分为训练集和测试集
    train_dataset = dataset.sample(frac=0.8, random_state=0)
    test_dataset = dataset.drop(train_dataset.index)
    return train_dataset, test_dataset
```

（5）可视化统计数据集中的数据，代码如下：

```
train_dataset, test_dataset = preprocess_dataset(dataset)
```

```
# 统计数据
sns_plot = sns.pairplot(train_dataset[["Cylinders", "Displacement",
"Weight", "MPG"]], diag_kind="kde")
plt.figure()
plt.show()
```

执行后的效果如图 3-5 所示。

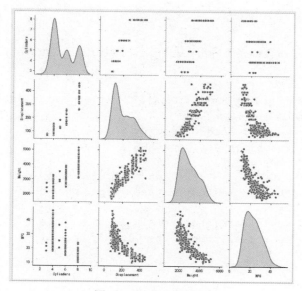

图 3-5　数据集可视化

（6）将 MPG 字段移出为标签数据，代码如下：

```
# 查看训练集的输入 X 的统计数据
train_stats = train_dataset.describe()
train_stats.pop("MPG")
train_stats = train_stats.transpose()
train_stats
```

此时执行后会输出如图 3-6 所示的效果。

	count	mean	std	min	25%	50%	75%	max
Cylinders	314.0	5.477707	1.699788	3.0	4.00	4.0	8.00	8.0
Displacement	314.0	195.318471	104.331589	68.0	105.50	151.0	265.75	455.0
Horsepower	314.0	104.869427	38.096214	46.0	76.25	94.5	128.00	225.0
Weight	314.0	2990.251592	843.898596	1649.0	2256.50	2822.5	3608.00	5140.0
Acceleration	314.0	15.559236	2.789230	8.0	13.80	15.5	17.20	24.8
Model Year	314.0	75.898089	3.675642	70.0	73.00	76.0	79.00	82.0
USA	314.0	0.624204	0.485101	0.0	0.00	1.0	1.00	1.0
Europe	314.0	0.178344	0.383413	0.0	0.00	0.0	0.00	1.0
Japan	314.0	0.197452	0.398712	0.0	0.00	0.0	0.00	1.0

图 3-6　处理后的数据

3.4.2　创建网络模型

实现数据的标准化处理，通过回归网络创建 3 个全连接层，然后通过函数 build_model()创建网络模型。代码如下：

```python
def norm(x, train_stats):
    """
    标准化数据
    :param x:
    :param train_stats: get_train_stats(train_dataset)
    :return:
    """
    return (x - train_stats['mean']) / train_stats['std']
# 移动 MPG 油耗效能这一列为真实标签 Y
train_labels = train_dataset.pop('MPG')
test_labels = test_dataset.pop('MPG')
# 进行标准化
normed_train_data = norm(train_dataset, train_stats)
normed_test_data = norm(test_dataset, train_stats)

print(normed_train_data.shape,train_labels.shape)
print(normed_test_data.shape, test_labels.shape)

class Network(keras.Model):
    # 回归网络
    def __init__(self):
        super(Network, self).__init__()
        # 创建 3 个全连接层
        self.fc1 = layers.Dense(64, activation='relu')
        self.fc2 = layers.Dense(64, activation='relu')
        self.fc3 = layers.Dense(1)

    def call(self, inputs):
        # 依次通过 3 个全连接层
        x1 = self.fc1(inputs)
        x2 = self.fc2(x1)
        out = self.fc3(x2)

        return out

def build_model():
    # 创建网络
    model = Network()
    # 通过 build 函数完成内部张量的创建，其中 4 为任意的 batch 数量，9 为输入特征
长度
    model.build(input_shape=(4, 9))
    model.summary() # 打印网络信息
    return model
```

```
model = build_model()
optimizer = tf.keras.optimizers.RMSprop(0.001) # 创建优化器，指定学习率
train_db = tf.data.Dataset.from_tensor_slices((normed_train_data.values,
train_labels.values))
train_db = train_db.shuffle(100).batch(32)
```

执行后会输出：

```
(314, 9) (314,)
(78, 9) (78,)
Model: "network_1"
```

Layer (type)	Output Shape	Param #
dense_3 (Dense)	multiple	640
dense_4 (Dense)	multiple	4160
dense_5 (Dense)	multiple	65

```
Total params: 4,865
Trainable params: 4,865
Non-trainable params: 0
```

3.4.3　训练、测试模型

接下来开始训练并测试模型，具体实现流程如下：

（1）通过 Epoch 和 Step 的双层循环训练网络，共训练 200 个 epoch，代码如下：

```
def train(model, train_db, optimizer, normed_test_data, test_labels):
    train_mae_losses = []
    test_mae_losses = []
    for epoch in range(200):
        for step, (x, y) in enumerate(train_db):

            with tf.GradientTape() as tape:
                out = model(x)
                # 均方误差
                loss = tf.reduce_mean(losses.MSE(y, out))
                #平均绝对值误差
                mae_loss = tf.reduce_mean(losses.MAE(y, out))

            if step % 10 == 0:
                print(epoch, step, float(loss))

            grads = tape.gradient(loss, model.trainable_variables)
            optimizer.apply_gradients(zip(grads, model.trainable_variables))
```

```
        train_mae_losses.append(float(mae_loss))
        out = model(tf.constant(normed_test_data.values))
        test_mae_losses.append(tf.reduce_mean(losses.MAE(test_labels,
out)))

    return train_mae_losses, test_mae_losses

def plot(train_mae_losses, test_mae_losses):
    plt.figure()
    plt.xlabel('Epoch')
    plt.ylabel('MAE')
    plt.plot(train_mae_losses, label='Train')
    plt.plot(test_mae_losses, label='Test')
    plt.legend()
        # plt.ylim([0,10])
    plt.legend()
    plt.show()
```

（2）绘制损失和预测曲线图，代码如下：

```
    train_mae_losses, test_mae_losses = train(model, train_db, optimizer,
normed_test_data, test_labels)
    plot(train_mae_losses, test_mae_losses)
```

执行后的效果如图 3-7 所示。

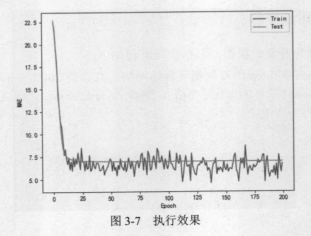

图 3-7　执行效果

第 4 章　TensorFlow 卷积神经网络实战

卷积神经网络（Convolutional Neural Networks，CNN）是一类包含卷积计算且具有深度结构的前馈神经网络（FNN），是深度学习（deep learning）的代表算法之一。本章将详细讲解使用 TensorFlow 实现卷积神经网络操作的知识。

4.1　卷积神经网络基础

神经网络（NNS）是人工智能研究领域的一部分，当前最流行的 NNS 是卷积神经网络。CNN 目前在很多研究领域取得了巨大的成功，如语音识别、图像识别、图像分割、自然语言处理等。本节将详细讲解 FNN 的基础知识。

4.1.1　发展背景

在半个世纪以前，图像识别就已经是一个火热的研究课题。1950 年中到 1960 年初，感知机吸引了机器学习学者的广泛关注。这是因为当时数学证明表明，如果输入数据线性可分，感知机可以在有限迭代次数内收敛。感知机的解是超平面参数集，这个超平面可以用作数据分类。然而，感知机却在实际应用中遇到了很大困难，主要由以下两个问题造成：

- 多层感知机暂时没有有效训练方法，导致层数无法加深；
- 由于采用线性激活函数，导致无法处理线性不可分问题，如"异或"。

上述问题随着 BP 算法和非线性激活函数的提出得到解决。1989 年，BP 算法被首次用于 CNN 中处理 2-D 信号（图像）。

在 2012 年的 ImageNet 挑战赛中，CNN 证明了它的实力，从此在图像识别和其他应用中被广泛采纳。

通过机器进行模式识别，通常有以下四个阶段：

- 数据获取：比如数字化图像。
- 预处理：比如图像去噪和图像几何修正。
- 特征提取：寻找一些计算机识别的属性，这些属性用以描述当前图像与其他图像的不同之处。
- 数据分类：把输入图像划分给某一特定类别。

CNN 是目前图像领域特征提取最好的方式，也因此大幅度提升了数据分类精度。

4.1.2　CNN 基本结构

基础的 CNN 由卷积（convolution）、激活（activation）和池化（pooling）三种结构组成。CNN 输出的结果是每幅图像的特定特征空间。当处理图像分类任务时，会把 CNN 输出的特征空间作为全连接层或全连接神经网络（Fully Connected Neural Network，FCN）的输入，用全连接层来完成从输入图像到标签集的映射，即分类。当然，整个过程最重要的工作就是如何通过训练数据迭代调整网络权重，也就是 BP 算法。

下面将详细讲解 CNN 的基本结构。

1．卷积层

卷积层是卷积网络的核心，大多数计算都是在卷积层中进行的。其功能是实现特征提取，卷积网络的参数是由一系列可以学习的滤波器集合构成的，每个滤波器在宽度和高度上都较小，但是深度输入和数据保持一致。当滤波器沿着图像的宽和高滑动时，会生成一个二维的激活图。

卷积层的参数由一些可学习的滤波器集合构成。每个滤波器在空间上（宽度和高度）都较小，但是深度和输入数据一致（这一点很重要，后面会具体介绍）。直观地说，网络会让滤波器学习到当它看到某些类型的视觉特征时就激活，具体的视觉特征可能是某些方位上的边界，或者在第一层上某些颜色的斑点，甚至可以是网络更高层上的蜂巢状或者车轮状图案。

2．池化层

通常在连续的卷积层之间会周期性地插入一个池化层，其作用是逐渐降低数据体的空间尺寸。这样就能减少网络中参数的数量，使得计算资源耗费变少，也能有效控制过拟合。池化层使用 MAX 操作，对输入数据体的每一个深度切片独立进行操作，改变它的空间尺寸。

请看一个在现实中池化层的应用例子：图像中的相邻像素倾向于具有相似的值，因此通常卷积层相邻的输出像素也具有相似的值。这说明，卷积层输出中包含的大部分信息都是冗余的。如果使用边缘检测滤波器并在某个位置找到强边缘，那么也可能会在距离这个像素 1 个偏移的位置找到相对较强的边缘。但是它们都一样是边缘，我们并未找到任何新东西。池化层解决了这个问题。这个网络层所做的就是通过减小输入的大小降低输出值的数量。池化一般通过简单的最大值、最小值或平均值操作完成。

3．全连接层

全连接层的输入层是前面的特征图，会将特征图中所有的神经元变成全连接的样子。这个过程防止过拟合会引入 Dropout。在进入全连接层之前，使用全局平均池化能够有效地过拟合。

对于任一个卷积层来说，都存在一个能实现和它一样的前向传播函数的全连接层。

该全连接层的权重是一个巨大的矩阵，除了某些特定块（感受野），其余部分都是 0；而在非 0 部分中，大部分元素都是相等的（权值共享）。如果把全连接层转化成卷积层，以输出层的 Deep11 为例，与它有关的输入神经元只有上面四个，所以在权重矩阵中与它相乘的元素，除了它所对应的 4 个，剩下的均为 0，这也就解释了为什么权重矩阵中有为 0 的部分；另外要把"将全连接层转化成卷积层"和"用矩阵乘法实现卷积"区别开，这两者是不同的，后者本身还是在计算卷积，只不过将其展开为矩阵相乘的形式，并不是"将全连接层转化成卷积层"，所以除非权重中本身有 0，否则用矩阵乘法实现卷积的过程中不会出现值为 0 的权重。

4．激活层

激活层也称为激活函数（Activation Function），是在人工神经网络的神经元上运行的函数，负责将神经元的输入映射到输出端。激活层对于人工神经网络模型去学习、理解非常复杂和非线性的函数来说具有十分重要的作用。它们将非线性特性引入网络中。例如在矩阵运算应用中，在神经元中输入的 inputs 通过加权求和后，还被作用于一个函数，这个函数就是激活函数。引入激活函数是为了增加神经网络模型的非线性。没有激活函数的每层都相当于矩阵相乘。就算叠加了若干层之后，无非还是个矩阵相乘。

5．Dropout 层

Dropout 是指深度学习训练过程中，对神经网络训练单元按照一定的概率将其从网络中暂时移除，注意是暂时。对于随机梯度下降来说，由于是随机丢弃，故而每一个 mini-batch 都在训练不同的网络。

Dropout 的作用是在训练神经网络模型时样本数据过少，防止过拟合而采用的技术。首先，想象我们现在只训练一个特定的网络，当迭代次数增多时，可能出现网络对训练集拟合很好（在训练集上 loss 很小），但是对验证集的拟合程度很差的情况。所以有了以下想法：可不可以让每次跌代随机地去更新网络参数（weights），引入这样的随机性就可以增加网络的概括的能力，所以就有了 Dropout。

在训练时，只需按一定的概率（retaining probability）p 来对 Weight 层的参数进行随机采样，将这个子网络作为此次更新的目标网络。可以想象，如果整个网络有 n 个参数，那么可用的子网络个数为 2^n。并且当 n 很大时，每次迭代更新使用的子网络基本上不会重复，从而避免了某一个网络被过分地拟合到训练集上。

那么在测试时怎么办呢？一种基础的方法是把 2^n 个子网络都用来做测试，以某种投票机制将所有结果结合（如平均一下），然后得到最终的结果。但是，由于 n 实在是太大了，这种方法在实际中完全不可行。所以有人提出做一个大致的估计即可，从 2^n 个网络中随机选取 m 个网络做测试，最后在用某种投票机制得到最终的预测结果。这种想法当然可行，当 m 很大时但又远小于 2^n 时，能够很好地逼近原 2^n 个网络结合起来的预测结果。但是还有更好的办法：那就是 dropout 自带的功能，能够通过一次测试得到逼近

于原 2^n 个网络组合起来的预测能力。

6．BN 层

BN（Batch Normalization）是 2015 年提出的一种方法，在进行深度网络训练时，大都会采取这种算法。尽管梯度下降法训练神经网络很简单高效，但是需要人为地去选择参数，如学习率、参数初始化、权重衰减系数、Dropout 比例等。而且这些参数的选择对于训练结果至关重要，以至于我们很多时间都浪费到这些调参上。BN 算法的强大之处在以下几个方面：

- 可以选择较大的学习率，使得训练速度增长很快，具有快速收敛性；
- 可以不去理会 Dropout，L2 正则项参数的选择，如果选择使用 BN，甚至可以去掉这两项；
- 去掉局部响应归一化层（AlexNet 中使用的方法，BN 层出来后这个就不再用了）；
- 可以把训练数据打乱，防止每批训练时，某一个样本被经常挑选到。

首先来说归一化的问题，神经网络训练开始前，都要对数据做一个归一化处理，归一化有很多好处。原因是：一方面网络学习过程的本质就是学习数据分布，一旦训练数据和测试数据的分布不同，那么网络的泛化能力就会大大降低；另一方面，每一批次的数据分布如果不相同，那么网络就要在每次迭代时都去适应不同的分布。这样会大大降低网络的训练速度，这也是为什么要对数据做一个归一化预处理的原因。另外对图片进行归一化处理还可以处理光照、对比度等影响。

例如，网络一旦训练起来，参数就要发生更新，除了输入层的数据外，其他层的数据分布是一直发生变化的，因为在训练时，网络参数的变化会导致后面输入数据的分布变化。比如第二层输入，是由输入数据和第一层参数得到的，而第一层的参数随着训练一直变化，势必会引起第二层输入分布的改变，把这种改变称为内部协变量偏移（Internal Covariate Shift），BN 就是为了解决这个问题而诞生的。

综上可以得出一个结论：卷积神经网络主要由输入层、卷积层，激活层层、池化（Pooling）层和全连接层（全连接层和常规神经网络中的一样）构成。通过将这些层叠加，就可以构建一个完整的卷积神经网络。在实际应用中将卷积层与激活层共同称为卷积层，所以卷积层经过卷积操作也是要经过激活函数的。具体地说，卷积层和全连接层（CONV/FC）对输入执行变换操作时，不仅会用到激活函数，还会用到很多参数，即神经元的权值 w 和偏差 b；而激活层和池化层则是进行一个固定不变的函数操作。卷积层和全连接层中的参数会随着梯度下降被训练，这样 CNN 计算出的分类评分就能和训练集中每个图像的标签吻合。

4.1.3　第一个 CNN 程序

在下面的实例中，将使用 TensorFlow 创建一个 CNN 模型，并可视化评估这个模型。

实例文件 cnn01.py 的具体实现流程如下：

（1）导入 TensorFlow 模块

代码如下：

```
import tensorflow as tf

from tensorflow.keras import datasets, layers, models
import matplotlib.pyplot as plt
```

（2）下载并准备 CIFAR10 数据集

CIFAR10 数据集包含 10 类，共 60 000 张彩色图片，每类图片有 6 000 张。此数据集中 50 000 个样例被作为训练集，剩余 10 000 个样例作为测试集。类之间相互独立，不存在重叠的部分。代码如下：

```
(train_images, train_labels), (test_images, test_labels) = datasets.cifar10.
load_data()

# 将像素的值标准化至 0～1 区间内。
train_images, test_images = train_images / 255.0, test_images / 255.0
```

（3）验证数据

将数据集中的前 25 张图片和类名打印出来，来确保数据集被正确加载。代码如下：

```
class_names = ['airplane', 'automobile', 'bird', 'cat', 'deer',
               'dog', 'frog', 'horse', 'ship', 'truck']

plt.figure(figsize=(10,10))
for i in range(25):
    plt.subplot(5,5,i+1)
    plt.xticks([])
    plt.yticks([])
    plt.grid(False)
    plt.imshow(train_images[i], cmap=plt.cm.binary)
    # 由于 CIFAR 的标签是 array,
    # 因此您需要额外的索引（index）。
    plt.xlabel(class_names[train_labels[i][0]])
plt.show()
```

执行后将可视化显示数据集中的前 25 张图片和类名，如图 4-1 所示。

（4）构造 CNN 模型

通过以下代码声明了一个常见 CNN，由几个 Conv2D 和 MaxPooling2D 层组成。

```
model = models.Sequential()
model.add(layers.Conv2D(32, (3, 3), activation='relu', input_shape=(32,
32, 3)))
model.add(layers.MaxPooling2D((2, 2)))
model.add(layers.Conv2D(64, (3, 3), activation='relu'))
model.add(layers.MaxPooling2D((2, 2)))
model.add(layers.Conv2D(64, (3, 3), activation='relu'))
```

图 4-1   可视化显示数据集中的前 25 张图片和类名

CNN 的输入是张量（Tensor）形式的（image_height, image_width, color_channels），包含图像高度、宽度及颜色信息。不需要输入 batch size。如果不熟悉图像处理、颜色信息，建议使用 RGB 色彩模式。此模式下，color_channels 为(R,G,B)分别对应 RGB 的三个颜色通道（color channel）。在此示例中，CNN 输入，CIFAR 数据集中的图片，形状是(32, 32, 3)。可以在声明第一层时将形状赋值给参数 input_shape。声明 CNN 结构的代码如下：

```
model.summary()
```

执行后会输出显示模型的基本信息：

```
Model: "sequential"

Layer (type)                 Output Shape              Param #
=================================================================
conv2d (Conv2D)              (None, 30, 30, 32)        896

max_pooling2d (MaxPooling2D) (None, 15, 15, 32)        0

conv2d_1 (Conv2D)            (None, 13, 13, 64)        18496
```

```
max_pooling2d_1 (MaxPooling2 (None, 6, 6, 64)          0

conv2d_2 (Conv2D)            (None, 4, 4, 64)          36928
=================================================================
Total params: 56,320
Trainable params: 56,320
Non-trainable params: 0
```

在执行后输出显示的结构中可以看到，每个 Conv2D 和 MaxPooling2D 层的输出都是一个三维的张量（Tensor），其形状描述了（height, width, channels）。越深的层中，宽度和高度都会收缩。每个 Conv2D 层输出的通道数量（channels）取决于声明层时的第一个参数（如上面代码中的 32 或 64）。这样，由于宽度和高度的收缩，可以（从运算的角度）增加每个 Conv2D 层输出的通道数量（channels）。

（5）增加 Dense 层

Dense 层等同于全连接（Full Connected）层，在模型的最后，将把卷积后的输出张量［本例中形状为(4，4，64)］传给一个或多个 Dense 层来完成分类。Dense 层的输入为向量（一维），但前面层的输出是三维的张量（Tensor）。因此需要将三维张量展开（flatten）到一维，之后再传入一个或多个 Dense 层。CIFAR 数据集有 10 个类，因此最终的 Dense 层需要 10 个输出及一个 softmax 激活函数。代码如下：

```
model.add(layers.Flatten())
model.add(layers.Dense(64, activation='relu'))
model.add(layers.Dense(10))
```

此时，通过以下代码查看完整 CNN 的结构：

```
model.summary()
```

执行后会输出显示：

```
Model: "sequential"

Layer (type)                 Output Shape             Param #
=================================================================
conv2d (Conv2D)              (None, 30, 30, 32)       896

max_pooling2d (MaxPooling2D) (None, 15, 15, 32)       0

conv2d_1 (Conv2D)            (None, 13, 13, 64)       18496

max_pooling2d_1 (MaxPooling2 (None, 6, 6, 64)         0

conv2d_2 (Conv2D)            (None, 4, 4, 64)         36928

flatten (Flatten)            (None, 1024)             0

dense (Dense)                (None, 64)               65600
```

```
dense_1 (Dense)                    (None, 10)                    650
=================================================================
```

由此可以看出，在被传入两个 Dense 层之前，形状为(4, 4, 64)的输出被展平成了形状为(1024)的向量。

（6）编译并训练模型，代码如下：

```
model.compile(optimizer='adam',
              loss=tf.keras.losses.SparseCategoricalCrossentropy(from_
logits=True),
              metrics=['accuracy'])

history = model.fit(train_images, train_labels, epochs=10,
                    validation_data=(test_images, test_labels))
```

执行后会输出显示训练过程：

```
Epoch 1/10
1563/1563 [==============================] - 7s 3ms/step - loss: 1.5216
- accuracy: 0.4446 - val_loss: 1.2293 - val_accuracy: 0.5562
Epoch 2/10
1563/1563 [==============================] - 5s 3ms/step - loss: 1.1654
- accuracy: 0.5857 - val_loss: 1.0774 - val_accuracy: 0.6143
Epoch 3/10
1563/1563 [==============================] - 5s 3ms/step - loss: 1.0172
- accuracy: 0.6460 - val_loss: 1.0041 - val_accuracy: 0.6399
Epoch 4/10
1563/1563 [==============================] - 5s 3ms/step - loss: 0.9198
- accuracy: 0.6795 - val_loss: 0.9946 - val_accuracy: 0.6540
Epoch 5/10
1563/1563 [==============================] - 5s 3ms/step - loss: 0.8449
- accuracy: 0.7060 - val_loss: 0.9169 - val_accuracy: 0.6792
Epoch 6/10
1563/1563 [==============================] - 5s 3ms/step - loss: 0.7826
- accuracy: 0.7264 - val_loss: 0.8903 - val_accuracy: 0.6922
Epoch 7/10
1563/1563 [==============================] - 5s 3ms/step - loss: 0.7338
- accuracy: 0.7441 - val_loss: 0.9217 - val_accuracy: 0.6879
Epoch 8/10
1563/1563 [==============================] - 5s 3ms/step - loss: 0.6917
- accuracy: 0.7566 - val_loss: 0.8799 - val_accuracy: 0.6990
Epoch 9/10
1563/1563 [==============================] - 5s 3ms/step - loss: 0.6431
- accuracy: 0.7740 - val_loss: 0.9013 - val_accuracy: 0.6982
Epoch 10/10
1563/1563 [==============================] - 5s 3ms/step - loss: 0.6074
- accuracy: 0.7882 - val_loss: 0.8949 - val_accuracy: 0.7075
```

（7）评估在上面实现的 CNN 模型，首先可视化展示评估过程，代码如下：

```
plt.plot(history.history['accuracy'], label='accuracy')
```

```
plt.plot(history.history['val_accuracy'], label = 'val_accuracy')
plt.xlabel('Epoch')
plt.ylabel('Accuracy')
plt.ylim([0.5, 1])
plt.legend(loc='lower right')
plt.show()

test_loss, test_acc = model.evaluate(test_images, test_labels, verbose=2)
```

执行效果如图 4-2 所示。

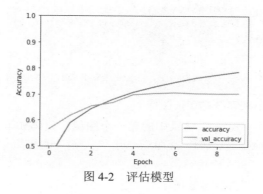

图 4-2　评估模型

然后通过以下代码显示评估结果：

```
print(test_acc)
```

执行后会输出：

```
0.7038999795913696
```

4.2　使用 CNN 进行图像分类

在本节的内容中，将通过一个具体实例的实现过程，详细讲解使用 CNN 对花朵图像进行分类的过程。本实例将使用 keras.Sequential 模型创建图像分类器，并使用 preprocessing.image_dataset_from_directory 加载数据。本实例将重点讲解以下两点：

- 加载并使用数据集；
- 识别过度拟合并应用技术来缓解它，包括数据增强和 Dropout。

4.2.1　准备数据集

本实例的实现文件是 cnn02.py，使用约 3 700 张鲜花照片的数据集，数据集包含 5 个子目录，每个类别一个目录：

```
flower_photo/
  daisy/
  dandelion/
```

```
roses/
sunflowers/
tulips/
```

（1）下载数据集，代码如下：

```
import pathlib
dataset_url = "https://storage.googleapis.com/download.tensorflow.org/
example_images/flower_photos.tgz"
data_dir = tf.keras.utils.get_file('flower_photos', origin=dataset_url,
untar=True)
data_dir = pathlib.Path(data_dir)
image_count = len(list(data_dir.glob('*/*.jpg')))
print(image_count)
```

执行后会输出：

```
3670
```

这说明在数据集中共有 3 670 张图像。

（2）浏览数据集中"roses"目录中的第一个图像，代码如下：

```
roses = list(data_dir.glob('roses/*'))
PIL.Image.open(str(roses[0]))
```

以上代码的执行结果如图 4-3 所示。

图 4-3 "roses"目录中的第一个图像

（3）也可以浏览数据集中"tulips"目录中的第一个图像，代码如下：

```
tulips = list(data_dir.glob('tulips/*'))
PIL.Image.open(str(tulips[0]))
```

执行效果如图 4-4 所示。

图 4-4 "tulips"目录中的第一个图像

4.2.2　创建数据集

使用 image_dataset_from_directory 从磁盘中加载数据集中的图像，然后从头开始编写自己的加载数据集代码。

（1）首先为加载器定义加载参数，代码如下：

```
batch_size = 32
img_height = 180
img_width = 180
```

（2）在现实中通常使用验证拆分法创建神经网络模型，在本实例中将使用 80% 的图像进行训练，使用 20% 的图像进行验证。使用 80% 的图像进行训练的代码如下：

```
train_ds = tf.keras.preprocessing.image_dataset_from_directory(
  data_dir,
  validation_split=0.2,
  subset="training",
  seed=123,
  image_size=(img_height, img_width),
  batch_size=batch_size)
```

执行后会输出：

```
Found 3670 files belonging to 5 classes.
Using 2936 files for training.
```

使用 20% 的图像进行验证的代码如下：

```
val_ds = tf.keras.preprocessing.image_dataset_from_directory(
  data_dir,
  validation_split=0.2,
  subset="validation",
  seed=123,
  image_size=(img_height, img_width),
  batch_size=batch_size)
```

执行后会输出：

```
Found 3670 files belonging to 5 classes.
Using 734 files for validation.
```

可以在数据集的属性 class_names 中找到类名，每个类名和目录名称的字母顺序对应。代码如下：

```
class_names = train_ds.class_names
print(class_names)
```

执行后会显示类名：

```
['daisy', 'dandelion', 'roses', 'sunflowers', 'tulips']
```

（3）可视化数据集中的数据，通过以下代码显示训练数据集中的前 9 张图像。

```
import matplotlib.pyplot as plt

plt.figure(figsize=(10, 10))
```

```
for images, labels in train_ds.take(1):
  for i in range(9):
    ax = plt.subplot(3, 3, i + 1)
    plt.imshow(images[i].numpy().astype("uint8"))
    plt.title(class_names[labels[i]])
    plt.axis("off")
```

执行效果如图 4-5 所示。

图 4-5　训练数据集中的前 9 张图像

（4）接下来将通过将这些数据集传递给训练模型 model.fit，也可以手动迭代数据集并检索批量图像。代码如下：

```
for image_batch, labels_batch in train_ds:
  print(image_batch.shape)
  print(labels_batch.shape)
  break
```

执行后会输出：

```
(32, 180, 180, 3)
(32,)
```

通过上述输出可知，image_batch 是形状的张量(32,180,180,3)。这是一批 32 张形状图像：180×180×3（最后一个维度是指颜色通道 RGB），labels_batch 是形状的张量(32,)，这些都是对应标签 32 倍的图像。可以通过 numpy()在 image_batch 和 labels_batch 张量将上述图像转换为一个 numpy.ndarray。

4.2.3　配置数据集

（1）将配置数据集以提高性能，确保本实例使用缓冲技术可以从磁盘生成数据，而不会导致 I/O 阻塞，在加载数据时建议使用以下两种重要方法。

- Dataset.cache()：当从磁盘加载图像后，将图像保存在内存中。确保数据集在训练模型时不会成为瓶颈。如果数据集太大而无法放入内存，也可以使用此方法来创建高性能的磁盘缓存。
- Dataset.prefetch()：在训练时重叠数据预处理和模型执行。

（2）进行数据标准化处理，因为 RGB 通道值在[0, 255]范围内，这对于神经网络来说并不理想。一般来说，应该设法使输入值变小。在本实例中将使用[0, 1]重新缩放图层将值标准化在范围内。

```
normalization_layer = layers.experimental.preprocessing.Rescaling(1./255)
```

（3）可以通过调用 map 将该层应用于数据集：

```
normalized_ds = train_ds.map(lambda x, y: (normalization_layer(x), y))
image_batch, labels_batch = next(iter(normalized_ds))
first_image = image_batch[0]
print(np.min(first_image), np.max(first_image))
```

执行后会输出：

```
0.0 0.9997713
```

或者，在模型定义中包含该层，这样可以简化部署，本实例将使用第二种方法。

4.2.4　创建模型

本实例的模型由三个卷积块组成，每个块都有一个最大池层。有一个全连接层，上面有 128 个单元，由激活函数激活。该模型尚未针对高精度进行调整，本实例的目标是展示一种标准方法。代码如下：

```
num_classes = 5

model = Sequential([
    layers.experimental.preprocessing.Rescaling(1./255, input_shape=(img_
height, img_width, 3)),
    layers.Conv2D(16, 3, padding='same', activation='relu'),
    layers.MaxPooling2D(),
    layers.Conv2D(32, 3, padding='same', activation='relu'),
    layers.MaxPooling2D(),
    layers.Conv2D(64, 3, padding='same', activation='relu'),
    layers.MaxPooling2D(),
    layers.Flatten(),
    layers.Dense(128, activation='relu'),
    layers.Dense(num_classes)
])
```

4.2.5　编译模型

（1）在本实例中使用 optimizers.Adam 优化器和 losses.SparseCategoricalCrossentropy 损失函数。要想查看每个训练时期的训练和验证准确性，需要传递 metrics 参数。代码如下：

```
model.compile(optimizer='adam',
        loss=tf.keras.losses.SparseCategoricalCrossentropy(from_
logits=True),
        metrics=['accuracy'])
```

（2）使用模型的函数 summary 查看网络中的所有层，代码如下：

```
model.summary()
```

执行后会输出：

```
Model: "sequential"

Layer (type)                  Output Shape              Param #
=================================================================
rescaling_1 (Rescaling)       (None, 180, 180, 3)       0

conv2d (Conv2D)               (None, 180, 180, 16)      448

max_pooling2d (MaxPooling2D)  (None, 90, 90, 16)        0

conv2d_1 (Conv2D)             (None, 90, 90, 32)        4640

max_pooling2d_1 (MaxPooling2  (None, 45, 45, 32)        0

conv2d_2 (Conv2D)             (None, 45, 45, 64)        18496

max_pooling2d_2 (MaxPooling2  (None, 22, 22, 64)        0

flatten (Flatten)             (None, 30976)             0

dense (Dense)                 (None, 128)               3965056

dense_1 (Dense)               (None, 5)                 645
=================================================================
Total params: 3,989,285
Trainable params: 3,989,285
Non-trainable params: 0
```

4.2.6　训练模型

开始训练模型，代码如下：

```
epochs=10
```

```
history = model.fit(
  train_ds,
  validation_data=val_ds,
  epochs=epochs
)
```

执行后会输出：

```
Epoch 1/10
92/92 [==============================] - 3s 16ms/step - loss: 1.4412 -
accuracy: 0.3784 - val_loss: 1.1290 - val_accuracy: 0.5409
Epoch 2/10
92/92 [==============================] - 1s 10ms/step - loss: 1.0614 -
accuracy: 0.5841 - val_loss: 1.0058 - val_accuracy: 0.6131
Epoch 3/10
92/92 [==============================] - 1s 10ms/step - loss: 0.8999 -
accuracy: 0.6560 - val_loss: 0.9920 - val_accuracy: 0.6104
Epoch 4/10
92/92 [==============================] - 1s 10ms/step - loss: 0.7416 -
accuracy: 0.7153 - val_loss: 0.9279 - val_accuracy: 0.6458
Epoch 5/10
92/92 [==============================] - 1s 10ms/step - loss: 0.5618 -
accuracy: 0.7844 - val_loss: 1.0019 - val_accuracy: 0.6322
Epoch 6/10
92/92 [==============================] - 1s 10ms/step - loss: 0.3950 -
accuracy: 0.8634 - val_loss: 1.0232 - val_accuracy: 0.6553
Epoch 7/10
92/92 [==============================] - 1s 10ms/step - loss: 0.2228 -
accuracy: 0.9268 - val_loss: 1.2722 - val_accuracy: 0.6444
Epoch 8/10
92/92 [==============================] - 1s 10ms/step - loss: 0.1188 -
accuracy: 0.9687 - val_loss: 1.4410 - val_accuracy: 0.6567
Epoch 9/10
92/92 [==============================] - 1s 10ms/step - loss: 0.0737 -
accuracy: 0.9802 - val_loss: 1.6363 - val_accuracy: 0.6444
Epoch 10/10
92/92 [==============================] - 1s 10ms/step - loss: 0.0566 -
accuracy: 0.9847 -
```

4.2.7　可视化训练结果

在训练集和验证集上创建损失图和准确度图，然后绘制可视化结果，代码如下：

```
acc = history.history['accuracy']
val_acc = history.history['val_accuracy']

loss = history.history['loss']
val_loss = history.history['val_loss']

epochs_range = range(epochs)
```

```
plt.figure(figsize=(8, 8))
plt.subplot(1, 2, 1)
plt.plot(epochs_range, acc, label='Training Accuracy')
plt.plot(epochs_range, val_acc, label='Validation Accuracy')
plt.legend(loc='lower right')
plt.title('Training and Validation Accuracy')

plt.subplot(1, 2, 2)
plt.plot(epochs_range, loss, label='Training Loss')
plt.plot(epochs_range, val_loss, label='Validation Loss')
plt.legend(loc='upper right')
plt.title('Training and Validation Loss')
plt.show()
```

执行后的效果如图 4-6 所示。

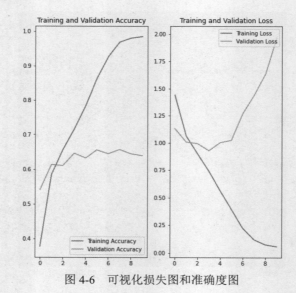

图 4-6　可视化损失图和准确度图

4.2.8　过拟合处理：数据增强

从可视化损失图和准确度图中执行效果可以看出，训练准确率和验证准确率相差很大，模型在验证集上的准确率只有 60%左右。训练准确度随着时间线性增加，而验证准确度在训练过程中停滞在 60%左右。此外，训练和验证准确性之间的准确性差异是显而易见的，这是过度拟合的迹象。

当训练样例数量较少时，模型有时会从训练样例中的噪声或不需要的细节中学习，这在一定程度上会对模型在新样例上的性能产生负面影响。这种现象称为过拟合。这说明该模型将很难在新数据集上泛化。在训练过程中有多种方法可以对抗过度拟合。

过拟合通常发生在训练样本较少时，数据增强采用的方法是从现有示例中生成额外的训练数据，方法是使用随机变换来增强它们，从而产生看起来可信的图像。这有助于将模型暴露于数据的更多方面并更好地概括。

通过使用 tf.keras.layers.experimental.preprocessing 实效数据增强，可以像其他层一样包含在模型中，并在 GPU 上运行。代码如下：

```
data_augmentation = keras.Sequential(
  [
    layers.experimental.preprocessing.RandomFlip("horizontal",input_
                                shape=(img_height,img_width,3)),
    layers.experimental.preprocessing.RandomRotation(0.1),
    layers.experimental.preprocessing.RandomZoom(0.1),
  ]
)
```

此时，通过对同一图像多次应用数据增强技术，可视化数据增强的代码如下：

```
plt.figure(figsize=(10, 10))
for images, _ in train_ds.take(1):
  for i in range(9):
    augmented_images = data_augmentation(images)
    ax = plt.subplot(3, 3, i + 1)
    plt.imshow(augmented_images[0].numpy().astype("uint8"))
    plt.axis("off")
```

执行后的效果如图 4-7 所示。

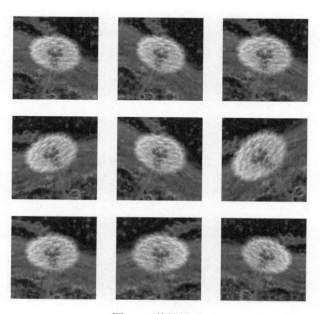

图 4-7　数据增强

4.2.9　过拟合处理：将 Dropout 引入网络

下面介绍另一种减少过拟合的技术：将 Dropout 引入网络，这是一种正则化处理形式。当将 Dropout 应用于一个层时，它会在训练过程中从该层中随机删除（通过将激活设置为 0）许多输出单元。Dropout 将一个小数作为其输入值，如 0.1、0.2、0.4 等，这说明从应用层中随机丢弃 10%、20%或 40%的输出单元。创建一个新的神经网络 layers.Dropout，然后使用增强图像对其进行训练，代码如下：

```
model = Sequential([
  data_augmentation,
  layers.experimental.preprocessing.Rescaling(1./255),
  layers.Conv2D(16, 3, padding='same', activation='relu'),
  layers.MaxPooling2D(),
  layers.Conv2D(32, 3, padding='same', activation='relu'),
  layers.MaxPooling2D(),
  layers.Conv2D(64, 3, padding='same', activation='relu'),
  layers.MaxPooling2D(),
  layers.Dropout(0.2),
  layers.Flatten(),
  layers.Dense(128, activation='relu'),
  layers.Dense(num_classes)
])
```

4.2.10　重新编译和训练模型

经过前面的过拟合处理，接下来重新编译和训练模型，重新编译模型的代码如下：

```
model.compile(optimizer='adam',
              loss=tf.keras.losses.SparseCategoricalCrossentropy(from_
logits=True),
              metrics=['accuracy'])
model.summary()
Model: "sequential_2"
```

执行后会输出：

```
Layer (type)                   Output Shape              Param #
=================================================================
sequential_1 (Sequential)      (None, 180, 180, 3)          0

rescaling_2 (Rescaling)        (None, 180, 180, 3)          0

conv2d_3 (Conv2D)              (None, 180, 180, 16)       448

max_pooling2d_3 (MaxPooling2    (None, 90, 90, 16)           0

conv2d_4 (Conv2D)              (None, 90, 90, 32)        4640
```

```
max_pooling2d_4 (MaxPooling2 (None, 45, 45, 32)        0

conv2d_5 (Conv2D)            (None, 45, 45, 64)        18496

max_pooling2d_5 (MaxPooling2 (None, 22, 22, 64)        0

dropout (Dropout)            (None, 22, 22, 64)        0

flatten_1 (Flatten)          (None, 30976)             0

dense_2 (Dense)              (None, 128)               3965056

dense_3 (Dense)              (None, 5)                 645
=================================================================
Total params: 3,989,285
Trainable params: 3,989,285
Non-trainable params: 0
```

重新训练模型的代码如下：

```
epochs = 15
history = model.fit(
  train_ds,
  validation_data=val_ds,
  epochs=epochs
)
```

执行后会输出：

```
Epoch 1/15
92/92 [==============================] - 2s 13ms/step - loss: 1.2685 -
accuracy: 0.4465 - val_loss: 1.0464 - val_accuracy: 0.5899
Epoch 2/15
92/92 [==============================] - 1s 11ms/step - loss: 1.0195 -
accuracy: 0.5964 - val_loss: 0.9466 - val_accuracy: 0.6008
Epoch 3/15
92/92 [==============================] - 1s 11ms/step - loss: 0.9184 -
accuracy: 0.6356 - val_loss: 0.8412 - val_accuracy: 0.6689
Epoch 4/15
92/92 [==============================] - 1s 11ms/step - loss: 0.8497 -
accuracy: 0.6768 - val_loss: 0.9339 - val_accuracy: 0.6444
Epoch 5/15
92/92 [==============================] - 1s 11ms/step - loss: 0.8180 -
accuracy: 0.6781 - val_loss: 0.8309 - val_accuracy: 0.6689
Epoch 6/15
92/92 [==============================] - 1s 11ms/step - loss: 0.7424 -
accuracy: 0.7105 - val_loss: 0.7765 - val_accuracy: 0.6962
Epoch 7/15
92/92 [==============================] - 1s 11ms/step - loss: 0.7157 -
```

```
accuracy: 0.7251 - val_loss: 0.7451 - val_accuracy: 0.7016
    Epoch 8/15
    92/92 [==============================] - 1s 11ms/step - loss: 0.6764 -
accuracy: 0.7476 - val_loss: 0.9703 - val_accuracy: 0.6485
    Epoch 9/15
    92/92 [==============================] - 1s 11ms/step - loss: 0.6667 -
accuracy: 0.7439 - val_loss: 0.7249 - val_accuracy: 0.6962
    Epoch 10/15
    92/92 [==============================] - 1s 11ms/step - loss: 0.6282 -
accuracy: 0.7619 - val_loss: 0.7187 - val_accuracy: 0.7071
    Epoch 11/15
    92/92 [==============================] - 1s 11ms/step - loss: 0.5816 -
accuracy: 0.7793 - val_loss: 0.7107 - val_accuracy: 0.7275
    Epoch 12/15
    92/92 [==============================] - 1s 11ms/step - loss: 0.5570 -
accuracy: 0.7813 - val_loss: 0.6945 - val_accuracy: 0.7493
    Epoch 13/15
    92/92 [==============================] - 1s 11ms/step - loss: 0.5396 -
accuracy: 0.7939 - val_loss: 0.6713 - val_accuracy: 0.7302
    Epoch 14/15
    92/92 [==============================] - 1s 11ms/step - loss: 0.5194 -
accuracy: 0.7936 - val_loss: 0.6771 - val_accuracy: 0.7371
    Epoch 15/15
    92/92 [==============================] - 1s 11ms/step - loss: 0.4930 -
accuracy: 0.8096 - val_loss: 0.6705 - val_accuracy: 0.7384
```

在使用数据增强和 Dropout 处理后，过拟合比以前少了，训练和验证的准确性更接近。接下来重新可视化训练结果，代码如下：

```python
acc = history.history['accuracy']
val_acc = history.history['val_accuracy']

loss = history.history['loss']
val_loss = history.history['val_loss']

epochs_range = range(epochs)

plt.figure(figsize=(8, 8))
plt.subplot(1, 2, 1)
plt.plot(epochs_range, acc, label='Training Accuracy')
plt.plot(epochs_range, val_acc, label='Validation Accuracy')
plt.legend(loc='lower right')
plt.title('Training and Validation Accuracy')

plt.subplot(1, 2, 2)
plt.plot(epochs_range, loss, label='Training Loss')
plt.plot(epochs_range, val_loss, label='Validation Loss')
plt.legend(loc='upper right')
plt.title('Training and Validation Loss')
```

```
plt.show()
```

执行后效果如图 4-8 所示。

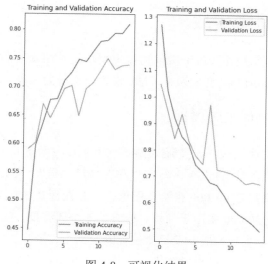

图 4-8   可视化结果

4.2.11   预测新数据

最后使用最新创建的模型对未包含在训练或验证集中的图像进行分类处理，代码如下：

```
sunflower_url = "https://storage.googleapis.com/download.tensorflow.
org/example_images/592px-Red_sunflower.jpg"
sunflower_path = tf.keras.utils.get_file('Red_sunflower', origin=
sunflower_url)

img = keras.preprocessing.image.load_img(sunflower_path, target_size=
(img_height, img_width))
img_array = keras.preprocessing.image.img_to_array(img)
img_array = tf.expand_dims(img_array, 0) # Create a batch

predictions = model.predict(img_array)
score = tf.nn.softmax(predictions[0])

print(
    "This image most likely belongs to {} with a {:.2f} percent confidence."
    .format(class_names[np.argmax(score)], 100 * np.max(score))
)
```

执行后会输出：

```
Downloading data from https://storage.googleapis.com/download.tensorflow.
org/example_images/592px-Red_sunflower.jpg
122880/117948 [==============================] - 0s 0us/step
```

> This image most likely belongs to sunflowers with a 99.36 percent confidence.

需要注意的是，数据增强和 Dropout 层在推理时处于非活动状态。

4.3 CNN 识别器实战

在现实应用中，通常使用 CNN 实现物体识别功能。在本节的内容中，将通过两个具体实例讲解使用 TensorFlow 开发两个 CNN 物体识别器的知识。

4.3.1 创建 CNN 物体识别模型

请看下面的实例文件 main.py，功能是基于 CIFAR-10 数据集开发一个 CNN 物体识别模型，能够分类出"飞机""汽车""鸟""猫""鹿""狗""青蛙""马""船"和"卡车"。CIFAR-10 数据集共有 60 000 张彩色图像，这些图像是 32×32，分为 10 个类，每类 6 000 张图。这里有 50 000 张用于训练，构成了 5 个训练批，每一批 10 000 张图；另外 10 000 张用于测试，单独构成一批。测试批的数据中，取自 10 类中的每一类，每一类随机取 1 000 张。抽剩下的随机排列组成训练批。注意：一个训练批中的各类图像并不一定数量相同，总的来看训练批，每一类都有 5 000 张图。图 4-9 列举了 10 个类，每一类展示了随机的 10 张图片。

图 4-9 CIFAR-10 数据集中的图片

实例文件 main.py 的具体实现代码如下：

```
import tensorflow as tf

from tensorflow.keras import datasets, layers, models
import matplotlib.pyplot as plt

(train_images, train_labels), (test_images, test_labels) = datasets.
cifar10.load_data()
```

```
#将像素值格式化为 0 和 1 之间
train_images, test_images = train_images / 255.0, test_images / 255.0

class_names = ['airplane', 'automobile', 'bird', 'cat', 'deer', 'dog',
'frog', 'horse', 'ship', 'truck']

plt.figure(figsize=(10,10))
for i in range(25):
    plt.subplot(5,5,i+1)
    plt.xticks([])
    plt.yticks([])
    plt.grid(False)
    plt.imshow(train_images[i], cmap=plt.cm.binary)
    # CIFAR 标签恰好是数组，这是需要额外索引的原因
    plt.xlabel(class_names[train_labels[i][0]])
plt.show()

#创建卷积
model = models.Sequential()
model.add(layers.Conv2D(32, (3, 3), activation='relu', input_shape=(32,
32, 3)))
model.add(layers.MaxPooling2D((2, 2)))
model.add(layers.Conv2D(64, (3, 3), activation='relu'))
model.add(layers.MaxPooling2D((2, 2)))
model.add(layers.Conv2D(64, (3, 3), activation='relu'))
# Add Dense layers on top
model.add(layers.Flatten())
model.add(layers.Dense(64, activation='relu'))
model.add(layers.Dense(10))

model.summary()

# Compile and train the model
model.compile(optimizer='adam', loss=tf.keras.losses.SparseCategorical
Crossentropy(from_logits=True), metrics=['accuracy'])

history = model.fit(train_images, train_labels, epochs=10,
                    validation_data=(test_images, test_labels))

#评估模型
plt.plot(history.history['accuracy'], label='accuracy')
plt.plot(history.history['val_accuracy'], label = 'val_accuracy')
plt.xlabel('Epoch')
plt.ylabel('Accuracy')
plt.ylim([0.5, 1])
plt.legend(loc='lower right')

test_loss, test_acc = model.evaluate(test_images,  test_labels, verbose=2)
print(test_acc)
```

执行后会输出以下训练模型的过程：

```
Model: "sequential"
_____
Layer (type)                  Output Shape            Param #
===============================================================
conv2d (Conv2D)               (None, 30, 30, 32)      896
_____
max_pooling2d (MaxPooling2D)  (None, 15, 15, 32)      0
_____
conv2d_1 (Conv2D)             (None, 13, 13, 64)      18496
_____
max_pooling2d_1 (MaxPooling2  (None, 6, 6, 64)        0
_____
conv2d_2 (Conv2D)             (None, 4, 4, 64)        36928
_____
flatten (Flatten)             (None, 1024)            0
_____
dense (Dense)                 (None, 64)              65600
_____
dense_1 (Dense)               (None, 10)              650
===============================================================
Total params: 122,570
Trainable params: 122,570
Non-trainable params: 0
_____
Epoch 1/10
1563/1563 [==============================] - 249s 160ms/step - loss:
1.5445 - accuracy: 0.4354 - val_loss: 1.2372 - val_accuracy: 0.5517
Epoch 2/10
1563/1563 [==============================] - 257s 165ms/step - loss:
1.1574 - accuracy: 0.5893 - val_loss: 1.1760 - val_accuracy: 0.5857
Epoch 3/10
```

4.3.2 CNN 服饰识别器

请看下面的实例文件 clothing.py，功能是基于 Fashion-MNIST 数据集开发一个 CNN 服饰识别器，能够分类出"T 恤/上衣""裤子""套头衫""连衣裙""外套""凉鞋""衬衫""运动鞋""包""踝靴"。实例文件 clothing.py 的具体实现流程如下：

（1）导入数据集并训练模型，代码如下：

```
import tensorflow as tf

# Helper libraries
import numpy as np
import matplotlib.pyplot as plt

print(tf.__version__)
```

```
# 导入 MNIST 数据集
fashion_mnist = tf.keras.datasets.fashion_mnist
(train_images, train_labels), (test_images, test_labels) = fashion_
mnist.load_data()

#标签
class_names = ['T-shirt/top', 'Trouser', 'Pullover', 'Dress', 'Coat',
            'Sandal', 'Shirt', 'Sneaker', 'Bag', 'Ankle boot']

# 打印训练数据集的格式（60K 图像，每个图像为 28×28 像素）
train_images.shape
len(train_labels)
train_labels # 每个标签都是 0～9 的整数（根据类名^）

#打印测试数据集格式（10K 图像，每个图像 28×28 像素）
test_images.shape
len(test_labels)

#预处理图像（打印信息）
plt.figure()
plt.imshow(train_images[0])
plt.colorbar()
plt.grid(False)
plt.show()

#缩放值应在 0～1
train_images = train_images / 255.0
test_images = test_images / 255.0

#使用标签打印训练集中的前 25 幅图像
plt.figure(figsize=(10,10))
for i in range(25):
    plt.subplot(5,5,i+1)
    plt.xticks([])
    plt.yticks([])
    plt.grid(False)
    plt.imshow(train_images[i], cmap=plt.cm.binary)
    plt.xlabel(class_names[train_labels[i]])
plt.show()

#设置 nn 层
model = tf.keras.Sequential([
    tf.keras.layers.Flatten(input_shape=(28, 28)),  # 第一层将 2D 28×28
阵列转换为 1D 784 阵列（"取消堆叠"阵列并将其排列为一个阵列）
    tf.keras.layers.Dense(128, activation='relu'),  # 第二层（致密层）有
128 个节点/神经元，每个节点/神经元都有表示当前图像类别的分数
    tf.keras.layers.Dense(10)                       # 第三层（densed layer）
```

```
返回长度为 10 的 logits（线性输出）数组
    ])

    #编译模型
    model.compile(optimizer='adam',
                loss=tf.keras.losses.SparseCategoricalCrossentropy(from_
logits=True),
                metrics=['accuracy'])

    #通过将标签拟合到训练图像来训练模型
    model.fit(train_images, train_labels, epochs=10)

    #在测试数据集上运行模型并评估性能
    test_loss, test_acc = model.evaluate(test_images, test_labels, verbose=2)
    print('\nTest accuracy:', test_acc)

    # 附加 softmax 层将 logits 转换为概率，然后使用模型进行预测
    probability_model = tf.keras.Sequential([model,
                                    tf.keras.layers.Softmax()])
    predictions = probability_model.predict(test_images)

    #打印第一个预测（每个 num 表示模型对图像对应于类的信心）
    predictions[0]
    np.argmax(predictions[0])    #最可能的类别
    test_labels[0]                #实际类别
```

执行后输出以下训练过程，并使用标签展示训练集中的前 25 幅图像，如图 4-10 所示。

```
    Epoch 1/10
    1875/1875 [==============================] - 15s 8ms/step - loss: 0.4982
- accuracy: 0.8244
    Epoch 2/10
    1875/1875 [==============================] - 16s 9ms/step - loss: 0.3750
- accuracy: 0.8661
    Epoch 3/10
    1875/1875 [==============================] - 16s 8ms/step - loss: 0.3355
- accuracy: 0.8779
    Epoch 4/10
    1875/1875 [==============================] - 16s 8ms/step - loss: 0.3142
- accuracy: 0.8844
    Epoch 5/10
    1875/1875 [==============================] - 17s 9ms/step - loss: 0.2955
- accuracy: 0.8908
    Epoch 6/10
    1875/1875 [==============================] - 16s 9ms/step - loss: 0.2799
- accuracy: 0.8968
    Epoch 7/10
    1875/1875 [==============================] - 13s 7ms/step - loss: 0.2681
- accuracy: 0.9010
    Epoch 8/10
```

```
   1875/1875 [==============================] - 10s 5ms/step - loss: 0.2551
- accuracy: 0.9045
   Epoch 9/10
   1875/1875 [==============================] - 14s 7ms/step - loss: 0.2468
- accuracy: 0.9080
   Epoch 10/10
   1875/1875 [==============================] - 13s 7ms/step - loss: 0.2379
- accuracy: 0.9119
   313/313 - 2s - loss: 0.3420 - accuracy: 0.8783

   Test accuracy: 0.8783000111579895
```

图 4-10   前 25 幅图像

（2）编写预测函数 plot_image()，并绘制可视化图展示预测结果，其中蓝色表示预测正确，红色表示预测错误。代码如下：

```
# 图形预测
def plot_image(i, predictions_array, true_label, img):
  true_label, img = true_label[i], img[i]
  plt.grid(False)
  plt.xticks([])
  plt.yticks([])

  plt.imshow(img, cmap=plt.cm.binary)

  predicted_label = np.argmax(predictions_array)
  if predicted_label == true_label:
```

```python
      color = 'blue'
    else:
      color = 'red'

    plt.xlabel("{} {:2.0f}% ({})".format(class_names[predicted_label],
100*np.max(predictions_array), class_names[true_label]), color=color)

  def plot_value_array(i, predictions_array, true_label):
    true_label = true_label[i]
    plt.grid(False)
    plt.xticks(range(10))
    plt.yticks([])
    thisplot = plt.bar(range(10), predictions_array, color="#777777")
    plt.ylim([0, 1])
    predicted_label = np.argmax(predictions_array)

    thisplot[predicted_label].set_color('red')
    thisplot[true_label].set_color('blue')

#验证预测（蓝色=正确，红色=不正确）
i = 0
plt.figure(figsize=(6,3))
plt.subplot(1,2,1)
plot_image(i, predictions[i], test_labels, test_images)
plt.subplot(1,2,2)
plot_value_array(i, predictions[i],  test_labels)
plt.show()

i = 12
plt.figure(figsize=(6,3))
plt.subplot(1,2,1)
plot_image(i, predictions[i], test_labels, test_images)
plt.subplot(1,2,2)
plot_value_array(i, predictions[i],  test_labels)
plt.show()

# 绘制第一个 X 测试图像、其预测标签和真实标签
# 蓝色显示正确预测，红色显示错误预测
num_rows = 5
num_cols = 3
num_images = num_rows*num_cols
plt.figure(figsize=(2*2*num_cols, 2*num_rows))
for i in range(num_images):
  plt.subplot(num_rows, 2*num_cols, 2*i+1)
  plot_image(i, predictions[i], test_labels, test_images)
  plt.subplot(num_rows, 2*num_cols, 2*i+2)
  plot_value_array(i, predictions[i], test_labels)
plt.tight_layout()
```

```
plt.show()

#从测试数据集中获取图像
img = test_images[1]
print(img.shape)

#将图像添加到其为唯一成员的批处理中
img = (np.expand_dims(img,0))
print(img.shape)

#单幅图像的预测
predictions_single = probability_model.predict(img)
print(predictions_single)
np.argmax(predictions_single[0])
print(test_labels[1])

plot_value_array(1, predictions_single[0], test_labels)
_ = plt.xticks(range(10), class_names, rotation=45)
plt.show()
```

预测结果如图 4-11 所示。

图 4-11　预测结果

第 5 章　循环神经网络实战

循环神经网络（Recurrent Neural Network，RNN）是一类以序列（sequence）数据为输入，在序列的演进方向进行递归（recursion）且所有节点（循环单元）按链式连接的递归神经网络（Recursive Neural Network）。本章将详细讲解使用 TensorFlow 实现 RNN 操作的知识。

5.1　文本处理与 RNN 简介

RNN 是两种神经网络模型的缩写，一种是递归神经网络（Recursive Neural Network），另一种是循环神经网络（Recurrent Neural Network）。虽然这两种神经网络有着千丝万缕的联系，但是本书讲解的是第二种神经网络模型：循环神经网络。在现实应用中，经常用 RNN 解决文本分类问题。

5.1.1　RNN 基础

RNN 是一类以序列数据为输入，在序列的演进方向进行递归且所有节点（循环单元）按链式连接的递归神经网络。RNN 是一个随着时间的推移而重复发生的结构，在自然语言处理（NLP）和语音图像等多个领域均有非常广泛的应用。RNN 和其他网络最大的不同是 RNN 能够实现某种"记忆功能"，是进行时间序列分析时最好的选择。如同人类能够凭借自己过往的记忆更好地认识这个世界一样。RNN 也实现了类似于人脑的这一机制，对所处理过的信息留存有一定的记忆，而不像其他类型的神经网络并不能对处理过的信息留存记忆。一个典型的 RNN 如图 5-1 所示。

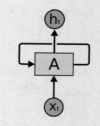

图 5-1　一个典型的 RNN

由图 5-1 可以看出，一个典型的 RNN 包含一个输入 x，一个输出 h 和一个神经网络单元 A。与普通的神经网络不同的是，RNN 的神经网络单元 A 不仅仅与输入和输出存在联系，其与自身也存在一个回路。这种网络结构揭示了 RNN 的实质：上一个时刻的网络状态信息将会作用于下一个时刻的网络状态。如果图 5-1 的网络结构仍不够清晰，RNN 还能够以时间序列展开成如图 5-2 所示的形式。

等号右边是 RNN 的展开形式。由于 RNN 一般用来处理序列信息，因此下面说明时都以时间序列来举例、解释。等号右边的等价 RNN 中最初始的输入是 x_0，输出是 h_0，这说明 0 时刻 RNN 的输入为 x_0，输出为 h_0，网络神经元在 0 时刻的状态保存在 A 中。当下一个时刻 1 到来时，此时网络神经元的状态不仅仅由 1 时刻的输入 x_1 决定，也由 0 时刻的神经元状态决定。依此类推，直到时间序列的末尾 t 时刻。

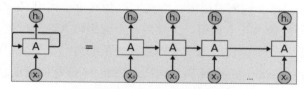

图 5-2　以时间序列展开

上面的过程可以用一个简单的例子来论证：假设现在有一句话"I want to play basketball"，由于自然语言本身就是一个时间序列，较早的语言会与较后的语言存在某种联系，如刚才的句子中"play"这个动词说明后面一定会有一个名词，而这个名词具体是什么，可能需要更遥远的语境来决定，因此一句话也可以作为 RNN 的输入。回到刚才的那句话，这句话中的 5 个单词是以时序出现的，现在将这 5 个单词编码后依次输入到 RNN 中。首先是单词"I"，它作为时序上第一个出现的单词被用作 x_0 输入，拥有一个 h_0 输出，并且改变了初始神经元 A 的状态。单词"want"作为时序上第二个出现的单词作为 x_1 输入，这时 RNN 的输出和神经元状态将不仅仅由 x_1 决定，也将由上一时刻的神经元状态或者上一时刻的输入 x_0 决定。依此类推，直到上述句子输入到最后一个单词"basketball"。

CNN 的输入只有输入数据 X，而 RNN 除了输入数据 X 之外，每一步的输出会作为下一步的输入，如此循环，并且每一次采用相同的激活函数和参数。在每次循环中，x_0 乘以系数 U 得到 s_0，再经过系数 W 输入到下一次，以此循环构成 RNN 的正向传播。

RNN 与 CNN 作比较，CNN 是一个输出经过网络产生一个输出。而 RNN 可以实现一个输入多个输出（生成图片描述）、多个输入一个输出（文本分类）、多输入多输出（机器翻译、视频解说）。

RNN 使用 tan 激活函数，输出在 -1～1，容易梯度消失。距离输出较远的步骤对于梯度贡献很小。将底层的输出作为高层的输入就构成了多层的 RNN，而且高层之间也可进行传递，并且可以采用残差连接防止过拟合。

注意：RNN 的每次传播之间只有一个参数 W，用该参数很难描述大量的、复杂的信息需求。为解决这个问题引入了长短期记忆网络（Long Short Term Memory，LSTM）。LSTM 可以进行选择性机制，选择性的输入、输出需要使用的信息，以及选择性地遗忘不需要的信息。选择性机制的实现是通过 Sigmoid 门实现的，sigmoid 函数的输出在 0～1，0 代表遗忘，1 代表记忆，0.5 代表记忆 50%。

5.1.2 文本分类

文本分类问题就是对输入的文本字符串进行分析判断，之后再输出结果。字符串无法直接输入到 RNN，因此在输入前需要先对文本拆分成单个词组，将词组进行 embedding 编码成一个向量，每轮输入一个词组，当最后一个词组输入完毕时得到输出结果也是一个向量。embedding 将一个词对应为一个向量，向量的每一个维度对应一个浮点值，动态调整这些浮点值使得 embedding 编码和词的意思相关。这样网络的输入输出都是向量，最后进行全连接操作对应到不同的分类即可。

RNN 会不可避免地带来一个问题：最后的输出结果受最近的输入较大，而之前较远的输入可能无法影响结果，这就是信息瓶颈问题。为解决这个问题引入了双向 LSTM。双向 LSTM 不仅增加了反向信息传播，而且每一轮的都会有一个输出，将这些输出进行组合之后再传给全连接层。

另一个文本分类模型是 HAN（Hierarchy Attention Network），首先将文本分为句子、词语级别，将输入的词语进行编码然后相加得到句子的编码，然后再将句子编码相加得到最后的文本编码。而 attention 是指在每一个级别的编码进行累加前，加入一个加权值，根据不同的权值对编码进行累加。

由于输入的文本长度不统一，所以无法直接使用神经网络进行学习。为了解决这个问题，可以将输入文本的长度统一为一个最大值，勉强采用 CNN 进行学习，即 TextCNN。文本卷积网络的卷积过程采用多通道一维卷积，与二维卷积相比，一维卷积就是卷积核只在一个方向上移动。

在现实应用中，虽然 CNN 不能完美处理输入长短不一的序列式问题，但是它可以并行处理多个词组，效率更高，而 RNN 可以更好地处理序列式的输入，将两者的优势结合就构成了 R-CNN 模型。首先通过双向 RNN 网络对输入进行特征提取，再使用 CNN 进一步提取，之后通过池化层将每一步的特征融合在一起，最后经过全连接层进行分类。

5.2 RNN 开发实战——电影评论情感分析

在 5.1 节的内容中，已经了解了 RNN 的基本知识。在本节的内容中，将通过一个具体实例讲解使用 TensorBoard 开发 RNN 项目的知识。

请看下面的实例文件 xun03.py，功能是在 IMDB 大型电影评论数据集上训练 RNN，以进行情感分析。文件 xun03.py 的具体实现流程如下：

（1）导入 matplotlib 并创建一个辅助函数来绘制计算图，代码如下：

```
import matplotlib.pyplot as plt

def plot_graphs(history, metric):
```

```
plt.plot(history.history[metric])
plt.plot(history.history['val_'+metric], '')
plt.xlabel("Epochs")
plt.ylabel(metric)
plt.legend([metric, 'val_'+metric])
plt.show()
```

（2）设置输入流水线，IMDB 大型电影评论数据集是一个二进制分类数据集——所有评论都具有正面或负面情绪。使用 TFDS 下载数据集，代码如下：

```
dataset, info = tfds.load('imdb_reviews/subwords8k', with_info=True,
                        as_supervised=True)
train_dataset, test_dataset = dataset['train'], dataset['test']
```

执行后会输出：

```
WARNING:absl:TFDS datasets with text encoding are deprecated and will be
removed in a future version. Instead, you should use the plain text version
and tokenize the text using 'tensorflow_text' (See: https://www.tensorflow.
org/tutorials/tensorflow_text/intro#tfdata_example)
Downloading   and   preparing   dataset   imdb_reviews/subwords8k/1.0.0
(download: 80.23 MiB, generated: Unknown size, total: 80.23 MiB) to
/home/kbuilder/tensorflow_datasets/imdb_reviews/subwords8k/1.0.0...
Shuffling and writing examples to /home/kbuilder/tensorflow_datasets/
imdb_reviews/subwords8k/1.0.0.incomplete7GBYY4/imdb_reviews-train.tfrecord
Shuffling and writing examples to /home/kbuilder/tensorflow_datasets/
imdb_reviews/subwords8k/1.0.0.incomplete7GBYY4/imdb_reviews-test.tfrecord
Shuffling and writing examples to /home/kbuilder/tensorflow_datasets/
imdb_reviews/subwords8k/1.0.0.incomplete7GBYY4/imdb_reviews-unsupervised
.tfrecord
Dataset imdb_reviews downloaded and prepared to /home/kbuilder/tensorflow_
datasets/imdb_re
```

在数据集 info 中包括编码器(tfds.features.text.SubwordTextEncoder)，代码如下：

```
encoder = info.features['text'].encoder
print('Vocabulary size: {}'.format(encoder.vocab_size))
```

执行后会输出：

```
Vocabulary size: 8185
```

此文本编码器将以可逆方式对任何字符串进行编码，并在必要时退回到字节编码。代码如下：

```
sample_string = 'Hello TensorFlow.'

encoded_string = encoder.encode(sample_string)
print('Encoded string is {}'.format(encoded_string))

original_string = encoder.decode(encoded_string)
print('The original string: "{}"'.format(original_string))
```

执行后会输出：

```
Vocabulary size: 8185
```

此文本编码器将以可逆方式对任何字符串进行编码，并在必要时退回到字节编码。代码如下：

```
sample_string = 'Hello TensorFlow.'

encoded_string = encoder.encode(sample_string)
print('Encoded string is {}'.format(encoded_string))

original_string = encoder.decode(encoded_string)
print('The original string: "{}"'.format(original_string))

assert original_string == sample_string

for index in encoded_string:
  print('{} ----&gt; {}'.format(index, encoder.decode([index])))
```

执行后会输出：

```
Encoded string is [4025, 222, 6307, 2327, 4043, 2120, 7975]
The original string: "Hello TensorFlow."

4025 ----&gt; Hell
222 ----&gt; o
6307 ----&gt; Ten
2327 ----&gt; sor
4043 ----&gt; Fl
2120 ----&gt; ow
7975 ----&gt; .
```

（3）开始准备用于训练的数据，创建这些编码字符串的批次。使用 padded_batch 方法将序列零填充至批次中最长字符串的长度，代码如下：

```
BUFFER_SIZE = 10000
BATCH_SIZE = 64

train_dataset = train_dataset.shuffle(BUFFER_SIZE)
train_dataset = train_dataset.padded_batch(BATCH_SIZE)

test_dataset = test_dataset.padded_batch(BATCH_SIZE)
```

（4）开始创建模型，构建一个 tf.keras.Sequential 模型并从嵌入向量层开始。嵌入向量层每个单词存储一个向量。调用时，它会将单词索引序列转换为向量序列。这些向量是可训练的。（在足够的数据上）训练后，具有相似含义的单词通常具有相似的向量。与通过 tf.keras.layers.Dense 层传递独热编码向量的等效运算相比，这种索引查找方法要高效得多。

RNN 通过遍历元素来处理序列输入。RNN 将输出从一个时间步骤传递到其输入，然后传递到下一个步骤。tf.keras.layers.Bidirectional 包装器也可以与 RNN 层一起使用，通过 RNN 层向前和向后传播输入，然后连接输出，这有助于 RNN 学习长程依赖关系。

代码如下：

```
model = tf.keras.Sequential([
    tf.keras.layers.Embedding(encoder.vocab_size, 64),
    tf.keras.layers.Bidirectional(tf.keras.layers.LSTM(64)),
    tf.keras.layers.Dense(64, activation='relu'),
    tf.keras.layers.Dense(1)
])
```

注意，在这里选择使用的是 Keras 序贯模型，因为模型中的所有层都只有单个输入并产生单个输出。如果要使用有状态 RNN 层，则可能需要使用 Keras 函数式 API 或模型子类化来构建模型，以便可以检索和重用 RNN 层状态。有关更多详细信息，请参阅 Keras RNN 指南。

（5）编译 Keras 模型以配置训练过程，代码如下：

```
model.compile(loss=tf.keras.losses.BinaryCrossentropy(from_logits=True),
            optimizer=tf.keras.optimizers.Adam(1e-4),
            metrics=['accuracy'])
history = model.fit(train_dataset, epochs=10, validation_data=test_dataset,
validation_steps=30)
```

执行后会输出：

```
Epoch 1/10
391/391 [==============================] - 41s 105ms/step - loss: 0.6363
- accuracy: 0.5736 - val_loss: 0.4592 - val_accuracy: 0.8010
Epoch 2/10
391/391 [==============================] - 41s 105ms/step - loss: 0.3426
- accuracy: 0.8556 - val_loss: 0.3710 - val_accuracy: 0.8417
Epoch 3/10
391/391 [==============================] - 42s 107ms/step - loss: 0.2520
- accuracy: 0.9047 - val_loss: 0.3444 - val_accuracy: 0.8719
Epoch 4/10
391/391 [==============================] - 41s 105ms/step - loss: 0.2103
- accuracy: 0.9228 - val_loss: 0.3348 - val_accuracy: 0.8625
Epoch 5/10
391/391 [==============================] - 42s 106ms/step - loss: 0.1803
- accuracy: 0.9360 - val_loss: 0.3591 - val_accuracy: 0.8552
Epoch 6/10
391/391 [==============================] - 42s 106ms/step - loss: 0.1589
- accuracy: 0.9450 - val_loss: 0.4146 - val_accuracy: 0.8635
Epoch 7/10
391/391 [==============================] - 41s 105ms/step - loss: 0.1466
- accuracy: 0.9505 - val_loss: 0.3780 - val_accuracy: 0.8484
Epoch 8/10
391/391 [==============================] - 41s 106ms/step - loss: 0.1463
- accuracy: 0.9485 - val_loss: 0.4074 - val_accuracy: 0.8156
Epoch 9/10
391/391 [==============================] - 41s 106ms/step - loss: 0.1327
- accuracy: 0.9555 - val_loss: 0.4608 - val_accuracy: 0.8589
```

```
Epoch 10/10
391/391 [==============================] - 41s 105ms/step - loss: 0.1666
- accuracy: 0.9404 - val_loss: 0.4364 - val_accuracy: 0.8422
```

（6）查看损失，代码如下：

```
test_loss, test_acc = model.evaluate(test_dataset)

print('Test Loss: {}'.format(test_loss))
print('Test Accuracy: {}'.format(test_acc))
```

执行后会输出：

```
391/391 [==============================] - 17s 43ms/step - loss: 0.4305
- accuracy: 0.8477
Test Loss: 0.43051090836524963
Test Accuracy: 0.8476799726486206
```

上面的模型没有遮盖应用于序列的填充。如果在填充序列上进行训练并在未填充序列上进行测试，则可能导致倾斜。理想情况下，可以使用遮盖来避免这种情况，但是正如在下面看到的那样，它只会对输出产生很小的影响。如果预测>= 0.5，则为正，否则为负。代码如下：

```
def pad_to_size(vec, size):
  zeros = [0] * (size - len(vec))
  vec.extend(zeros)
  return vec

def sample_predict(sample_pred_text, pad):
  encoded_sample_pred_text = encoder.encode(sample_pred_text)

  if pad:
  encoded_sample_pred_text = pad_to_size(encoded_sample_pred_text, 64)
  encoded_sample_pred_text = tf.cast(encoded_sample_pred_text, tf.float32)
  predictions = model.predict(tf.expand_dims(encoded_sample_pred_text, 0))

  return (predictions)

#在没有填充的示例文本上进行预测
sample_pred_text = ('The movie was cool. The animation and the graphics '
                    'were out of this world. I would recommend this movie.')
predictions = sample_predict(sample_pred_text, pad=False)
print(predictions)
```

执行后会输出：

```
[[-0.11829309]]
```

（7）使用填充对示例文本进行预测，代码如下：

```
sample_pred_text = ('The movie was cool. The animation and the graphics '
                    'were out of this world. I would recommend this movie.')
predictions = sample_predict(sample_pred_text, pad=True)
print(predictions)
```

执行后会输出：

```
[[-1.162545]]
```

（8）编写可视化代码如下：

```
plot_graphs(history, 'accuracy')
plot_graphs(history, 'loss')
```

执行后分别绘制 accuracy 曲线图和 loss 曲线图，如图 5-3 所示。

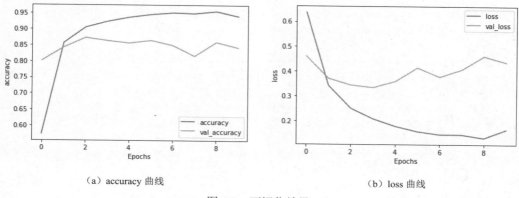

（a）accuracy 曲线　　　　　　　　　　　（b）loss 曲线

图 5-3　可视化效果

（9）开始堆叠两个或更多 LSTM 层，Keras 循环层有两种可用的模式，这些模式由 return_sequences 构造函数参数控制：

- 返回每个时间步骤的连续输出的完整序列［形状为(batch_size, timesteps, output_features)的 3D 张量］。
- 仅返回每个输入序列的最后一个输出［形状为(batch_size, output_features)的 2D 张量］。

代码如下：

```
model = tf.keras.Sequential([
    tf.keras.layers.Embedding(encoder.vocab_size, 64),
    tf.keras.layers.Bidirectional(tf.keras.layers.LSTM(64,       return_
sequences=True)),
    tf.keras.layers.Bidirectional(tf.keras.layers.LSTM(32)),
    tf.keras.layers.Dense(64, activation='relu'),
    tf.keras.layers.Dropout(0.5),
    tf.keras.layers.Dense(1)
])

model.compile(loss=tf.keras.losses.BinaryCrossentropy(from_logits=True),
optimizer=tf.keras.optimizers.Adam(1e-4), metrics=['accuracy'])

history = model.fit(train_dataset, epochs=10, validation_data=test_dataset,
validation_steps=30)
```

执行后会输出：

```
Epoch 1/10
391/391 [==============================] - 75s 192ms/step - loss: 0.6484
- accuracy: 0.5630 - val_loss: 0.4876 - val_accuracy: 0.7464
Epoch 2/10
391/391 [==============================] - 74s 190ms/step - loss: 0.3603
- accuracy: 0.8528 - val_loss: 0.3533 - val_accuracy: 0.8490
Epoch 3/10
391/391 [==============================] - 75s 191ms/step - loss: 0.2666
- accuracy: 0.9018 - val_loss: 0.3393 - val_accuracy: 0.8703
Epoch 4/10
391/391 [==============================] - 75s 193ms/step - loss: 0.2151
- accuracy: 0.9267 - val_loss: 0.3451 - val_accuracy: 0.8604
Epoch 5/10
391/391 [==============================] - 76s 194ms/step - loss: 0.1806
- accuracy: 0.9422 - val_loss: 0.3687 - val_accuracy: 0.8708
Epoch 6/10
391/391 [==============================] - 75s 193ms/step - loss: 0.1623
- accuracy: 0.9495 - val_loss: 0.3836 - val_accuracy: 0.8594
Epoch 7/10
391/391 [==============================] - 76s 193ms/step - loss: 0.1382
- accuracy: 0.9598 - val_loss: 0.4173 - val_accuracy: 0.8573
Epoch 8/10
391/391 [==============================] - 76s 194ms/step - loss: 0.1227
- accuracy: 0.9664 - val_loss: 0.4586 - val_accuracy: 0.8542
Epoch 9/10
391/391 [==============================] - 76s 194ms/step - loss: 0.0997
- accuracy: 0.9749 - val_loss: 0.4939 - val_accuracy: 0.8547
Epoch 10/10
391/391 [==============================] - 76s 194ms/step - loss: 0.0973
- accuracy: 0.9748 - val_loss: 0.5222 - val_accuracy: 0.8526
```

（10）开始进行测试，代码如下：

```
sample_pred_text = ('The movie was not good. The animation and the graphics'
'were terrible. I would not recommend this movie.')
predictions = sample_predict(sample_pred_text, pad=False)
print(predictions)


sample_pred_text = ('The movie was not good. The animation and the graphics'
'were terrible. I would not recommend this movie.')
predictions = sample_predict(sample_pred_text, pad=True)
print(predictions)

plot_graphs(history, 'accuracy')
plot_graphs(history, 'loss')
```

此时执行后的可视化效果如图 5-4 所示。

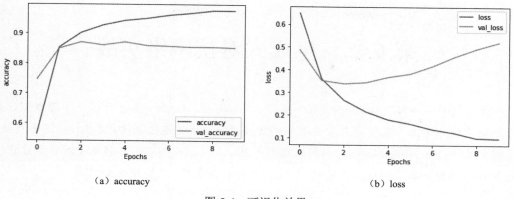

（a）accuracy　　　　　　　　　（b）loss

图 5-4　可视化效果

第6章　生成式对抗网络实战

生成式对抗网络（Generative Adversarial Networks，GAN）是一种深度学习模型，是近年来复杂分布上无监督学习最具前景的方法之一。模型通过框架中（至少）两个模块：生成模型（Generative Model）和判别模型（Discriminative Model）的互相博弈学习产生相当好的输出。本章将详细讲解使用 TensorFlow 实现 GAN 操作的知识。

6.1　GAN 介绍

GAN 是 Ian Goodfellow 提出的使用对抗过程来获得生成模型的新框架，GAN 主要由两部分组成：一是生成模型，二是判别模型。

6.1.1　生成模型和判别模型

生成模型在机器学习的历史上一直占有举足轻重的地位，当我们拥有大量的数据，如图像、语音、文本等，如果生成模型可以模拟这些高维数据的分布，那么对很多应用将大有裨益。生成模型 G 的作用是尽量去拟合（cover）真实数据分布，生成以假乱真的图片。它的输入参数是一个随机噪声 z，G(z)代表其生成的一个样本(fake data)。

判别模型 D 的作用是判断一张图片是否是"真实的"，即能判断出一张图片是真实数据(training data)还是生成模型 G 生成的样本(fake data)。它的输入参数是 x，x 代表一张图片，D(x)代表 x 是真实图片的概率。

针对数据量缺乏的场景，生成模型则可以帮助生成数据，提高数据数量，从而利用半监督学习提升学习效率。语言模型（language model）是生成模型被广泛使用的例子之一，通过合理建模，语言模型不仅可以帮助生成语言通顺的句子，还在机器翻译、聊天对话等研究领域有着广泛的辅助应用。

如果有数据集 $S=\{x_1, \cdots, x_n\}$，如何建立一个关于这个类型数据的生成模型呢？最简单的方法是：假设这些数据的分布 P{X}服从 g(x;θ)，在观测数据上通过最大化似然函数得到 θ 的值，即最大似然法：

$$\max_{\theta} \sum_{i=1}^{n} \log g(x_i; \theta)$$

接下来举一个通俗易懂的例子，这个例子来源于知乎"微软亚洲研究院"：

一对情侣，一个是摄影师（男生），一个是摄影师的女朋友（女生）。男生一直试图拍出像众多优秀摄影师一样的好照片，而女生一直以挑剔的眼光找出"自己男朋友"拍的照片和"别人家的男朋友"拍的照片的区别。于是两者的交流过程类似于：男生拍一些照片→女生分辨男生拍的照片和自己喜欢的照片的区别→男生根据反馈改进自己的技术并拍新的照片→女生根据新的照片继续提出改进意见→……，这个过程直到均衡出现：即女生不能再分辨出"自己男朋友"拍的照片和"别人家的男朋友"拍的照片的区别，认可了男朋友的照片。

接下来继续介绍生成模型，以图像生成模型进行举例：假设有一个图片生成模型（generator），其目标是生成一张真实的图片。同时有一个图像判别模型（discriminator），其目标是能够正确判别一张图片是生成的还是真实存在的。如果把刚才的场景映射成图片生成模型和判别模型之间的博弈，就变成了如下模式：生成模型生成一些图片→判别模型学习区分生成的图片和真实图片→生成模型根据判别模型改进自己，生成新的图片→……。在这个场景中，直至生成模型与判别模型无法提高自己，即判别模型无法判断一张图片是生成的还是真实的而结束，此时生成模型就会成为一个完美的模型。

上述这种相互学习的过程听非常有趣，在这种博弈式的训练过程中，如果采用神经网络作为模型类型，则被称为生成式对抗网络（GAN）。

6.1.2　GAN 基本流程

使用 GAN 的基本过程如下：

（1）对于从训练数据中取样出的真实图片 x，判别模型 D 希望 D(x) 的输出值接近 1，即判定训练数据为真实图片。

（2）给定一个随机噪声 z，判别模型 D 希望 D(G(z)) 的输出值接近 0，即认定生成模型 G 生成的图片是假的；而生成模型 G 希望 D(G(z)) 的输出值接近 1，即 G 希望能够欺骗 D，让 D 将生成模型 G 生成的样本误判为真实图片。这样 G 和 D 就构成了博弈状态。

（3）在博弈的过程中，生成模型 G 和判别模型 D 都不断地提升自己的能力，最后达到一个平衡的状态。G 可以生成足以"以假乱真"的图片 G(z)。对于 D 来说，它难以判定 G 生成的图片究竟是不是真实的，因此 D(G(z)) = 0.5。这样目的就达成了：得到一个生成式的模型 G，它可以用来生成真实图片。

例如，使用 GAN 识别图像的流程如下：

- 判别模型：给定一张图，判断这张图中的动物是猫还是狗。
- 生成模型：给一系列猫的图片，生成一张新的猫咪（不在数据集中）。

假设有 G（Generator）和 D（Discriminator）两个网络，它们的功能分别如下：

- G 是一个生成图片的网络，它接收一个随机的噪声 z，通过这个噪声生成图片，记作 G(z)。

- D 是一个判别网络，判别一张图片是不是"真实的"。它的输入参数是 x，x 代表一张图片，输出 D（x）代表 x 为真实图片的概率，如果为 1，就代表 100% 是真实的图片，而输出为 0，就代表不可能是真实的图片。

在训练过程中，生成网络 G 的目标就是尽量生成真实的图片去欺骗判别网络 D。而 D 的目标就是尽量把 G 生成的图片和真实的图片分别开。这样，G 和 D 构成了一个动态的"博弈过程"。最后博弈的结果是什么呢？在最理想的状态下，G 可以生成足以"以假乱真"的图片 G(z)。对于 D 来说，它难以判定 G 生成的图片究竟是不是真实的，因此 D(G(z)) = 0.5。这样目的就达成了：得到一个生成式的模型 G，它可以用来生成图片。

6.2　GAN 实现 MNIST 识别

在本节的内容中，将通过一个具体实例来讲解使用 GAN 的过程。本实例的功能是基于 MNIST 数据集，使用 GAN 生成手写体数字。

6.2.1　构建生成模型 G

由本章前面的学习可知，GAN 由生成模型和判别模型组成，首先编写函数 make_generator_model()构建生成模型 G，生成手写体数字。

```
import tensorflow as tf
from tensorflow.keras import layers

def make_generator_model():
    model = tf.keras.Sequential()
    model.add(layers.Dense(7*7*256, use_bias=False, input_shape=(100,)))
    model.add(layers.BatchNormalization())
    model.add(layers.LeakyReLU())

    model.add(layers.Reshape((7, 7, 256)))
    assert model.output_shape == (None, 7, 7, 256) # Note: None is the
batch size

    model.add(layers.Conv2DTranspose(128, (5, 5), strides=(1, 1), padding=
'same', use_bias=False))
    assert model.output_shape == (None, 7, 7, 128)
    model.add(layers.BatchNormalization())
    model.add(layers.LeakyReLU())

    model.add(layers.Conv2DTranspose(64, (5, 5), strides=(2, 2), padding=
'same', use_bias=False))
    assert model.output_shape == (None, 14, 14, 64)
    model.add(layers.BatchNormalization())
    model.add(layers.LeakyReLU())
```

```
    model.add(layers.Conv2DTranspose(1, (5, 5), strides=(2, 2), padding=
'same', use_bias=False, activation='tanh'))
    assert model.output_shape == (None, 28, 28, 1)

    return model

import matplotlib.pyplot as plt

generator = make_generator_model()

noise = tf.random.normal([1, 100])
generated_image = generator(noise, training=False)

plt.imshow(generated_image[0, :, :, 0], cmap='gray')
```

执行后绘制一个简易的数字图像，如图 6-1 所示。

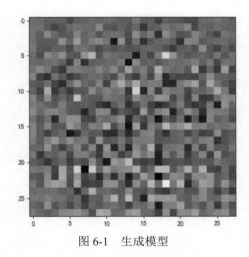

图 6-1　生成模型

6.2.2　构建判别模型

编写函数 make_discriminator_model()，实现 GAN 的判别模型，代码如下：

```
def make_discriminator_model():
    model = tf.keras.Sequential()
    model.add(layers.Conv2D(64, (5, 5), strides=(2, 2), padding='same',
input_shape=[28, 28, 1]))
    model.add(layers.LeakyReLU())
    model.add(layers.Dropout(0.3))

    model.add(layers.Conv2D(128, (5, 5), strides=(2, 2), padding='same'))
    model.add(layers.LeakyReLU())
    model.add(layers.Dropout(0.3))
```

```
    model.add(layers.Flatten())
    model.add(layers.Dense(1))

    return model

discriminator = make_discriminator_model()
decision = discriminator(generated_image)
print(decision)
```

6.2.3　构建损失函数

调用函数 tf.keras.losses.BinaryCrossentropy()计算真实标签和预测标签之间的交叉熵损失。当只有两个标签类(假设为 0 和 1)时，使用这个交叉熵损失。对于每个示例来说，每个预测都应该有一个浮点值。需要注意的是，分别训练两个网络，因为判别器和生成器的优化器是不同的。代码如下：

```
# 该方法返回计算交叉熵损失的辅助函数
cross_entropy = tf.keras.losses.BinaryCrossentropy(from_logits=True)
# 该方法量化判别器从判断真伪图片的能力。它将判别器对真实图片的预测值与值全为 1 的数
组进行对比，将判别器对伪造（生成的）图片的预测值与值全为 0 的数组进行对比
def discriminator_loss(real_output, fake_output):
    real_loss = cross_entropy(tf.ones_like(real_output), real_output)
    fake_loss = cross_entropy(tf.zeros_like(fake_output), fake_output)
    total_loss = real_loss + fake_loss
    return total_loss
# 生成器损失量化其欺骗判别器的能力。直观来讲，如果生成器表现良好，判别器将会把伪造
图片判断为真实图片（或 1）
def generator_loss(fake_output):
    return cross_entropy(tf.ones_like(fake_output), fake_output)
# 需要分别训练两个网络，判别器和生成器的优化器是不同的
generator_optimizer = tf.keras.optimizers.Adam(1e-4)
discriminator_optimizer = tf.keras.optimizers.Adam(1e-4)
# 注意 'tf.function' 的使用，该注解使函数被 "编译"
noise_dim = 100

@tf.function
def train_step(images):
    noise = tf.random.normal([BATCH_SIZE, noise_dim])

    with tf.GradientTape() as gen_tape, tf.GradientTape() as disc_tape:
        generated_images = generator(noise, training=True)

        real_output = discriminator(images, training=True)
        fake_output = discriminator(generated_images, training=True)

        gen_loss = generator_loss(fake_output)
        disc_loss = discriminator_loss(real_output, fake_output)
```

```
        gradients_of_generator  =  gen_tape.gradient(gen_loss,  generator.
trainable_variables)
        gradients_of_discriminator = disc_tape.gradient(disc_loss, discriminator.
trainable_variables)

        generator_optimizer.apply_gradients(zip(gradients_of_generator,
generator.trainable_variables))
        discriminator_optimizer.apply_gradients(zip(gradients_of_discriminator,
discriminator.trainable_variables))

        return gen_loss, disc_loss
```

6.2.4　准备数据集

本实例将使用 MNIST 数据集，设置 Batch 数量为 256，代码如下：

```
    (train_images, train_labels), (_, _) = tf.keras.datasets.mnist.load_
data()

    train_images = train_images.reshape(train_images.shape[0], 28, 28, 1).
astype('float32')
    train_images = (train_images - 127.5) / 127.5 # Normalize the images to
[-1, 1]

    BUFFER_SIZE = 60000
    BATCH_SIZE = 256

    # Batch and shuffle the data
    train_dataset  =  tf.data.Dataset.from_tensor_slices(train_images).
shuffle(BUFFER_SIZE).batch(BATCH_SIZE)

    def generate_and_save_images(model, epoch, test_input):
        # 注意 training` 设定为 False
        # 因此，所有层都在推理模式下运行（batchnorm）
        predictions = model(test_input, training=False)

        fig = plt.figure(figsize=(4,4))

        for i in range(predictions.shape[0]):
            plt.subplot(4, 4, i+1)
            plt.imshow(predictions[i, :, :, 0] * 127.5 + 127.5, cmap='gray')
            plt.axis('off')

        plt.savefig('output/image_at_epoch_{:04d}.png'.format(epoch))
        plt.show()
```

6.2.5　开始训练

编写函数 train(dataset, epochs)训练 MNIST 数据集，设置每 15 个 epoch 保存一次模型。代码如下：

```
noise_dim = 100
num_examples_to_generate = 16
# 我们将重复使用该种子（因此在动画 GIF 中更容易可视化进度）
seed = tf.random.normal([num_examples_to_generate, noise_dim])

def train(dataset, epochs):
    #for epoch in range(epochs):
        #start = time.time()
    for epoch in range(epochs):
        for i,image_batch in enumerate(dataset):
            g,d = train_step(image_batch)
            print("batch %d, gen_loss %f,disc_loss %f" % (i, g.numpy(),
d.numpy()))

        # 每 15 个 epoch 保存一次模型
        if (epoch + 1) % 15 == 0:
            checkpoint.save(file_prefix = checkpoint_prefix)

    generate_and_save_images(generator,
                             epochs,
                             seed)

EPOCHS = 50
train(train_dataset, EPOCHS)
```

6.2.6　保存模型并生成测试图

使用函数 save()将训练的模型保存为"mnist_dcgan_tf2.h5"，然后使用该模型文件生成数字测试图。代码如下：

```
# 保存模型
generator.save('save/mnist_dcgan_tf2.h5')

import tensorflow as tf
import matplotlib.pyplot as plt

model = tf.keras.models.load_model('save/mnist_dcgan_tf2.h5')

test_input = tf.random.normal([16, 100])
epoch = 10

generate_and_save_images(model, epoch, test_input)
```

执行后生成数字测试图，如图 6-2 所示。

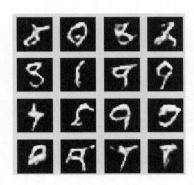

图 6-2　生成的数字测试图

6.3　GAN 纹理生成器

在本节的内容中，将使用 GAN（生成顾问网络）开发一个生成图像的神经网络，能够基于图像生成一些类似于纹理的图像，可以实现图像的裁剪、旋转和过滤功能。

6.3.1　创建生成器

编写实例文件 operators.py 实现 GAN 的生成器功能，具体实现流程如下：

（1）编写函数 weight_bias() 为 nn 中的层创建权重和偏移张量，编写函数 filter_bias() 为 conv2d 转置层创建过滤器和偏差张量。代码如下：

```
#变量创建
def weight_bias(shape, stddev: float=0.02, const: float=0.01, summary: bool=True):
    w_var = tf.get_variable('weight', shape, tf.float32, tf.random_normal_initializer(0, stddev), trainable=True)
    b_var = tf.get_variable('bias', [shape[-1]], tf.float32, tf.constant_initializer(const,), trainable=True)
    if summary:
        tf.summary.histogram('weight', w_var)
        tf.summary.histogram('bias', b_var)
    return w_var, b_var

def filter_bias(shape, stddev: float=0.02, const: float=0.1, summary: bool=True):
    w_var = tf.get_variable('filter', shape, tf.float32, tf.random_normal_initializer(0, stddev), trainable=True)
    b_var = tf.get_variable('bias', [shape[-2]], tf.float32, tf.constant_initializer(const,), trainable=True)
    if summary:
```

```
        tf.summary.histogram('bias', b_var)
    return w_var, b_var
```

（2）开始创建网络层，首先编写函数 conv2d()创建一个卷积层，代码如下：

```
def conv2d(tensors, output_size: int, name: str='conv2d', stddev:
float=0.02, term: float=0.01, summary: bool=True):
    with tf.variable_scope(name):
        weight, bias = weight_bias([5, 5, int(tensors[0].get_shape()
[-1]), output_size], stddev, term, summary)
        output = []
        for i, tensor in enumerate(tensors):
            conv = tf.nn.conv2d(tensor, weight, [1, 2, 2, 1], "SAME")
            conv = tf.contrib.layers.batch_norm(conv, decay=0.9, updates_
collections=None, scale=False,
                trainable=True, reuse=(i!=0), scope="normalization",
is_training=True, epsilon=0.00001)
            output.append(lrelu(tf.nn.bias_add(conv, bias)))
        return output
```

（3）编写函数，代码如下：

```
def relu(tensor, output_size: int, name: str='relu', stddev: float=0.02,
term: float=0.01, summary: bool=True):
    """创建一个 relu 层"""
    with tf.variable_scope(name):
        weight, bias = weight_bias([int(tensor.get_shape()[-1]),
output_size], stddev, term, summary)
        return tf.nn.relu(tf.matmul(tensor, weight) + bias)
```

（4）编写函数 relu_dropout()创建一个带有 dropout 的 relu 层，代码如下：

```
def relu_dropout(tensors, output_size: int, dropout: float=0.4, name:
str='relu_dropout', stddev: float=0.02, term: float=0.01, summary:
bool=True):
    with tf.variable_scope(name):
        weight, bias = weight_bias([int(tensors[0].get_shape()[-1]),
output_size], stddev, term, summary)
        output = []
        for tensor in tensors:
            relu_layer = tf.nn.relu(tf.matmul(tensor, weight) + bias)
            output.append(tf.nn.dropout(relu_layer, dropout))
        return output
```

（5）编写函数，代码如下：

```
def linear(tensors, output_size: int, name: str='linear', stddev:
float=0.02, term: float=0.01, summary: bool=True):
    '''创建一个完全连接的层'''
    with tf.variable_scope(name):
        weight, bias = weight_bias([tensors[0].get_shape()[-1], output_
size], stddev, term, summary)
        return [tf.matmul(tensor, weight) + bias for tensor in tensors]
```

（6）编写函数 conv2d_transpose()创建转置卷积层，代码如下：

```python
def conv2d_transpose(tensors, batch_size=1, conv_size=32, name:
str='conv2d_transpose', stddev: float=0.02, term: float=0.01, summary:
bool=True):
    with tf.variable_scope(name):
        tensor_shape = tensors[0].get_shape()
        filt, bias = filter_bias([5, 5, conv_size, tensor_shape[-1]],
stddev, term, summary)
        conv_shape = [batch_size, int(tensor_shape[1]*2), int(tensor_
shape[2]*2), conv_size]
        output = []
        for i, tensor in enumerate(tensors):
            deconv = tf.nn.conv2d_transpose(tensor, filt, conv_shape, [1,
2, 2, 1])
            deconv = tf.contrib.layers.batch_norm(deconv, decay=0.9,
updates_collections=None, scale=False,
                trainable=True, reuse=(i!=0), scope="normalization",
is_training=True, epsilon=0.00001)
            output.append(tf.nn.relu(tf.nn.bias_add(deconv, bias)))
        return output
```

（7）编写函数 conv2d_transpose_tanh()创建转置卷积层，代码如下：

```python
def conv2d_transpose_tanh(tensors, batch_size=1, conv_size=32, name:
str='conv2d_transpose_tanh', stddev: float=0.02, summary: bool=True):
    with tf.variable_scope(name):
        tensor_shape = tensors[0].get_shape()
        filt = tf.get_variable('filter', [5, 5, conv_size,
tensor_shape[-1]], tf.float32, tf.random_normal_initializer(0, stddev),
trainable=True)
        output = []
        for tensor in tensors:
            conv_shape = [batch_size, int(tensor_shape[1]), int(tensor_
shape[2]), conv_size]
            deconv = tf.nn.conv2d_transpose(tensor, filt, conv_shape, [1,
1, 1, 1])
            output.append(tf.nn.tanh(deconv))
        return output
```

（8）编写函数 expand_relu()创建将输入扩展为形状的图层，代码如下：

```python
def expand_relu(tensors, out_shape, name: str='expand_relu', norm:
bool=True, stddev: float=0.2, term: float=0.01, summary: bool=True):
    with tf.variable_scope(name) as scope:
        weight, bias = weight_bias([tensors[0].get_shape()[-1],
np.prod(out_shape[1:])], stddev, term, summary)
        output = []
        for i, tensor in enumerate(tensors):
            lin = tf.matmul(tensor, weight) + bias
            reshape = tf.reshape(lin, out_shape)
```

```
        if norm:
            reshape = tf.contrib.layers.batch_norm(reshape, decay=0.9,
updates_collections=None, scale=False,
                    trainable=True, reuse=(i!=0), scope=scope, is_training=
True, epsilon=0.00001)
            output.append(tf.nn.relu(reshape))
        return output
```

6.3.2　创建 GAN 模型

编写实例文件 generator_gan.py 创建 GAN 模型，具体实现流程如下：

（1）创建用于生成图像的 GAN 模型类 GANetwork，代码如下：

```
class GANetwork():

    def __init__(self, name, setup=True, image_size=64, colors=3,
batch_size=64, directory='network', image_manager=None,
            input_size=64, learning_rate=0.0002, dropout=0.4,
generator_convolutions=5, generator_base_width=32,
            discriminator_convolutions=4, discriminator_base_width=32,
classification_depth=1, grid_size=4,
            log=True, y_offset=0.1, learning_momentum=0.6, learning_
momentum2=0.9, learning_pivot=10000,
            dicriminator_scaling_favor=3):
        """
        创建用于生成图像的 GAN
        """
        self.name = name
        self.image_size = image_size
        self.colors = colors
        self.batch_size = batch_size
        self.grid_size = min(grid_size, int(math.sqrt(batch_size)))
        self.log = log
        self.directory = directory
        os.makedirs(directory, exist_ok=True)
        #网络变量
        self.input_size = input_size
        self._gen_conv = generator_convolutions
        self._gen_width = generator_base_width
        self._dis_conv = discriminator_convolutions
        self._dis_width = discriminator_base_width
        self._class_depth = classification_depth
        self._dropout = dropout
        #训练变量
        self.learning_rate = (learning_rate, learning_momentum, learning_
momentum2, learning_pivot)
        self._y_offset = y_offset
        self.current_scale = 1.0
```

```
        self._dis_scale = dicriminator_scaling_favor
        #设置图像
        if image_manager is None:
            self.image_manager = ImageVariations(image_size=image_size,
colored=(colors == 3))
        else:
            self.image_manager = image_manager
            self.image_manager.image_size = image_size
            self.image_manager.colored = (colors == 3)
        #设置网络
        self.iterations = tf.Variable(0, name="training_iterations",
trainable=False)
        with tf.variable_scope('input'):
            self.generator_input = tf.placeholder(tf.float32, [None,
self.input_size], name='generator_input')
            self.image_input = tf.placeholder(tf.uint8, shape=[None,
image_size, image_size, self.colors], name='image_input')
            self.image_input_scaled = tf.subtract(tf.to_float(self.image_
input)/127.5, 1, name='image_scaling')
        self.generator_output = None
        self.image_output = self.image_grid_output = None
        self.generator_solver = self.discriminator_solver = self.scale =
None
        if setup:
            self.setup_network()
```

在上述代码中创建了以下的网络模型参数：

- name：网络的名称。

- setup：在构造函数中的初始化网络。

- image_size：生成图像的大小。

- colors：颜色层数（3 为 rgb，1 为灰度）。

- batch_size：每个图像的训练批次。

- directory：保存经过训练的网络的位置。

- image_manager：为训练生成真实图像的类。

- input_size：生成图像时提供给生成器的图像数。

- learning_rate：初始学习率。

- dropout：用一些 dropout 来改进识别器。

- generator_convolutions：生成器中卷积层的数量。

- generator_base_width：生成器中每层卷积的基数。

- discriminator_convolutions：识别器中卷积层的数量。

- discriminator_base_width：识别器中每层卷积核的基数。

- classification_depth：识别器中完全连接的层数。

- grid_size：生成图像网格时网格的大小。
- log：是否应创建 Tensorboard 日志。
- y_offset：垂直距离，从 1 到 0，"正确"答案的差异应该有多大。
- learning_momentum：beta1 最佳动力。
- learning_momentum2：beta2 最佳动力。
- learning_pivot：学习率开始下降的点。
- dicriminator_scaling_favor：在选择要训练的网络时，应该设置识别器的偏好。

（2）编写函数，代码如下：

```python
def setup_network(self):
    """如果未在构造函数中初始化网络，则初始化网络"""
    self.generator_output = image_decoder([self.generator_input],
'generator', self.image_size, self._gen_conv, self._gen_width, self.input_size,
self.batch_size, self.colors)[0]
    self.image_output, self.image_grid_output = image_output([self.
generator_output], 'output', self.image_size, self.grid_size)
    gen_logit, image_logit = image_encoder([self.generator_output,
self.image_input_scaled], 'discriminator', self.image_size, self._dis_conv,
self._dis_width, self._class_depth, self._dropout, 1)
    gen_var = tf.get_collection(tf.GraphKeys.TRAINABLE_VARIABLES,
scope='generator')
    dis_var = tf.get_collection(tf.GraphKeys.TRAINABLE_VARIABLES,
scope='discriminator')
    self.generator_solver, self.discriminator_solver, self.scale = \
        gan_optimizer('train', gen_var, dis_var, gen_logit, image_logit,
0., 1-self._y_offset,
                    *self.learning_rate, self.iterations, self._dis_scale,
summary=self.log)
```

（3）编写函数 random_input(self) 为生成器创建随机输入，代码如下：

```python
def random_input(self):
    return np.random.uniform(0.0, 1.0, size=[self.batch_size, self.
input_size])
```

（4）编写函数 generate()和 generate_grid()生成一个图像并保存，代码如下：

```python
def generate(self, session, name, amount=1):
    def get_arr():
        arr = np.asarray(session.run(
            self.image_output,
            feed_dict={self.generator_input: self.random_input()}
        ), np.uint8)
        arr.shape = self.batch_size, self.image_size, self.image_size,
self.colors
        return arr
    if amount == 1:
        self.image_manager.save_image(get_arr()[0], name)
```

```
        else:
            images = []
            counter = amount
            while counter > 0:
                images.extend(get_arr())
                counter -= self.batch_size
            for i in range(amount):
                self.image_manager.save_image(images[i], "%s_%02d"%(name,
i))

    def generate_grid(self, session, name):
        """生成一个图像并保存它"""
        grid = session.run(
            self.image_grid_output,
            feed_dict={self.generator_input: self.random_input()}
        )
        self.image_manager.image_size   =   self.image_grid_output.get_
shape()[1]
        self.image_manager.save_image(grid, name)
        self.image_manager.image_size = self.image_size
```

（5）编写函数 train()为多个批次训练网络（如果有现有型号，则继续），代码如下：

```
    def train(self, batches=100000, print_interval=10):
        start_time = last_time = last_save = timer()
        session, saver, start_iteration = self.get_session()
        if self.log:
            logger = SummaryLogger(self, session, start_iteration)
        try:
            print("对 GAN 进行图像训练'%s' folder"%self.image_manager.in_
directory)
            print("要提前停止训练，请按Ctrl+C（将保存进度）")
            print('要继续训练，只需再次运行训练')
            if self.log:
                print("要查看进度，请运行'python -m tensorflow.tensorboard
--logdir %s'"%LOG_DIR)
                print("要使用经过训练的网络生成图像，请运行 'python generate.py
%s'"%self.name)
            print()
            time_per = 10
            for i in range(start_iteration+1, start_iteration+batches+1):
                self.__training_iteration__(session, i)
                session.run(self.iterations.assign(i))
                #打印进度
                if i%print_interval == 0:
                    curr_time = timer()
                    time_per = time_per*0.6 + (curr_time-last_time)/print_
interval*0.4

                    time = curr_time - start_time
                    print("\rIteration: %04d   Time: %02d:%02d:%02d  (%02.1fs
```

```
/ iteration)" % \
                        (i, time//3600, time%3600//60, time%60, time_per),
end='')
                last_time = curr_time
            if self.log:
                logger(i)
            #保存网络
            if timer() - last_save > 1800:
                saver.save(session, os.path.join(self.directory, self.
name), self.iterations)
                last_save = timer()
    except KeyboardInterrupt:
        pass
    finally:
        print()
        if self.log:
            logger.close()
        print("保存网络")
        saver.save(session, os.path.join(self.directory, self.name))
        session.close()
```

（6）编写函数 SummaryLogger()将训练进度记录到 tensorboard（以及一些进度输出到控制台），代码如下：

```
class SummaryLogger():
    def __init__(self, network, session, iteration, summary_interval=20,
image_interval=500):
        self.session = session
        self.gan = network
        self.image_interval = image_interval
        self.summary_interval = summary_interval
        os.makedirs(LOG_DIR, exist_ok=True)
        if iteration == 0:
            self.writer = tf.summary.FileWriter(os.path.join(LOG_DIR,
network.name), session.graph)
        else:
            self.writer = tf.summary.FileWriter(os.path.join(LOG_DIR,
network.name))
        self.summary = tf.summary.merge_all()
        self.batch_input = network.random_input()
```

（7）编写函数__call__()保存图像，代码如下：

```
    def __call__(self, iteration):
        if iteration%self.image_interval == 0:
            #使 tensorboard 显示多个图像，而不仅仅是最新的图像
            feed_dict = self.gan.__get_feed_dict__()
            feed_dict[self.gan.generator_input] = self.batch_input
            image, summary = self.session.run(
                [tf.summary.image(
                    'training/iteration/%d'%iteration,
```

```
            tf.stack([self.gan.image_grid_output]),
            max_outputs=1,
            collections=['generated_images']
        ), self.summary],
        feed_dict=feed_dict
    )
    self.writer.add_summary(image, iteration)
    self.writer.add_summary(summary, iteration)
elif iteration%self.summary_interval == 0:
    feed_dict = self.gan.__get_feed_dict__()
    #保存摘要
    summary = self.session.run(self.summary, feed_dict=feed_dict)
    self.writer.add_summary(summary, iteration)
```

6.3.3　生成图像

编写实例文件 image.py，功能是调用 PIL 库生成图像，可以实现对图像的裁剪、缩放和旋转操作。文件 image.py 的具体实现代码如下：

```
class ImageVariations():
    def __init__(self, image_size=64, colored=True, pool_size=10000,
            in_directory='input', out_directory='output',
            rotation_range=(-15, 15), brightness_range=(0.7, 1.2),
            saturation_range=(0.7, 1.), contrast_range=(0.9, 1.3),
            size_range=(0.6, 0.8)):
        #参数
        self.image_size = image_size
        self.in_directory = in_directory
        self.out_directory = out_directory
        self.images_count = pool_size
        #变量配置
        self.rotation_range = rotation_range
        self.brightness_range = brightness_range
        self.saturation_range = saturation_range
        self.contrast_range = contrast_range
        self.size_range = size_range
        self.colored = colored
        #生成图像
        self.index = 0
        if self.images_count > 0:
            if self.images_count > 20:
                print("Processing Images")
            files = [f for f in os.listdir(self.in_directory) if
os.path.isfile(os.path.join(self.in_directory, f))]
            np.random.shuffle(files)
            mp = self.images_count//len(files)
            rest = self.images_count%len(files)
            if mp > 0:
```

```python
                pool = Pool()
                images = pool.starmap(self.__generate_images__, [(f, mp)
for f in files])
                self.pool = [img for sub in images for img in sub]
                pool.close()
            else:
                self.pool = []
            self.pool += [img for sub in [self.__generate_images__(f, 1)
for f in files[:rest]] for img in sub]
            np.random.shuffle(self.pool)

    def __generate_images__(self, image_file, iterations):
        if self.colored:
            image = Image.open(os.path.join(self.in_directory, image_
file))
        else:
            image = Image.open(os.path.join(self.in_directory, image_file)).
convert("L")
        def variation_to_numpy():
            arr = np.asarray(self.get_variation(image), dtype=np.float)
            if not self.colored:
                arr.shape = arr.shape+(1,)
            return arr
        return [variation_to_numpy() for _ in range(iterations)]


    def get_batch(self, count):
        """将获取的一批图像作为数组"""
        if self.index + count < len(self.pool):
            batch = self.pool[self.index:self.index+count]
            self.index += count
            return batch
        else:
            batch = self.pool[self.index:]
            self.index = 0
            np.random.shuffle(self.pool)
            return batch + self.get_batch(count - len(batch))

    def get_rnd_batch(self, count):
        if count > len(self.pool):
            return self.get_batch(count)
        index = np.random.randint(0, len(self.pool)-count)
        return self.pool[index:index+count]

    def get_variation(self, image):
        """根据对象配置获取图像的变体"""
        #剪裁
        min_dim = min(image.size)
```

```
            scale = random.uniform(*self.size_range)
            size = int(random.random()*min_dim*(1-scale)+min_dim*scale)
            pos = (random.randrange(0, image.size[0]-size), random.randrange
(0, image.size[1]-size))
            image = image.crop((pos[0], pos[1], pos[0]+size, pos[1]+size))
            #旋转
            rotation = random.randint(*self.rotation_range)
            sina = np.abs(np.sin(np.deg2rad(rotation)))
            b = size / (1+sina)
            a = sina*size / (1+sina)
            size = int(np.sqrt(a*a + b*b))-1
            offset = (image.size[0]-size)/2
            image = image.rotate(rotation).crop((offset, offset, offset+size,
offset+size))
            #转置
            if random.random() < 0.5:
                image.transpose(Image.FLIP_LEFT_RIGHT)
            #变量
            brightness = random.uniform(*self.brightness_range)
            if np.abs(brightness-1.0) > 0.05:
                image = ImageEnhance.Brightness(image).enhance(brightness)
            if self.colored:
                saturation = random.uniform(*self.saturation_range)
                if np.abs(saturation-1.0) > 0.05:
                    image = ImageEnhance.Color(image).enhance(saturation)
            contrast = random.uniform(*self.contrast_range)
            if np.abs(contrast-1.0) > 0.05:
                image = ImageEnhance.Contrast(image).enhance(contrast)
            return image.resize((self.image_size, self.image_size), Image.
LANCZOS)


    def save_image(self, image, name=None):
        os.makedirs(self.out_directory, exist_ok=True)
        if self.colored:
            image.shape = self.image_size, self.image_size, 3
            img = Image.fromarray(np.array(image, dtype=np.uint8), "RGB")
        else:
            image.shape = self.image_size, self.image_size
            img = Image.fromarray(np.array(image, dtype=np.uint8), "L")
        add_time = time.time() - 1490000000
        if name is None:
            path = os.path.join(self.out_directory, "%d_test.png"%add_
time)
        else:
            path = os.path.join(self.out_directory, '%d_%s.png'%(add_time,
name))
        img.save(path, 'PNG')
```

6.3.4 具体操作

（1）将真实图像文件保存到"input"文件夹后，开始创建 GAN 模型。首先通过以下格式的命令进行训练：

```
python train.py network_name [iterations]
```

上述 GAN 训练功能通过运行文件 train.py 实现，具体实现代码如下：

```
CONFIG = {
    'colors': 3,
    'batch_size': 16,
    'generator_base_width': 32,
    'image_size': 64,
    'input_size': 128,
    'discriminator_convolutions': 3,
    'generator_convolutions': 3,
    'learning_rate': 0.0002,
    'learning_momentum': 0.8,
    'learning_momentum2': 0.95
}

IMAGE_CONFIG = {
    'rotation_range': (-20, 20),
    'brightness_range': (0.7, 1.2),
    'saturation_range': (0.9, 1.5),
    'contrast_range': (0.8, 1.2),
    'size_range': (1.0, 0.95)
}

def get_network(name, **config):
    return GANetwork(name, image_manager=ImageVariations(**IMAGE_CONFIG),
**config)

if __name__ == '__main__':
    if len(os.sys.argv) < 2:
        print('Usage:')
        print('  python %s network_name [num_iterations]\t- Trains a
network on the images in the input folder'%os.sys.argv[0])
    elif len(os.sys.argv) < 3:
        get_network(os.sys.argv[1], **CONFIG).train()
    else:
        get_network(os.sys.argv[1],
**CONFIG).train(int(os.sys.argv[2]))
```

（2）然后通过以下格式的命令生成纹理图片：

```
python generate.py network_name [num_images]
```

上述生成纹理图片的功能通过运行文件 generate.py 实现，具体实现代码如下：

```
def get_config(batch):
```

```
        config = CONFIG
        config['batch_size'] = batch
        config['log'] = False
        config['grid_size'] = int(batch**0.5)
        return config

    def generate(name, amount=1):
        gan = get_network(name, **get_config(amount))
        session, _, iteration = gan.get_session()
        if iteration == 0:
            print("未找到经过训练的网络 (%s)"%name)
            return
        print("Generating %d images using the %s network"%(amount, name))
        gan.generate(session, gan.name, amount)

    def generate_grid(name, size=5):
        gan = get_network(name, **get_config(size*size))
        session, _, iteration = gan.get_session()
        if iteration == 0:
            print("No already trained network found (%s)"%name)
            return
        print("Generating a image grid using the %s network"%name)
        gan.generate_grid(session, gan.name)

    if __name__ == "__main__":
        if len(os.sys.argv) < 2:
            print('Usage:')
            print('  python %s network_name [num_images]\t- Generates images
to the output folder'%os.sys.argv[0])
            print('  python %s network_name [grid]\t- Generates an image grid
to the output folder'%os.sys.argv[0])
            print('  python %s images [num_images]\t- Processes input images
to the output folder'%os.sys.argv[0])
        elif os.sys.argv[1] == 'images':
            from image import ImageVariations
            conf = IMAGE_CONFIG
            conf['pools'] = 1
            if len(os.sys.argv) == 3:
                conf['batch_size'] = int(os.sys.argv[2])
            else:
                conf['batch_size'] = 1
            imgs = ImageVariations(image_size=CONFIG['image_size'], **conf)
            imgs.start_threads()
            images_batch = imgs.get_batch()
            imgs.stop_threads()
            for variant_id in range(conf['batch_size']):
                imgs.save_image(images_batch[variant_id], name="variant_%d"
%variant_id)
```

```
        print("Generated %s image variations as they are when fed to the
network"%os.sys.argv[1])
    elif len(os.sys.argv) < 3:
        generate(os.sys.argv[1])
    else:
        if os.sys.argv[2] == 'grid':
            generate_grid(os.sys.argv[1])
        else:
            generate(os.sys.argv[1], int(os.sys.argv[2]))
```

生成的纹理图片如图 6-3 所示。

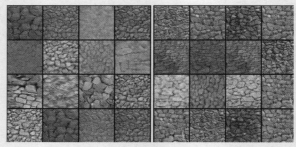

图 6-3　生成的纹理图片

第 7 章　自然语言处理实战

自然语言处理（Natural Language Processing，NLP）是计算机科学领域与人工智能领域中的一个重要方向，主要研究能实现人与计算机之间用自然语言进行有效通信的各种理论和方法。本章将详细讲解使用 TensorFlow 实现自然语言处理操作的知识。

7.1　自然语言处理基础

自然语言处理是一门融语言学、计算机科学、数学于一体的科学。因此，这一领域的研究将涉及自然语言，即人们日常使用的语言，它与语言学的研究有着密切的联系，但又有重要区别。自然语言处理并不是一般地研究自然语言，而是研制能有效地实现自然语言通信的计算机系统，特别是其中的软件系统。因而它是计算机科学的一部分。

7.1.1　自然语言处理介绍

语言是人类区别其他动物的本质特性，在所有的生物中，只有人类才具有语言能力。人类的多种智能都与语言有着密切的关系。人类的逻辑思维以语言为形式，人类的绝大部分知识也是以语言文字的形式记载和流传下来的。因而，它也是人工智能的一个重要部分或核心部分。

用自然语言与计算机进行通信，这是人们长期以来所追求的。因为它既有明显的实际意义，同时也有重要的理论意义：人们可以用自己最习惯的语言来使用计算机，而无须再花大量的时间和精力去学习不很自然和习惯的各种计算机语言；人们也可通过它进一步了解人类的语言能力和智能的机制。

自然语言处理是指利用人类交流所使用的自然语言与机器进行交互通信的技术。通过人为的对自然语言的处理，使得计算机对其能够可读并理解。自然语言处理的相关研究始于人类对机器翻译的探索。虽然自然语言处理涉及语音、语法、语义、语用等多维度的操作，但简单而言，自然语言处理的基本任务是基于本体词典、词频统计、上下文语义分析等方式对待处理语料进行分词，形成以最小词性为单位，并且富含语义的词项单元。

自然语言处理以语言为对象，利用计算机技术来分析、理解和处理自然语言的一门学科，即把计算机作为语言研究的强大工具，在计算机的支持下对语言信息进行定量化的研究，并提供可供人与计算机之间能共同使用的语言描写。包括自然语言理解（Natural Language Understanding，NLU）和自然语言生成（Natural Language Generation，NLG）

两部分。它是典型边缘交叉学科，涉及语言科学、计算机科学、数学、认知学、逻辑学等，关注计算机和人类（自然）语言之间的相互作用的领域。人们把用计算机处理自然语言的过程在不同时期或侧重点不同时又称为自然语言理解、人类语言技术（Human Language Technology，HLT）、计算语言学（Computational Linguistics，HL）、计量语言学（Quantitative Linguistics）、数理语言学（Mathematical Linguistics）。

NLP，即实现人机间自然语言通信，或实现自然语言理解和自然语言生成是十分困难的。造成困难的根本原因是自然语言文本和对话的各个层次上广泛存在的各种各样的歧义性或多义性（ambiguity）。

目前 NLP 存在的问题有两个方面：一方面，迄今为止的语法都限于分析一个孤立的句子，上下文关系和谈话环境对本句的约束和影响还缺乏系统的研究，因此分析歧义、词语省略、代词所指、同一句话在不同场合或由不同的人说出来所具有的不同含义等问题，尚无明确规律可循，需要加强语用学的研究才能逐步解决。另一方面，人理解一个句子不是单凭语法，还运用了大量的有关知识，包括生活知识和专门知识，这些知识无法全部存储在计算机中。因此，一个书面理解系统只能建立在有限的词汇、句型和特定的主题范围内；计算机的存储量和运转速度大大提高后，才有可能适当扩大范围。

正是因为以上问题的存在，才成为自然语言理解在机器翻译应用中的主要难题，这也是当今机器翻译系统的译文质量离理想目标仍相差甚远的原因之一；而译文质量是机译系统成败的关键。中国数学家、语言学家周海中教授曾在经典论文《机器翻译五十年》中指出：要提高机译的质量，首先要解决的是语言本身问题而不是程序设计问题；单靠若干程序来做机译系统，肯定是无法提高机译质量的；另外，在人类尚未明了大脑是如何进行语言的模糊识别和逻辑判断的情况下，机译要想达到"信、达、雅"的程度是不可能的。

7.1.2 自然语言处理的发展历程

最早的自然语言方面的研究工作是机器翻译，1949 年，美国人威弗首先提出了机器翻译设计方案，其发展主要分为以下三个阶段：

（1）早期自然语言处理

第一阶段：基于规则来建立词汇、句法语义分析、问答、聊天和机器翻译系统。优点是规则可以利用人类的内省知识，不依赖数据，可以快速起步；问题是覆盖面不足，像个玩具系统，规则管理和可扩展一直没有解决。

（2）统计自然语言处理

第二阶段：基于统计的机器学习（ML）开始流行，很多 NLP 开始用基于统计的方法来做。主要思路是利用带标注的数据，基于人工定义的特征建立机器学习系统，并利用数据经过学习确定机器学习系统的参数。运行时利用这些学习得到的参数，对输入数据进行解码，得到输出。机器翻译、搜索引擎都是利用统计方法获得了成功。

（3）神经网络自然语言处理

第三阶段：深度学习开始在语音和图像发挥威力。随之，NLP 研究者开始把目光转向深度学习。先是把深度学习用于特征计算或者建立一个新的特征，然后在原有的统计学习框架下体验效果。比如，搜索引擎加入了深度学习的检索词和文档的相似度计算，以提升搜索的相关度。自 2014 年以来，人们尝试直接通过深度学习建模，进行端对端的训练。目前已在机器翻译、问答、阅读理解等领域取得了进展，出现了深度学习的热潮。

7.1.3　语言模型

简单地说，语言模型是用来计算一个句子的概率的模型，也就是判断一句话是否是人话的概率。语言模型是根据语言客观事实而进行的语言抽象数学建模，是一种对应关系。语言模型与语言客观事实之间的关系，如同数学上的抽象直线与具体直线之间的关系。语言模型是一个单纯的、统一的、抽象的形式系统，语言客观事实经过语言模型的描述，比较适合于电子计算机进行自动处理，因而语言模型对于自然语言的信息处理具有重大的意义。

给每一个句子赋予一个概率，合法的句子得到的概率比较大，而不合法的句子得到的概率比较小，这样只需从所有可能的情况中选取概率最大的那种组合，就能得到合法的句子。

在现实应用中有很多语言模型，在本章后面的内容中，将介绍几个常用的语言模型，并讲解使用 TensorBoard 和语言模型实现自然语言操作处理的知识。

7.2　自然语言处理实战（一）：RNN 生成文本

本实例的实现文件是 nlp01.py，功能是使用基于字符的 RNN 生成文本。本实例将使用 Andrej Karpathy 在《循环神经网络不合理的有效性》一文中提供的莎士比亚作品数据集，给定此数据集中的一个字符序列（"Shakespear"），训练一个模型以预测该序列的下一个字符（"e"）。通过重复调用该模型，可以生成更长的文本序列。下面是当训练本实例中的模型 30 个周期（epoch）后，并以字符串 "Q" 开头时的输出结果：

```
QUEENE:
I had thought thou hadst a Roman; for the oracle,
Thus by All bids the man against the word,
Which are so weak of care, by old care done;
Your children were in your holy love,
And the precipitation through the bleeding throne.

BISHOP OF ELY:
```

```
Marry, and will, my lord, to weep in such a one were prettiest;
Yet now I was adopted heir
Of the world's lamentable day,
To watch the next way with his father with his face?

ESCALUS:
The cause why then we are all resolved more sons.

VOLUMNIA:
O, no, no, no, no, no, no, no, no, no, no, no, no, no, no, no, no, no,
no, no, no, it is no sin it should be dead,
And love and pale as any will to that word.

QUEEN ELIZABETH:
But how long have I heard the soul for this world,
And show his hands of life be proved to stand.

PETRUCHIO:
I say he look'd on, if I must be content
To stay him from the fatal of our country's bliss.
His lordship pluck'd from this sentence then for prey,
And then let us twain, being the moon,
were she such a case as fills m
```

在上述结果中，虽然有些句子符合语法规则，但是大多数句子没有意义。这个模型尚未学习到单词的含义，但请考虑以下几点：

- 此模型是基于字符的：训练开始时，模型不知道如何拼写一个英文单词，甚至不知道单词是文本的一个单位。
- 输出文本的结构类似于剧本：文本块通常以讲话者的名字开始；而且与数据集类似，讲话者的名字采用全大写字母。
- 此模型由小批次（batch）文本训练而成（每批 100 个字符）。即便如此，此模型仍然能生成更长的文本序列，并且结构连贯。

在接下来的内容中，将详细讲解实例文件 nlp01.py 的具体实现流程。

7.2.1 准备数据集

在开始前需要先准备数据集，具体实现流程如下：

（1）下载数据集

下载莎士比亚数据集，代码如下：

```
path_to_file = tf.keras.utils.get_file('shakespeare.txt', 'https://
storage.googleapis.com/download.tensorflow.org/data/shakespeare.txt')
```

执行后会输出：

```
Downloading data from https://storage.googleapis.com/download.tensorflow.
```

```
org/data/shakespeare.txt
   1122304/1115394 [==============================] - 0s 0us/step
```

（2）读取数据集中的数据，代码如下：

```
# 读取并为 py2 compat 解码
text = open(path_to_file, 'rb').read().decode(encoding='utf-8')

# 文本长度是指文本中的字符个数
print ('Length of text: {} characters'.format(len(text)))
```

执行后会输出：

```
Length of text: 1115394 characters
```

查看文本中的前 250 个字符，代码如下：

```
print(text[:250])
```

执行后会输出：

```
First Citizen:
Before we proceed any further, hear me speak.

All:
Speak, speak.

First Citizen:
You are all resolved rather to die than to famish?

All:
Resolved. resolved.

First Citizen:
First, you know Caius Marcius is chief enemy to the people.
```

查看文本中的非重复字符，代码如下：

```
vocab = sorted(set(text))
print ('{} unique characters'.format(len(vocab)))
```

执行后会输出：

```
65 unique characters
```

7.2.2　向量化处理文本

在训练前，需要将字符串映射到数字表示值。创建两个查找表格：一个将字符映射到数字，另一个将数字映射到字符。代码如下：

```
# 创建从非重复字符到索引的映射
char2idx = {u:i for i, u in enumerate(vocab)}
idx2char = np.array(vocab)
text_as_int = np.array([char2idx[c] for c in text])
```

现在，每个字符都有一个整数表示值，接下来将字符映射至索引 0 至 len(unique)。代码如下：

```
print('{')
for char,_ in zip(char2idx, range(20)):
    print('  {:4s}: {:3d},'.format(repr(char), char2idx[char]))
print('  ...\n}')
```

执行后会输出：

```
{
  '\n':   0,
  ' ' :   1,
  '!' :   2,
  '$' :   3,
  '&' :   4,
  '"' :   5,
  ',' :   6,
  '-' :   7,
  '.' :   8,
  '3' :   9,
  ':' :  10,
  ';' :  11,
  '?' :  12,
  'A' :  13,
  'B' :  14,
  'C' :  15,
  'D' :  16,
  'E' :  17,
  'F' :  18,
  'G' :  19,
  ...
}
```

显示文本中前 13 个字符的整数映射，代码如下：

```
print ('{} ---- characters mapped to int ---- >{}'.format(repr(text[:13]),
text_as_int[:13]))
```

执行后会输出：

```
'First Citizen' ---- characters mapped to int ---- > [18 47 56 57 58  1
15 47 58 47 64 43 52]
```

7.2.3　预测任务并创建训练样本和目标

指定一个字符或者一个字符序列，下一个最可能出现的字符是什么？这就是训练模型要执行的任务。输入到模型的是一个字符序列，我们训练这个模型来预测输出每个时间步（time step）预测下一个字符是什么。由于 RNN 是根据前面看到的元素维持内部状态，那么，给定此时计算出的所有字符下一个字符是什么？

接下来将文本划分为样本序列，每个输入序列包含文本中的 seq_length 个字符。对于每个输入序列来说，其对应的目标包含相同长度的文本，但是向右顺移一个字符。将文本拆分为长度为 seq_length+1 的文本块。例如，假设 seq_length 为 4 且文本为"Hello"，那么输入序列将为"Hell"，目标序列将为"ello"。

首先使用函数 tf.data.Dataset.from_tensor_slices()把文本向量转换为字符索引流，代码如下：

```
# 设定每个输入句子长度的最大值
seq_length = 100
examples_per_epoch = len(text)//seq_length

# 创建训练样本/目标
char_dataset = tf.data.Dataset.from_tensor_slices(text_as_int)

for i in char_dataset.take(5):
  print(idx2char[i.numpy()])
```

执行后会输出：

```
F
i
r
s
t
```

使用函数 batch()把单个字符转换为所需长度的序列，代码如下：

```
sequences = char_dataset.batch(seq_length+1, drop_remainder=True)

for item in sequences.take(5):
  print(repr(''.join(idx2char[item.numpy()])))
```

执行后会输出：

```
'First Citizen:\nBefore we proceed any further, hear me speak.\n\nAll:
\nSpeak, speak.\n\nFirst Citizen:\nYou '
'are all resolved rather to die than to famish?\n\nAll:\nResolved.
resolved.\n\nFirst Citizen:\nFirst, you k'
"now Caius Marcius is chief enemy to the people.\n\nAll:\nWe know't, we
know't.\n\nFirst Citizen:\nLet us ki"
"ll him, and we'll have corn at our own price.\nIs't a verdict?\n\nAll:\nNo
more talking on't; let it be d"
'one: away, away!\n\nSecond Citizen:\nOne word, good citizens.\n\nFirst
Citizen:\nWe are accounted poor citi'
```

对于每个序列来说，先使用 map 函数复制然后再顺移，以创建输入文本和目标文本。map 方法可以将一个简单的函数应用到每一个批次（batch）。代码如下：

```
def split_input_target(chunk):
    input_text = chunk[:-1]
    target_text = chunk[1:]
    return input_text, target_text

dataset = sequences.map(split_input_target)
```

打印输出第一批样本的输入与目标值，代码如下：

```
for input_example, target_example in  dataset.take(1):
  print ('Input data: ', repr(''.join(idx2char[input_example.numpy()])))
  print ('Target data:', repr(''.join(idx2char[target_example.numpy()])))
```

执行后会输出：

```
Input data:  'First Citizen:\nBefore we proceed any further, hear me
speak.\n\nAll:\nSpeak, speak.\n\nFirst Citizen:\nYou'
Target data: 'irst Citizen:\nBefore we proceed any further, hear me
speak.\n\nAll:\nSpeak, speak.\n\nFirst Citizen:\nYou '
```

这些向量的每个索引均作为一个时间步来处理。作为时间步 0 的输入，模型接收到"F"的索引，并尝试预测"i"的索引为下一个字符。在下一个时间步，模型将执行相同的操作，但是 RNN 不仅考虑当前的输入字符，还会考虑上一步的信息。代码如下：

```
for i, (input_idx, target_idx) in enumerate(zip(input_example[:5],
target_example[:5])):
    print("Step {:4d}".format(i))
    print(" input: {} ({:s})".format(input_idx, repr(idx2char[input_idx])))
    print(" expected output: {} ({:s})".format(target_idx, repr(idx2char
[target_idx])))
```

执行后会输出：

```
Step    0
  input: 18 ('F')
  expected output: 47 ('i')
Step    1
  input: 47 ('i')
  expected output: 56 ('r')
Step    2
  input: 56 ('r')
  expected output: 57 ('s')
Step    3
  input: 57 ('s')
  expected output: 58 ('t')
Step    4
  input: 58 ('t')
  expected output: 1 (' ')
```

7.2.4　创建训练批次

使用 tf.data 将文本拆分为可管理的序列。但是在把这些数据输送至模型之前需要将数据重新排列（shuffle）并打包为批次。代码如下：

```
# 批大小
BATCH_SIZE = 64

# 设定缓冲区大小，以重新排列数据集
# （TF 数据被设计为可以处理可能是无限的序列，
```

```
# 所以它不会试图在内存中重新排列整个序列。相反，
# 它维持一个缓冲区，在缓冲区重新排列元素。)
BUFFER_SIZE = 10000

dataset = dataset.shuffle(BUFFER_SIZE).batch(BATCH_SIZE, drop_remainder=
True)

dataset
```

执行后会输出：

```
<BatchDataset shapes: ((64, 100), (64, 100)), types: (tf.int64, tf.
int64)>
```

7.2.5　创建模型

使用 tf.keras.Sequential 定义模型，在本实例中使用三个层来定义模型：

- tf.keras.layers.Embedding：输入层，一个可训练的对照表，它会将每个字符的数字映射到一个 embedding_dim 维度的向量。
- tf.keras.layers.GRU：一种 RNN 类型，其大小由 units=rnn_units 指定（这里你也可以使用一个 LSTM 层）。
- tf.keras.layers.Dense：输出层，带有 vocab_size 个输出。

代码如下：

```
# 词集的长度
vocab_size = len(vocab)

# 嵌入的维度
embedding_dim = 256

# RNN 的单元数量
rnn_units = 1024

def build_model(vocab_size, embedding_dim, rnn_units, batch_size):
  model = tf.keras.Sequential([
    tf.keras.layers.Embedding(vocab_size, embedding_dim,
                       batch_input_shape=[batch_size, None]),
    tf.keras.layers.GRU(rnn_units,
                   return_sequences=True,
                   stateful=True,
                   recurrent_initializer='glorot_uniform'),
    tf.keras.layers.Dense(vocab_size)
  ])
  return model

model = build_model(
  vocab_size = len(vocab),
```

```
embedding_dim=embedding_dim,
rnn_units=rnn_units,
batch_size=BATCH_SIZE)
```

7.2.6　测试模型

开始运行这个模型，首先检查输出的形状，代码如下：

```
for input_example_batch, target_example_batch in dataset.take(1):
    example_batch_predictions = model(input_example_batch)
    print(example_batch_predictions.shape, "# (batch_size, sequence_length,
vocab_size)")
```

执行后会输出：

```
(64, 100, 65) # (batch_size, sequence_length, vocab_size)
```

在上述代码中，输入的序列长度为 100，但是这个模型可以在任何长度的输入上运行。通过以下代码查看模型的基本信息：

```
model.summary()
```

执行后会输出：

```
Model: "sequential"

Layer (type)                 Output Shape              Param #
=================================================================
embedding (Embedding)        (64, None, 256)           16640

gru (GRU)                    (64, None, 1024)          3938304

dense (Dense)                (64, None, 65)            66625
=================================================================
Total params: 4,021,569
Trainable params: 4,021,569
Non-trainable params: 0
```

为了获得模型的实际预测，需要从输出分布中抽样，以获得实际的字符索引。这个分布是根据对字符集的逻辑回归定义的。需要注意的是，从这个分布中抽样是很重要的，因为当取分布的最大值自变量点集（argmax）时，很容易使模型卡在循环中。

处理批次中的第一个样本，然后获取每个时间步预测的下一个字符的索引。代码如下：

```
sampled_indices = tf.random.categorical(example_batch_predictions[0],
num_samples=1)
sampled_indices = tf.squeeze(sampled_indices,axis=-1).numpy()

sampled_indices
```

执行后会输出：

```
array([ 3, 19, 11,  8, 17, 50, 14,  5, 16, 57, 51, 53, 17, 54,  9, 11, 22,
       13, 36, 57, 57, 50, 47, 22,  5,  7,  1, 59,  3, 26, 52,  2, 62, 30,
```

```
         54, 18, 62,  9, 63,  2, 22, 11, 18, 12, 63,  0, 13, 16, 38, 49, 21,
         25, 22, 53, 39, 63,  3, 26, 39, 15, 21, 56, 49, 39, 20, 55,  5, 39,
         61, 29, 21, 39, 39, 63, 48, 11, 27, 42, 59,  0, 19, 58, 57, 27, 40,
         13, 53, 13,  7,  4, 21, 32, 10, 57, 18, 30, 54, 36, 12,  3])
```

接下来进行解码处理的工作，查看未经训练的模型预测的文本。代码如下：

```
print("Input: \n", repr("".join(idx2char[input_example_batch[0]])))
print()
print("Next Char Predictions: \n", repr("".join(idx2char[sampled_indices ])))
```

执行后会输出：

```
Input:
 'e, I say! madam! sweet-heart! why, bride!\nWhat, not a word? you take
your pennyworths now;\nSleep for'

Next Char Predictions:
 "$G;.ElB'DsmoEp3;JAXssliJ'-  u$Nn!xRpFx3y!J;F?y\nADZkIMJoay$NaCIrkaHq'
awQIaayj;Odu\nGtsObAoA-&IT:sFRpX?$"
```

7.2.7　训练模型

此时整个问题可以被视为一个标准的分类问题：给定先前的 RNN 状态和这一时间步的输入，预测下一个字符的类别。首先添加优化器和损失函数，在此使用标准的损失函数 tf.keras.losses.sparse_categorical_crossentropy()，因为它被应用于预测的最后一个维度。因为我们的模型返回逻辑回归，所以需要设定命令行参数 from_logits。代码如下：

```
def loss(labels, logits):
    return tf.keras.losses.sparse_categorical_crossentropy(labels, logits,
from_logits=True)

example_batch_loss = loss(target_example_batch, example_batch_predictions)
print("Prediction shape: ", example_batch_predictions.shape, " #
(batch_size, sequence_length, vocab_size)")
print("scalar_loss:      ", example_batch_loss.numpy().mean())
```

执行后会输出：

```
Prediction shape:  (64, 100, 65)  # (batch_size, sequence_length, vocab_
size)
scalar_loss:       4.1736827
```

然后使用 tf.keras.Model.compile()函数配置训练步骤，使用 tf.keras.optimizers.Adam 并采用默认参数和损失函数。代码如下：

```
model.compile(optimizer='adam', loss=loss)
```

使用 tf.keras.callbacks.ModelCheckpoint 确保在训练过程中保存检查点，代码如下：

```
# 检查点保存至的目录
checkpoint_dir = './training_checkpoints'
# 检查点的文件名
```

```
checkpoint_prefix = os.path.join(checkpoint_dir, "ckpt_{epoch}")
checkpoint_callback=tf.keras.callbacks.ModelCheckpoint(
    filepath=checkpoint_prefix,
    save_weights_only=True)
```

接下来开始训练，为了保持训练时间的合理性，使用 10 个周期来训练模型。在 Colab 中，将运行时设置为 GPU 以加速训练。代码如下：

```
EPOCHS=10
history = model.fit(dataset, epochs=EPOCHS, callbacks=[checkpoint_
callback])
```

执行后会输出：

```
Epoch 1/10
172/172 [==============================] - 5s 27ms/step - loss: 2.6663
Epoch 2/10
172/172 [==============================] - 5s 27ms/step - loss: 1.9452
Epoch 3/10
172/172 [==============================] - 5s 27ms/step - loss: 1.6797
Epoch 4/10
172/172 [==============================] - 5s 27ms/step - loss: 1.5355
Epoch 5/10
172/172 [==============================] - 5s 27ms/step - loss: 1.4493
Epoch 6/10
172/172 [==============================] - 5s 27ms/step - loss: 1.3900
Epoch 7/10
172/172 [==============================] - 5s 27ms/step - loss: 1.3457
Epoch 8/10
172/172 [==============================] - 5s 26ms/step - loss: 1.3076
Epoch 9/10
172/172 [==============================] - 5s 27ms/step - loss: 1.2732
Epoch 10/10
172/172 [==============================] - 5s 27ms/step - loss: 1.2412
```

7.2.8　生成文本

恢复为最新的检查点，为保持本次预测步骤尽量简单，将批大小设定为 1。由于 RNN 状态从时间步传递到时间步的方式，模型建立好之后只接受固定的批大小。如果要使用不同的 batch_size 来运行模型，需要重建模型并从检查点中恢复权重。代码如下：

```
tf.train.latest_checkpoint(checkpoint_dir)
model = build_model(vocab_size, embedding_dim, rnn_units, batch_size=1)

model.load_weights(tf.train.latest_checkpoint(checkpoint_dir))

model.build(tf.TensorShape([1, None]))

model.summary()
```

执行后会输出：

```
'./training_checkpoints/ckpt_10'

Model: "sequential_1"

Layer (type)                 Output Shape              Param #
=================================================================
embedding_1 (Embedding)      (1, None, 256)            16640

gru_1 (GRU)                  (1, None, 1024)           3938304

dense_1 (Dense)              (1, None, 65)             66625
=================================================================
Total params: 4,021,569
Trainable params: 4,021,569
Non-trainable params: 0
```

7.2.9　预测循环

　　首先设置起始字符串，初始化 RNN 状态并设置要生成的字符个数。用起始字符串和 RNN 状态，获取下一个字符的预测分布。然后用分类分布计算预测字符的索引，把这个预测字符当作模型的下一个输入。模型返回的 RNN 状态被输送回模型。现在，模型有更多上下文可以学习，而非只有一个字符。在预测出下一个字符后，更改过的 RNN 状态被再次输送回模型。模型就是这样，通过不断从前面预测的字符获得更多上下文进行学习。

　　查看生成的文本，会发现这个模型知道什么时候使用大写字母，什么时候分段，而且模仿出了莎士比亚式的词汇。由于训练的周期小，模型尚未学会生成连贯的句子。代码如下：

```
def generate_text(model, start_string):
 # 评估步骤（用学习过的模型生成文本）

 # 要生成的字符个数
 num_generate = 1000

 # 将起始字符串转换为数字（向量化）
 input_eval = [char2idx[s] for s in start_string]
 input_eval = tf.expand_dims(input_eval, 0)

 # 空字符串用于存储结果
 text_generated = []

 # 低温度会生成更可预测的文本
```

```
    # 较高温度会生成更令人惊讶的文本
    # 可以通过试验以找到最好的设定
    temperature = 1.0

    # 这里批大小为 1
    model.reset_states()
    for i in range(num_generate):
        predictions = model(input_eval)
        # 删除批次的维度
        predictions = tf.squeeze(predictions, 0)

        # 用分类分布预测模型返回的字符
        predictions = predictions / temperature
        predicted_id = tf.random.categorical(predictions, num_samples=1)
[-1,0].numpy()

        # 把预测字符和前面的隐藏状态一起传递给模型作为下一个输入
        input_eval = tf.expand_dims([predicted_id], 0)

        text_generated.append(idx2char[predicted_id])

    return (start_string + ''.join(text_generated))

print(generate_text(model, start_string=u"ROMEO: "))
```

执行后会输出：

```
ROMEO: in't, Romeo rather
say, bid me not say, the adden, and you man for all.
Now, good Cart, or do held. Well, leaving her son,
Some stomacame, brother, Edommen.

PROSPERO:
My lord Hastings, for death,
Or as believell you be accoment.

TRANIO:
Mistraising? come, get abseng house:
The that was a life upon none of the equard sud,
Great Aufidius any joy;
For well a fool, and loveth one stay,
To whom Gare his moved me of Marcius shoulded.
Pite o'erposens to him.

KING RICHARD II:
Come, civil and live, if wet to help and raisen fellow.

CORIOLANUS:
Mark, here, sir. But the palace-hate will be at him in
some wondering danger, my bestilent.
```

```
DUKE OF AUMERLE:
You, my lord? my dearly uncles for,
If't be fown'd for truth enough not him,
He talk of youngest young princely sake.

ROMEO:
This let me have a still before the queen
First worthy angel. Would yes, by return.

BAPTISTA:
You have dan,
Dies, renown awrifes; I'll say you.

Provost:
And, come, make it out.

LEONTES:
They call thee, hangions,
Not
```

如果想改进运行结果，最简单的方式是延长训练时间（如将 EPOCHS 设置为 30）。另外，还可以试验使用不同的起始字符串，或者尝试增加另一个 RNN 层以提高模型的准确率，抑或调整温度参数以生成更多或者更少的随机预测。

7.2.10 自定义训练

为了实现稳定的模型和输出，请执行以下操作实现自定义训练：

- 首先使用 tf.keras.Model.reset_states()函数初始化 RNN 状态，然后迭代数据集（逐批次）并计算每次迭代对应的预测；
- 打开一个 tf.GradientTape 并计算该上下文时的预测和损失；
- 使用 tf.GradientTape.grads()函数计算当前模型变量情况下的损失梯度；
- 最后使用优化器的 tf.train.Optimizer.apply_gradients()函数向下迈出一步。

自定义训练的实现代码如下：

```
model = build_model(
  vocab_size = len(vocab),
  embedding_dim=embedding_dim,
  rnn_units=rnn_units,
  batch_size=BATCH_SIZE)

optimizer = tf.keras.optimizers.Adam()

@tf.function
def train_step(inp, target):
  with tf.GradientTape() as tape:
```

```python
        predictions = model(inp)
        loss = tf.reduce_mean(
            tf.keras.losses.sparse_categorical_crossentropy(
                target, predictions, from_logits=True))
    grads = tape.gradient(loss, model.trainable_variables)
    optimizer.apply_gradients(zip(grads, model.trainable_variables))

    return loss

# 训练步骤
EPOCHS = 10

for epoch in range(EPOCHS):
    start = time.time()

    # 在每个训练周期开始时，初始化隐藏状态
    # 隐藏状态最初为 None
    hidden = model.reset_states()

    for (batch_n, (inp, target)) in enumerate(dataset):
        loss = train_step(inp, target)

        if batch_n % 100 == 0:
            template = 'Epoch {} Batch {} Loss {}'
            print(template.format(epoch+1, batch_n, loss))

    # 每 5 个训练周期，保存（检查点）1 次模型
    if (epoch + 1) % 5 == 0:
        model.save_weights(checkpoint_prefix.format(epoch=epoch))

    print ('Epoch {} Loss {:.4f}'.format(epoch+1, loss))
    print ('Time taken for 1 epoch {} sec\n'.format(time.time() - start))

model.save_weights(checkpoint_prefix.format(epoch=epoch))
```

执行后会输出：

```
WARNING:tensorflow:Unresolved object in checkpoint: (root).optimizer
WARNING:tensorflow:Unresolved object in checkpoint: (root).optimizer.
iter
WARNING:tensorflow:Unresolved object in checkpoint: (root).optimizer.
beta_1
WARNING:tensorflow:Unresolved object in checkpoint: (root).optimizer.
beta_2
WARNING:tensorflow:Unresolved object in checkpoint: (root).optimizer.
decay
WARNING:tensorflow:Unresolved object in checkpoint: (root).optimizer.
learning_rate
WARNING:tensorflow:Unresolved object in checkpoint: (root).optimizer's
state 'm' for (root).layer_with_weights-0.embeddings
```

```
    WARNING:tensorflow:Unresolved object in checkpoint: (root).optimizer's
state 'm' for (root).layer_with_weights-2.kernel
    WARNING:tensorflow:Unresolved object in checkpoint: (root).optimizer's
state 'm' for (root).layer_with_weights-2.bias
    WARNING:tensorflow:Unresolved object in checkpoint: (root).optimizer's
state 'm' for (root).layer_with_weights-1.cell.kernel
    WARNING:tensorflow:Unresolved object in checkpoint: (root).optimizer's
state 'm' for (root).layer_with_weights-1.cell.recurrent_kernel
    WARNING:tensorflow:Unresolved object in checkpoint: (root).optimizer's
state 'm' for (root).layer_with_weights-1.cell.bias
    WARNING:tensorflow:Unresolved object in checkpoint: (root).optimizer's
state 'v' for (root).layer_with_weights-0.embeddings
    WARNING:tensorflow:Unresolved object in checkpoint: (root).optimizer's
state 'v' for (root).layer_with_weights-2.kernel
    WARNING:tensorflow:Unresolved object in checkpoint: (root).optimizer's
state 'v' for (root).layer_with_weights-2.bias
    WARNING:tensorflow:Unresolved object in checkpoint: (root).optimizer's
state 'v' for (root).layer_with_weights-1.cell.kernel
    WARNING:tensorflow:Unresolved object in checkpoint: (root).optimizer's
state 'v' for (root).layer_with_weights-1.cell.recurrent_kernel
    WARNING:tensorflow:Unresolved object in checkpoint: (root).optimizer's
state 'v' for (root).layer_with_weights-1.cell.bias
    WARNING:tensorflow:A  checkpoint  was  restored  (e.g.  tf.train.
Checkpoint.restore or tf.keras.Model.load_weights) but not all checkpointed
values were used. See above for specific issues. Use expect_partial() on the
load status object, e.g. tf.train.Checkpoint.restore(...).expect_partial(),
to silence these warnings, or use assert_consumed() to make the check explicit.
See   https://www.tensorflow.org/guide/checkpoint#loading_mechanics   for
details.

    Epoch 1 Batch 0 Loss 4.173541069030762
    Epoch 1 Batch 100 Loss 2.3451342582702637
    Epoch 1 Loss 2.1603
    Time taken for 1 epoch 6.5293896198272705 sec

    Epoch 2 Batch 0 Loss 2.1137943267822266
    Epoch 2 Batch 100 Loss 1.9266924858093262
    Epoch 2 Loss 1.7417
    Time taken for 1 epoch 5.6192779541015625 sec

    Epoch 3 Batch 0 Loss 1.775771975517273
    Epoch 3 Batch 100 Loss 1.657868504524231
    Epoch 3 Loss 1.5520
    Time taken for 1 epoch 5.231291770935059 sec
```

7.3　自然语言处理实战（二）：使用 Seq2Seq 模型实现机器翻译

请看下面的实例，功能是使用 Seq2Seq 模型将西班牙语翻译为英语。Seq2Seq 是 Sequence To Sequence 的缩写，译为序列到序列。本实例的难度较高，需要对序列到序列模型的知识有一定了解。训练完本实例模型后，能够输入一个西班牙语句子，例如 "¿todavía estás en casa?"，并返回其英语翻译结果"are you still at home?"。

7.3.1　准备数据集

本实例的实现文件是 nlp.py，在开始前需要先准备数据集，具体实现流程如下。

（1）下载和准备数据集。本实例将使用 http://www.manythings.org/anki/ 提供的一个语言数据集，这个数据集包含以下格式的语言翻译对：

```
May I borrow this book? ¿Puedo tomar prestado este libro?
```

在这个数据集中有很多种语言可供我们选择，本实例将使用"英语-西班牙语"数据集。为了方便使用，在谷歌云上为开发者提供了此数据集的一份副本。也可以自己下载副本。下载完数据集后，将采取以下步骤准备数据：

- 给每个句子添加一个开始标记和一个结束标记（token）；
- 删除特殊字符以清理句子；
- 创建一个单词索引和一个反向单词索引（一个从单词映射至 id 的词典和一个从 id 映射至单词的词典）；
- 将每个句子填充（pad）到最大长度。

对应代码如下：

```python
# 下载文件
path_to_zip = tf.keras.utils.get_file(
    'spa-eng.zip', origin='http://storage.googleapis.com/download.tensorflow.org/data/spa-eng.zip',
    extract=True)

path_to_file = os.path.dirname(path_to_zip)+"/spa-eng/spa.txt"
# 将 unicode 文件转换为 ascii
def unicode_to_ascii(s):
    return ''.join(c for c in unicodedata.normalize('NFD', s)
        if unicodedata.category(c) != 'Mn')


def preprocess_sentence(w):
    w = unicode_to_ascii(w.lower().strip())

    # 在单词与跟在其后的标点符号之间插入一个空格
```

```
    # 例如:  "he is a boy." => "he is a boy ."
    # 参考: https://stackoverflow.com/questions/3645931/python-padding-
punctuation-with-white-spaces-keeping-punctuation
    w = re.sub(r"([?.!,¿])", r" \1 ", w)
    w = re.sub(r'[" "]+', " ", w)

    # 除了 (a-z, A-Z, ".", "?", "!", ","),将所有字符替换为空格
    w = re.sub(r"[^a-zA-Z?.!,¿]+", " ", w)

    w = w.rstrip().strip()

    # 给句子加上开始标记和结束标记
    # 以便模型知道何时开始和结束预测
    w = '<start> ' + w + ' <end>'
    return w

en_sentence = u"May I borrow this book?"
sp_sentence = u"¿Puedo tomar prestado este libro?"
print(preprocess_sentence(en_sentence))
print(preprocess_sentence(sp_sentence).encode('utf-8'))
# 1. 去除重音符号
# 2. 清理句子
# 3. 返回这样格式的单词对: [ENGLISH, SPANISH]
def create_dataset(path, num_examples):
    lines = io.open(path, encoding='UTF-8').read().strip().split('\n')

    word_pairs = [[preprocess_sentence(w) for w in l.split('\t')]  for l
in lines[:num_examples]]

    return zip(*word_pairs)

en, sp = create_dataset(path_to_file, None)
print(en[-1])
print(sp[-1])
def max_length(tensor):
    return max(len(t) for t in tensor)

def tokenize(lang):
  lang_tokenizer = tf.keras.preprocessing.text.Tokenizer(
      filters='')
  lang_tokenizer.fit_on_texts(lang)

  tensor = lang_tokenizer.texts_to_sequences(lang)

  tensor = tf.keras.preprocessing.sequence.pad_sequences(tensor,padding=
'post')

    return tensor, lang_tokenizer
```

```
def load_dataset(path, num_examples=None):
    # 创建清理过的输入输出对
    targ_lang, inp_lang = create_dataset(path, num_examples)

    input_tensor, inp_lang_tokenizer = tokenize(inp_lang)
    target_tensor, targ_lang_tokenizer = tokenize(targ_lang)

    return input_tensor, target_tensor, inp_lang_tokenizer, targ_lang_
tokenizer
```

执行后会输出：

```
Downloading data from http://storage.googleapis.com/download.tensorflow.
org/data/spa-eng.zip
2646016/2638744 [==============================] - 0s 0us/step
<start> may i borrow this book ? <end>
b'<start> \xc2\xbf puedo tomar prestado este libro ? <end>'


<start> if you want to sound like a native speaker , you must be willing
to practice saying the same sentence over and over in the same way that banjo
players practice the same phrase over and over until they can play it correctly
and at the desired tempo . <end>
<start> si quieres sonar como un hablante nativo , debes estar dispuesto
a practicar diciendo la misma frase una y otra vez de la misma manera en que
un musico de banjo practica el mismo fraseo una y otra vez hasta que lo puedan
tocar correctamente y en el tiempo esperado . <end>
```

（2）另外还可以考虑一个可选操作：限制数据集的大小以加快实验速度。因为在超过 10 万个句子的完整数据集上进行训练需要很长的时间，为了更快地训练，将数据集的大小限制为 3 万个句子（当然，翻译质量也会随着数据的减少而降低）。代码如下：

```
# 尝试实验不同大小的数据集
num_examples = 30000
input_tensor, target_tensor, inp_lang, targ_lang = load_dataset(path_
to_file, num_examples)

# 计算目标张量的最大长度 （max_length）
max_length_targ, max_length_inp = max_length(target_tensor), max_length
(input_tensor)

# 采用 80 - 20 的比例切分训练集和验证集
input_tensor_train, input_tensor_val, target_tensor_train, target_
tensor_val = train_test_split(input_tensor, target_tensor, test_size=0.2)

# 显示长度
print(len(input_tensor_train), len(target_tensor_train), len(input_tensor_
val), len(target_tensor_val))

def convert(lang, tensor):
```

```
      for t in tensor:
        if t!=0:
          print ("%d ----> %s" % (t, lang.index_word[t]))

    print ("Input Language; index to word mapping")
    convert(inp_lang, input_tensor_train[0])
    print ()
    print ("Target Language; index to word mapping")
    convert(targ_lang, target_tensor_train[0])
```

执行后会输出：

```
24000 24000 6000 6000

Input Language; index to word mapping
1 ----> <start>
13 ----> la
1999 ----> belleza
7 ----> es
8096 ----> subjetiva
3 ----> .
2 ----> <end>

Target Language; index to word mapping
1 ----> <start>
1148 ----> beauty
8 ----> is
4299 ----> subjective
3 ----> .
2 ----> <end>
```

（3）创建一个 tf.data 数据集，代码如下：

```
BUFFER_SIZE = len(input_tensor_train)
BATCH_SIZE = 64
steps_per_epoch = len(input_tensor_train)//BATCH_SIZE
embedding_dim = 256
units = 1024
vocab_inp_size = len(inp_lang.word_index)+1
vocab_tar_size = len(targ_lang.word_index)+1

dataset = tf.data.Dataset.from_tensor_slices((input_tensor_train, target_
tensor_train)).shuffle(BUFFER_SIZE)
    dataset = dataset.batch(BATCH_SIZE, drop_remainder=True)

example_input_batch, example_target_batch = next(iter(dataset))
example_input_batch.shape, example_target_batch.shape
```

执行后会输出：

```
(TensorShape([64, 16]), TensorShape([64, 11]))
```

7.3.2　编写编码器（encoder）和解码器（decoder）模型

实现一个基于注意力的"编码器-解码器"模型，关于这种模型的基本知识，可以阅读 TensorFlow 的神经机器翻译（序列到序列）教程。本实例采用一组更新的 API 来实现，实现了上述序列到序列教程中的注意力方程式。图 7-1 显示了注意力机制为每个输入单词分配一个权重，然后解码器将这个权重用于预测句子中的下一个单词。图中的和公式是 Luong 的论文中注意力机制的一个例子。

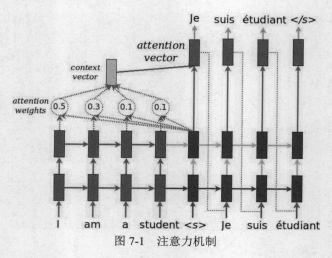

图 7-1　注意力机制

输入经过编码器模型，编码器模型提供形状为（批大小，最大长度，隐藏层大小）的编码器输出和形状为（批大小，隐藏层大小）的编码器隐藏层状态。下面是所实现的方程式：

$$\alpha_{ts} = \frac{\exp\left(\text{score}\left(h_t, \bar{h}_s\right)\right)}{\sum_{s'=1}^{S} \exp\left(\text{score}\left(h_t, \bar{h}_{s'}\right)\right)} \qquad \text{[Attention weights]} \qquad （1）$$

$$c_t = \sum_s \alpha_{ts} \bar{h}_s \qquad \text{[Context vector]} \qquad （2）$$

$$a_t = f\left(c_t, h_t\right) = \tanh\left(W_c\left[c_t; h_t\right]\right) \qquad \text{[Attention vector]} \qquad （3）$$

本实例的编码器采用 Bahdanau 注意力方式实现，在使用简化形式编写代码前需要先决定符号：

- FC = 完全连接（密集）层；
- EO = 编码器输出；

- H = 隐藏层状态；
- X = 解码器输入。

以及如下的伪代码：

- score = FC(tanh(FC(EO) + FC(H)))。
- attention weights = softmax(score, axis = 1)。Softmax 默认被应用于最后一个轴，但是这里想将它应用于第一个轴，因为分数（score）的形状是(批大小，最大长度，隐藏层大小)。最大长度（max_length）是输入的长度。因为想为每个输入分配一个权重，所以 softmax 应该用在这个轴上。
- context vector = sum(attention weights * EO, axis = 1)。选择第一个轴的原因同上。
- embedding output = 解码器输入 X 通过一个嵌入层。
- merged vector = concat(embedding output, context vector)。
- 此合并后的向量随后被传送到 GRU。

上述每个步骤中所有向量的形状已在以下实现代码中进行注释：

```python
class Encoder(tf.keras.Model):
  def __init__(self, vocab_size, embedding_dim, enc_units, batch_sz):
    super(Encoder, self).__init__()
    self.batch_sz = batch_sz
    self.enc_units = enc_units
    self.embedding = tf.keras.layers.Embedding(vocab_size, embedding_dim)
    self.gru = tf.keras.layers.GRU(self.enc_units, return_sequences=True,
return_state=True, recurrent_initializer='glorot_uniform')

  def call(self, x, hidden):
    x = self.embedding(x)
    output, state = self.gru(x, initial_state = hidden)
    return output, state

  def initialize_hidden_state(self):
    return tf.zeros((self.batch_sz, self.enc_units))

encoder = Encoder(vocab_inp_size, embedding_dim, units, BATCH_SIZE)

# 样本输入
sample_hidden = encoder.initialize_hidden_state()
sample_output, sample_hidden = encoder(example_input_batch, sample_hidden)
print ('Encoder output shape: (batch size, sequence length, units) {}'.
format(sample_output.shape))
print ('Encoder Hidden state shape: (batch size, units) {}'.format
(sample_hidden.shape))

class BahdanauAttention(tf.keras.layers.Layer):
  def __init__(self, units):
    super(BahdanauAttention, self).__init__()
```

```
        self.W1 = tf.keras.layers.Dense(units)
        self.W2 = tf.keras.layers.Dense(units)
        self.V = tf.keras.layers.Dense(1)

    def call(self, query, values):
        # 隐藏层的形状 == （批大小，隐藏层大小）
        # hidden_with_time_axis 的形状 == （批大小，1，隐藏层大小）
        # 这样做是执行加法以计算分数
        hidden_with_time_axis = tf.expand_dims(query, 1)

        # 分数的形状 == （批大小，最大长度，1）
        # 在最后一个轴上得到 1，因为把分数应用于 self.V
        # 在应用 self.V 之前，张量的形状是（批大小，最大长度，单位）
        score = self.V(tf.nn.tanh(
            self.W1(values) + self.W2(hidden_with_time_axis)))

        # 注意力权重（attention_weights）的形状 == （批大小，最大长度，1）
        attention_weights = tf.nn.softmax(score, axis=1)

        # 上下文向量（context_vector）求和之后的形状 == （批大小，隐藏层大小）
        context_vector = attention_weights * values
        context_vector = tf.reduce_sum(context_vector, axis=1)

        return context_vector, attention_weights

attention_layer = BahdanauAttention(10)
attention_result, attention_weights = attention_layer(sample_hidden,
sample_output)

print("Attention result shape: (batch size, units) {}".format (attention_
result.shape))
print("Attention weights shape: (batch_size, sequence_length, 1) {}".
format(attention_weights.shape))


class Decoder(tf.keras.Model):
    def __init__(self, vocab_size, embedding_dim, dec_units, batch_sz):
        super(Decoder, self).__init__()
        self.batch_sz = batch_sz
        self.dec_units = dec_units
        self.embedding = tf.keras.layers.Embedding(vocab_size, embedding_
dim)
        self.gru = tf.keras.layers.GRU(self.dec_units, return_sequences=True,
return_state=True, recurrent_initializer='glorot_uniform')
        self.fc = tf.keras.layers.Dense(vocab_size)

        # 用于注意力
        self.attention = BahdanauAttention(self.dec_units)
```

```
    def call(self, x, hidden, enc_output):
        # 编码器输出（enc_output）的形状 ==（批大小，最大长度，隐藏层大小）
        context_vector, attention_weights = self.attention(hidden, enc_output)

        # x 在通过嵌入层后的形状 ==（批大小，1，嵌入维度）
        x = self.embedding(x)

        # x 在拼接（concatenation）后的形状 ==（批大小，1，嵌入维度 + 隐藏层大小）
        x = tf.concat([tf.expand_dims(context_vector, 1), x], axis=-1)

        # 将合并后的向量传送到 GRU
        output, state = self.gru(x)

        # 输出的形状 ==（批大小 * 1，隐藏层大小）
        output = tf.reshape(output, (-1, output.shape[2]))

        # 输出的形状 ==（批大小，vocab）
        x = self.fc(output)

        return x, state, attention_weights

decoder = Decoder(vocab_tar_size, embedding_dim, units, BATCH_SIZE)

sample_decoder_output, _, _ = decoder(tf.random.uniform((64, 1)),
sample_hidden, sample_output)

print ('Decoder output shape: (batch_size, vocab size) {}'.format
(sample_decoder_output.shape))
```

执行后会输出：

```
Encoder output shape: (batch size, sequence length, units) (64, 16, 1024)
Encoder Hidden state shape: (batch size, units) (64, 1024)

Attention result shape: (batch size, units) (64, 1024)
Attention weights shape: (batch_size, sequence_length, 1) (64, 16, 1)
Decoder output shape: (batch_size, vocab size) (64, 4935)
```

然后通过以下代码定义优化器和损失函数：

```
optimizer = tf.keras.optimizers.Adam()
loss_object = tf.keras.losses.SparseCategoricalCrossentropy(
    from_logits=True, reduction='none')

def loss_function(real, pred):
  mask = tf.math.logical_not(tf.math.equal(real, 0))
  loss_ = loss_object(real, pred)

  mask = tf.cast(mask, dtype=loss_.dtype)
```

```
  loss_ *= mask

  return tf.reduce_mean(loss_)
```

最后通过以下代码设置检查点（基于对象保存）：

```
checkpoint_dir = 'training_checkpoints'
checkpoint_prefix = os.path.join(checkpoint_dir, "ckpt")
checkpoint = tf.train.Checkpoint(optimizer=optimizer,
                                 encoder=encoder,
                                 decoder=decoder)
```

7.3.3　训练

开始训练数据，具体流程如下：

- 将输入传送至编码器，编码器返回编码器输出和编码器隐藏层状态；
- 将编码器输出、编码器隐藏层状态和解码器输入（开始标记）传送至解码器；
- 解码器返回预测和解码器隐藏层状态；
- 解码器隐藏层状态被传送回模型，预测被用于计算损失；
- 使用教师强制（teacher forcing）决定解码器的下一个输入；
- 教师强制是将目标词作为下一个输入传送至解码器的技术；
- 最后一步是计算梯度，并将其应用于优化器和反向传播。

下面开始按照上述流程编写代码：

```
@tf.function
def train_step(inp, targ, enc_hidden):
  loss = 0

  with tf.GradientTape() as tape:
    enc_output, enc_hidden = encoder(inp, enc_hidden)

    dec_hidden = enc_hidden

    dec_input = tf.expand_dims([targ_lang.word_index['<start>']] * BATCH_
SIZE, 1)

    # 教师强制 - 将目标词作为下一个输入
    for t in range(1, targ.shape[1]):
      # 将编码器输出 (enc_output) 传送至解码器
      predictions, dec_hidden, _ = decoder(dec_input, dec_hidden, enc_
output)

      loss += loss_function(targ[:, t], predictions)

      # 使用教师强制
      dec_input = tf.expand_dims(targ[:, t], 1)
```

```
    batch_loss = (loss / int(targ.shape[1]))

    variables = encoder.trainable_variables + decoder.trainable_variables

    gradients = tape.gradient(loss, variables)

    optimizer.apply_gradients(zip(gradients, variables))

    return batch_loss

EPOCHS = 10

for epoch in range(EPOCHS):
  start = time.time()

  enc_hidden = encoder.initialize_hidden_state()
  total_loss = 0

  for (batch, (inp, targ)) in enumerate(dataset.take(steps_per_epoch)):
    batch_loss = train_step(inp, targ, enc_hidden)
    total_loss += batch_loss

    if batch % 100 == 0:
        print('Epoch {} Batch {} Loss {:.4f}'.format(epoch + 1, batch,
batch_loss.numpy()))
    # 每 2 个周期（epoch），保存（检查点）一次模型
    if (epoch + 1) % 2 == 0:
      checkpoint.save(file_prefix = checkpoint_prefix)

  print('Epoch {} Loss {:.4f}'.format(epoch + 1,
                              total_loss / steps_per_epoch))
  print('Time taken for 1 epoch {} sec\n'.format(time.time() - start))
```

执行后会输出：

```
Epoch 1 Batch 0 Loss 4.6508
Epoch 1 Batch 100 Loss 2.1923
Epoch 1 Batch 200 Loss 1.7957
Epoch 1 Batch 300 Loss 1.7889
Epoch 1 Loss 2.0564
Time taken for 1 epoch 28.358328819274902 sec

Epoch 2 Batch 0 Loss 1.5558
Epoch 2 Batch 100 Loss 1.5256
Epoch 2 Batch 200 Loss 1.4604
Epoch 2 Batch 300 Loss 1.3006
Epoch 2 Loss 1.4770
Time taken for 1 epoch 16.062172651290894 sec
```

```
Epoch 3 Batch 0 Loss 1.1928
Epoch 3 Batch 100 Loss 1.1909
Epoch 3 Batch 200 Loss 1.0559
Epoch 3 Batch 300 Loss 0.9279
Epoch 3 Loss 1.1305
Time taken for 1 epoch 15.620810270309448 sec

Epoch 4 Batch 0 Loss 0.8910
Epoch 4 Batch 100 Loss 0.7890
Epoch 4 Batch 200 Loss 0.8234
Epoch 4 Batch 300 Loss 0.8448
Epoch 4 Loss 0.8080
Time taken for 1 epoch 15.983836889266968 sec

Epoch 5 Batch 0 Loss 0.4728
Epoch 5 Batch 100 Loss 0.7090
Epoch 5 Batch 200 Loss 0.6280
Epoch 5 Batch 300 Loss 0.5421
Epoch 5 Loss 0.5710
Time taken for 1 epoch 15.588238716125488 sec

Epoch 6 Batch 0 Loss 0.4209
Epoch 6 Batch 100 Loss 0.3995
Epoch 6 Batch 200 Loss 0.4426
Epoch 6 Batch 300 Loss 0.4470
Epoch 6 Loss 0.4063
Time taken for 1 epoch 15.882423639297485 sec

Epoch 7 Batch 0 Loss 0.2503
Epoch 7 Batch 100 Loss 0.3373
Epoch 7 Batch 200 Loss 0.3342
Epoch 7 Batch 300 Loss 0.2955
Epoch 7 Loss 0.2938
Time taken for 1 epoch 15.601640939712524 sec

Epoch 8 Batch 0 Loss 0.1662
Epoch 8 Batch 100 Loss 0.1923
Epoch 8 Batch 200 Loss 0.2131
Epoch 8 Batch 300 Loss 0.2464
Epoch 8 Loss 0.2175
Time taken for 1 epoch 15.917790412902832 sec

Epoch 9 Batch 0 Loss 0.1450
Epoch 9 Batch 100 Loss 0.1351
Epoch 9 Batch 200 Loss 0.2102
Epoch 9 Batch 300 Loss 0.2188
Epoch 9 Loss 0.1659
Time taken for 1 epoch 15.727098941802979 sec
```

```
Epoch 10 Batch 0 Loss 0.0995
Epoch 10 Batch 100 Loss 0.1190
Epoch 10 Batch 200 Loss 0.1444
Epoch 10 Batch 300 Loss 0.1280
Epoch 10 Loss 0.1294
Time taken for 1 epoch 15.857161045074463 sec
```

7.3.4　翻译

评估函数 evaluate(sentence)类似于训练循环，每个时间步的解码器输入是其先前的预测、隐藏层状态和编码器输出。当模型预测出现结束标记时停止预测，然后存储每个时间步的注意力权重。注意，对于一个输入来说，编码器输出仅计算一次。评估函数 evaluate(sentence)的代码如下：

```python
def evaluate(sentence):
    attention_plot = np.zeros((max_length_targ, max_length_inp))

    sentence = preprocess_sentence(sentence)

    inputs = [inp_lang.word_index[i] for i in sentence.split(' ')]
    inputs = tf.keras.preprocessing.sequence.pad_sequences([inputs],
maxlen=max_length_inp, padding='post')
    inputs = tf.convert_to_tensor(inputs)

    result = ''

    hidden = [tf.zeros((1, units))]
    enc_out, enc_hidden = encoder(inputs, hidden)

    dec_hidden = enc_hidden
    dec_input = tf.expand_dims([targ_lang.word_index['<start>']], 0)

    for t in range(max_length_targ):
        predictions, dec_hidden, attention_weights = decoder(dec_input,
dec_hidden, enc_out)

        # 存储注意力权重以便后面制图
        attention_weights = tf.reshape(attention_weights, (-1, ))
        attention_plot[t] = attention_weights.numpy()

        predicted_id = tf.argmax(predictions[0]).numpy()

        result += targ_lang.index_word[predicted_id] + ' '

        if targ_lang.index_word[predicted_id] == '<end>': return result,
sentence, attention_plot
```

```
            # 预测的 ID 被输送回模型
            dec_input = tf.expand_dims([predicted_id], 0)

        return result, sentence, attention_plot

    # 注意力权重制图函数
    def plot_attention(attention, sentence, predicted_sentence):
        fig = plt.figure(figsize=(10,10))
        ax = fig.add_subplot(1, 1, 1)
        ax.matshow(attention, cmap='viridis')

        fontdict = {'fontsize': 14}

        ax.set_xticklabels([''] + sentence, fontdict=fontdict, rotation=90)
        ax.set_yticklabels([''] + predicted_sentence, fontdict=fontdict)

        ax.xaxis.set_major_locator(ticker.MultipleLocator(1))
        ax.yaxis.set_major_locator(ticker.MultipleLocator(1))

        plt.show()

    def translate(sentence):
        result, sentence, attention_plot = evaluate(sentence)

        print('Input: %s' % (sentence))
        print('Predicted translation: {}'.format(result))

        attention_plot = attention_plot[:len(result.split(' ')), :len(sentence.
split(' '))]
        plot_attention(attention_plot, sentence.split(' '), result.split(' '))
```

接下来恢复最新的检查点，然后输入西班牙语"hace mucho frio aqu"进行验证，代码如下：

```
#恢复检查点目录（checkpoint_dir）中最新的检查点
checkpoint.restore(tf.train.latest_checkpoint(checkpoint_dir))
translate(u'hace mucho frio aqui.')
```

执行后会输出：

```
<tensorflow.python.training.tracking.util.CheckpointLoadStatus       at
0x7f3d31e73f98>

Input: <start> hace mucho frio aqui . <end>
Predicted translation: it s very cold here . <end>
```

并调用注意力权重制图函数绘制翻译"hace mucho frio aqu"的翻译可视化图表，如图 7-2 所示。

输入西班牙语"esta es mi vida."进行验证，代码如下：

```
translate(u'esta es mi vida.')
```

执行后会输出：

```
Input: <start> esta es mi vida . <end>
Predicted translation: this is my life . <end>
```

调用注意力权重制图函数绘制翻译"esta es mi vida."的翻译可视化图表，如图 7-3 所示。

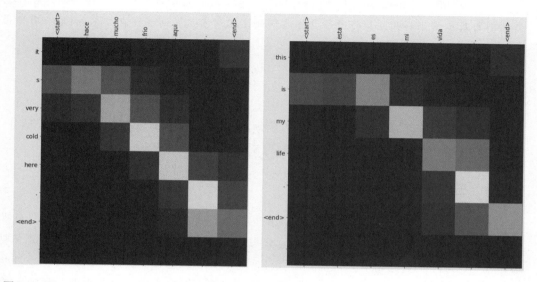

图 7-2　"hace mucho frio aqu"的翻译可视化图表　　图 7-3　"esta es mi vida."的翻译可视化图表

第 8 章　注意力机制实战

注意力机制（Attention Mechanism）源于对人类视觉的研究。本章将详细介绍注意力机制的基本知识和用法，并通过具体实例的实现过程，详细讲解在 TensorFlow 项目中使用注意力机制的用法。

8.1　注意力机制基础

在认知科学应用中，由于信息处理的瓶颈，人类会选择性地关注所有信息的一部分，同时忽略其他可见的信息。上述这种机制通常被称为注意力机制。

8.1.1　注意力机制介绍

人类视网膜不同的部位具有不同程度的信息处理能力，即敏锐度（Acuity），只有视网膜中央凹部位具有最强的敏锐度。为了合理利用有限的视觉信息处理资源，人类需要选择视觉区域中的特定部分，然后集中关注它。例如，人们在阅读时，通常只有少量要被读取的词会被关注和处理。综上，注意力机制主要有两个方面：决定需要关注输入的那部分；分配有限的信息处理资源给重要的部分。

注意力机制的一种非正式的说法是，神经注意力机制可以使得神经网络具备专注于其输入（或特征）子集的能力：选择特定的输入。注意力可以应用于任何类型的输入而不管其形状如何。在计算能力有限的情况下，注意力机制是解决信息超载问题的主要手段的一种资源分配方案，将计算资源分配给更重要的任务。

在现实应用中，通常将注意力分为以下两种：

- 自上而下的有意识的注意力，称为聚焦式（focus）注意力（聚焦式注意力是指有预定目的、依赖任务的、主动有意识地聚焦于某一对象的注意力）；
- 自下而上的无意识的注意力，称为基于显著性（saliency-based）的注意力。基于显著性的注意力是由外界刺激驱动的。注意，不需要主动干预，也和任务无关。

如果一个对象的刺激信息不同于其周围信息，一种无意识的"赢者通吃"（winner-take-all）或者门控（gating）机制就可以把注意力转向这个对象。不管这些注意力是有意还是无意，大部分的人脑活动都需要依赖注意力，如记忆信息、阅读或思考等。

在认知神经学中，注意力是一种人类不可或缺的复杂认知功能，指人可以在关注一些信息的同时忽略另一些信息的选择能力。在日常生活中，我们通过视觉、听觉、触觉等方式接收大量的感觉输入。但是人脑可以在这些外界的信息轰炸中还能有条不紊地工作，是因为人脑可以有意或无意地从这些大量输入信息中选择小部分的有用信息来重点处理，并忽略其他信息。这种能力称为注意力。注意力可以体现为外部的刺激（听觉、视觉、味觉等），也可以体现为内部的意识（思考、回忆等）。

8.1.2　注意力机制的变体

多头注意力（multi-head attention）是指利用多个查询，来平行地计算从输入信息中选取多个信息。每个注意力关注输入信息的不同部分。硬注意力，即基于注意力分布的所有输入信息的期望。还有一种注意力是只关注到一个位置上，叫作硬性注意力（hardattention）。

硬性注意力有两种实现方式：一种是选取最高概率的输入信息，另一种硬性注意力可以通过在注意力分布式上随机采样的方式实现。硬性注意力的一个缺点是基于最大采样或随机采样的方式来选择信息。因此最终的损失函数与注意力分布之间的函数关系不可导，因此无法使用在 BP 算法进行训练。为了使用 BP 算法，一般使用软性注意力来代替硬性注意力。

- 键值对注意力：一般地来说，可以用键值对（key-value pair）格式来表示输入信息，其中"键"用来计算注意力分布，"值"用来生成选择的信息。
- 结构化注意力：要从输入信息中选取出和任务相关的信息，主动注意力是在所有输入信息上的多项分布，是一种扁平（flat）结构。如果输入信息本身具有层次（hierarchical）结构，如文本可分为词、句子、段落、篇章等不同粒度的层次，可以使用层次化的注意力来进行更好的信息选择[Yang et al., 2016]。此外，还可以假设注意力上下文相关的二项分布，用一种图模型来构建更复杂的结构化注意力分布。

8.1.3　注意力机制解决什么问题

为了深入理解注意力机制可以做什么，接下来以 7.3 节中的神经机器翻译（NMT）为例进行讲解，在 7.3 节的实例中用到了注意力机制。在传统的机器翻译系统中，通常依赖于基于文本统计属性的复杂特征工程。简言之，这些系统是复杂的，并且大量的工程设计都在构建它们。神经机器翻译系统工作有点不同。在 NMT 中，将一个句子的含义映射成一个固定长度的向量表示，然后基于该向量生成一个翻译。通过不依赖于 n-gram 数量的东西，而是试图捕捉文本的更高层次的含义，NMT 系统比许多其他方法更广泛地推广到新句子。也许更重要的是，NTM 系统更容易构建和训练，而且不需要任何手动功能工程。事实上，Tensorflow 中一个简单的实现不超过几百行代码。

大多数 NMT 系统通过使用 RNN 将源语句（如德语句子）编码为向量，然后基于该向量来解码英语句子，也使用 RNN 来工作，如图 8-1 所示。

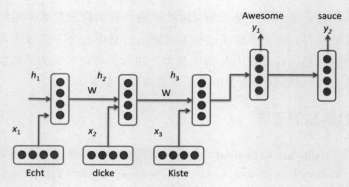

图 8-1　神经机器翻译（NMT）

由图 8-1 可以看出，将文字"Echt""dicke"和"Kiste"馈送到编码器中，并且在特殊信号（未示出）之后，解码器开始产生翻译的句子。解码器继续生成单词，直到产生句子令牌的特殊结尾。这里，h 向量表示编码器的内部状态。

如果仔细观察，可以看到解码器应该仅基于编码器的最后一个隐藏状态（上面的 h_3）生成翻译，这个 h_3 矢量必须编码我们需要知道的关于源语句的所有内容，它必须充分体现其意义。在技术术语中，该向量是一个嵌入的句子。事实上，如果使用 PCA 或 t-SNE 绘制不同句子在低维空间中的嵌入以降低维数，可以看到语义上类似的短语最终彼此接近。这样十分完美。

然而，假设可以将所有关于潜在的非常长的句子的信息编码成单个向量似乎有些不合理，然后使解码器仅产生良好的翻译。假设我们要翻译的源语句是 50 个字。英文翻译的第一个词可能与源句的第一个字高度相关。但这说明解码器必须从 50 个步骤前考虑信息，并且该信息需要以矢量编码。已知经常性神经网络在处理这种远程依赖性方面存在问题。在理论上，像 LSTM 这样的架构应该能够处理这个问题，但在实践中，远程依赖仍然是有问题的。例如，研究人员发现，反转源序列（向后馈送到编码器中）产生明显更好的结果，因为它缩短了从解码器到编码器相关部分的路径。类似地，两次输入输入序列也似乎有助于网络更好地记住事物。

将句子颠倒的这种做法，使事情在实践中更好地工作，但这不是一个原则性的解决方案。大多数翻译基准都是用法语和德语来完成的，与英语非常相似（甚至中文的单词顺序与英语非常相似）。但是有一些语言（如日语），一个句子的最后一个单词可以高度预测英语翻译中的第一个单词。在这种情况下，扭转输入会使事情变得更糟。那么，有什么办法解决呢？那就是使用注意力机制。

通过使用注意力机制，我们不再尝试将完整的源语句编码为固定长度的向量。相反，允许解码器在输出生成的每个步骤"参加"到源句子的不同部分。重要的是，我们让模型基于输入句子以及迄今为止所产生的内容，学习要注意的内容。所以，在很好的语言

（如英语和德语）中，解码器可能会顺序地选择事情。在制作第一个英文单词时参加第一个单词，等等。这是通过联合学习来整合和翻译的神经机器翻译所做的，如图 8-2 所示。

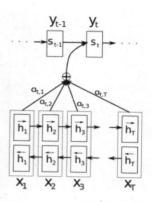

由图 8-2 可以看出，y 是由解码器产生的翻译词，x 是源语句。说明使用双向循环网络，但是这并不重要，我们可以忽略反向方向。重要的部分是每个解码器输出字 y_t 现在取决于所有输入状态的加权组合，而不仅仅是最后一个状态。a 的权重定义为每个输出应考虑每个输入状态的多少。所以，如果 a_{3,2}是一个大数字，这说明解码器在产生目标句子的第三个单词时，对源语句中的第二个状态给予了很大的关注。a 通常被归一化为总和为 1（因此它们是输入状态的分布）。

图 8-2　使用注意力机制

另外，使用注意力机制的一大优点是能够解释和可视化模型正在做什么。例如，通过在翻译句子时可视化注意力矩阵 a，这样就可以了解模型的翻译方式。

8.2　注意力机制实战：机器翻译

在本节的实例中，将使用基于注意力机制的神经网络训练一个序列到序列(seq2seq)模型，用于西班牙语到英语的翻译。本实例使用 7.3 节中的实例训练的序列到序列(seq2seq)模型实现。

8.2.1　项目介绍

本实例的实现文件是 nmt_with_attention.ipynb，在 ipynb 笔记本文件中训练模型后，如果输入一个西班牙语句子，例如：

```
¿todavía estás en casa?
```

则会返回对应英文翻译：

```
"are you still at home? "
```

将训练生成的模型导出为 tf.saved_model，因为这样可以在其他 TensorFlow 环境中使用。在完成翻译工作的同时，需要生成对应的注意力图，在图中则显示输入句子的哪些部分在翻译时引起了模型的注意，如图 8-3 所示。

在编码之前先通过以下命令安装 tensorflow_text：

```
pip install tensorflow_text
```

从头开始构建几个层，如果想在自定义层和内置层之间实现切换，请设置使用以下变量：

```
use_builtins = True
```

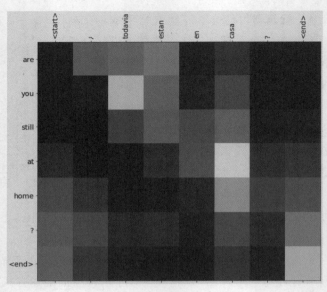

图 8-3　生成的注意力图

编写形状检查器类 ShapeChecker，如果文件类型不符合要求则进行修复，具体实现代码如下：

```python
class ShapeChecker():
  def __init__(self):
    # 对看到的每个轴名称进行缓存
    self.shapes = {}

  def __call__(self, tensor, names, broadcast=False):
    if not tf.executing_eagerly():
      return

    if isinstance(names, str):
      names = (names,)

    shape = tf.shape(tensor)
    rank = tf.rank(tensor)

    if rank != len(names):
      raise ValueError(f'Rank mismatch:\n'
                f'    found {rank}: {shape.numpy()}\n'
                f'    expected {len(names)}: {names}\n')

    for i, name in enumerate(names):
      if isinstance(name, int):
        old_dim = name
      else:
        old_dim = self.shapes.get(name, None)
```

```
        new_dim = shape[i]

        if (broadcast and new_dim == 1):
            continue

        if old_dim is None:
            # 如果轴名称为新名称，则需要将其长度添加到缓存中
            self.shapes[name] = new_dim
            continue

        if new_dim != old_dim:
            raise ValueError(f"Shape mismatch for dimension: '{name}'\n"
                    f"    found: {new_dim}\n"
                    f"    expected: {old_dim}\n")
```

8.2.2　下载并准备数据集

本实例将使用 http://www.manythings.org/anki/提供的语言数据集，该数据集包含以下格式的语言翻译对：

```
May I borrow this book? ¿Puedo tomar prestado este libro?
```

在这个数据集中有多种语言可用，在本实例中将只使用"英语-西班牙"语数据集。

为方便起见，在 Google Cloud 上托管了语言数据集的副本，大家也可以下载自己的副本。下载数据集后，按照以下步骤准备数据：

- 为每个句子添加一个开始标记和结束标记；
- 通过删除特殊字符来清理句子；
- 创建单词索引和反向单词索引（从单词 → id 和 id → 单词映射的字典）；
- 将每个句子填充到最大长度。

（1）编写以下代码下载数据集：

```
import pathlib

path_to_zip = tf.keras.utils.get_file(
    'spa-eng.zip', origin='http://storage.googleapis.com/download.
tensorflow.org/data/spa-eng.zip', extract=True)

path_to_file = pathlib.Path(path_to_zip).parent/'spa-eng/spa.txt'
```

执行后会显示下载过程：

```
Downloading data from http://storage.googleapis.com/download.tensorflow.
org/data/spa-eng.zip
2646016/2638744 [==============================] - 0s 0us/step
2654208/2638744 [==============================] - 0s 0us/step
```

（2）通过如下代码加载数据集中的数据：

```
def load_data(path):
  text = path.read_text(encoding='utf-8')

  lines = text.splitlines()
  pairs = [line.split('\t') for line in lines]

  inp = [inp for targ, inp in pairs]
  targ = [targ for targ, inp in pairs]

  return targ, inp

targ, inp = load_data(path_to_file)
print(inp[-1])

print(targ[-1])
```

（3）创建 tf.data 数据集

从这些字符串数组中，创建一个 tf.data.Dataset 字符串来有效地对它们进行混洗和批处理操作。代码如下：

```
BUFFER_SIZE = len(inp)
BATCH_SIZE = 64

dataset    =    tf.data.Dataset.from_tensor_slices((inp,   targ)).shuffle
(BUFFER_SIZE)
dataset = dataset.batch(BATCH_SIZE)

for example_input_batch, example_target_batch in dataset.take(1):
  print(example_input_batch[:5])
  print()
  print(example_target_batch[:5])
  break
```

执行后会输出：

```
tf.Tensor(
[b'La temperatura descendi\xc3\xb3 a cinco grados bajo cero.'
 b'Tom dijo que \xc3\xa9l nunca dejar\xc3\xada a su esposa.'
 b'\xc2\xbfEsto es legal?' b'Tom se cay\xc3\xb3.'
 b'Se est\xc3\xa1 haciendo tarde, as\xc3\xad que es mejor que nos
vayamos.'], shape=(5,), dtype=string)

 tf.Tensor(
[b'The temperature fell to five degrees below zero.'
 b"Tom said he'd never leave his wife." b'Is this legal?'
 b'Tom fell down.' b"It's getting late, so we'd better get going."],
shape=(5,), dtype=string)
```

8.2.3　文本预处理

本实例的目标之一是，通过数据集构建一个可以导出为 tf.saved_model 格式的模型。为了使被导出的模型有用，该模型应该接受 tf.string 类型的输入，并重新运行 tf.string 输出。并且所有文本处理工作都在模型内部进行。

（1）标准化处理

因为我们创建的模型需要处理词汇量有限的多语言文本，所以对输入文本进行标准化非常重要。首先实现 unicode 规范化处理以拆分重音字符，并将兼容字符替换为和其 ASCII 等效的字符。该 tensroflow_text 包包含一个 unicode 规范化操作：

```
example_text = tf.constant('¿Todavía estás en casa?')

print(example_text.numpy())
print(tf_text.normalize_utf8(example_text, 'NFKD').numpy())
```

执行后会输出：

```
b'\xc2\xbfTodav\xc3\xada est\xc3\xa1 en casa?'
b'\xc2\xbfTodavi\xcc\x81a esta\xcc\x81 en casa?'
```

编写如下代码实现 unicode 标准化操作，这是实现文本标准化功能的第一步。

```
def tf_lower_and_split_punct(text):
  # 拆分重音字符
  text = tf_text.normalize_utf8(text, 'NFKD')
  text = tf.strings.lower(text)
  # 保留空格，从 a 到 z，然后选择标点符号
  text = tf.strings.regex_replace(text, '[^ a-z.?!,¿]', '')
  #在标点符号周围添加空格
  text = tf.strings.regex_replace(text, '[.?!,¿]', r' \0 ')
  #删除空白
  text = tf.strings.strip(text)

  text = tf.strings.join(['[START]', text, '[END]'], separator=' ')
  return text

print(example_text.numpy().decode())
print(tf_lower_and_split_punct(example_text).numpy().decode())
```

执行后会输出：

```
¿Todavía estás en casa?
[START] ¿ todavia estas en casa ? [END]
```

（2）文本矢量化处理

本实例的标准化功能将被包裹在 preprocessing.TextVectorization 层中，该层将实现词汇提取和输入文本到标记序列的转换功能。

```
max_vocab_size = 5000
```

```
input_text_processor = preprocessing.TextVectorization(
    standardize=tf_lower_and_split_punct,
    max_tokens=max_vocab_size)
```

该 TextVectorization 层和许多其他的 experimental.preprocessing 层都有一个 adapt() 方法。此方法读取训练数据的一个时期，其工作方式与 Model.fix() 相似。这个 adapt() 方法会根据数据初始化图层。通过如下代码设置词汇表的内容：

```
input_text_processor.adapt(inp)

#以下是词汇表中的前 10 个单词：
input_text_processor.get_vocabulary()[:10]
```

执行后会输出：

```
['', '[UNK]', '[START]', '[END]', '.', 'que', 'de', 'el', 'a', 'no']
```

上述输出是西班牙语 TextVectorization 层，接下来构建 adapt() 英语层：

```
output_text_processor = preprocessing.TextVectorization(
    standardize=tf_lower_and_split_punct,
    max_tokens=max_vocab_size)

output_text_processor.adapt(targ)
output_text_processor.get_vocabulary()[:10]
```

执行后会输出：

```
['', '[UNK]', '[START]', '[END]', '.', 'the', 'i', 'to', 'you', 'tom']
```

现在这些层可以将一批字符串转换成一批令牌 ID：

```
example_tokens = input_text_processor(example_input_batch)
example_tokens[:3, :10]
```

执行后会输出：

```
<tf.Tensor: shape=(3, 10), dtype=int64, numpy=
array([[   2,   11, 1593,    1,    8,  313, 2658,  353, 2800,    4],
       [   2,   10,   92,    5,    7,   82, 2677,    8,   25,  437],
       [   2,   13,   58,   15,    1,   12,    3,    0,    0,    0]])>
```

通过使用上述该函数 get_vocabulary()，可以将令牌 ID 转换回文本：

```
input_vocab = np.array(input_text_processor.get_vocabulary())
tokens = input_vocab[example_tokens[0].numpy()]
' '.join(tokens)
```

执行后会输出：

```
'[START] la temperatura [UNK] a cinco grados bajo cero . [END]            '
```

返回的 Token ID 以零填充，这样可以很容易地变成一个 Mask：

```
plt.subplot(1, 2, 1)
plt.pcolormesh(example_tokens)
plt.title('Token IDs')

plt.subplot(1, 2, 2)
```

```
plt.pcolormesh(example_tokens != 0)
plt.title('Mask')
```

执行后会输出下面的内容，并绘制如图 8-4 所示的可视化图。

```
Text(0.5, 1.0, 'Mask')
```

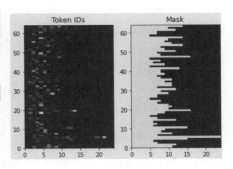

图 8-4　可视化图

8.2.4　编码器模型

图 8-5 展示了该模型的概述，在每个时间段内，解码器的输出与编码输入的加权和相结合，以预测下一个单词。

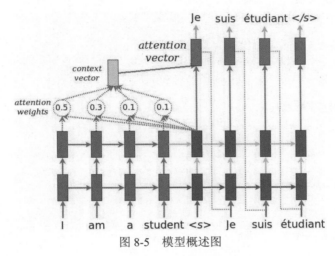

图 8-5　模型概述图

在创建编码器模型之前，先为模型定义一些常量：

```
embedding_dim = 256
units = 1024
```

编写类 Encoder 实现编码器，对应图 8-5 中的蓝色部分，具体运行流程如下：

- 获取令牌 ID 列表（来自 input_text_processor）；
- 查找每个标记的嵌入向量（使用 a layers.Embedding）；
- 将嵌入处理为新序列（使用 a layers.GRU）；
- 分别返回处理后的序列（这将传递给注意力头）和内部状态（这将用于初始化解码器）。

```
class Encoder(tf.keras.layers.Layer):
  def __init__(self, input_vocab_size, embedding_dim, enc_units):
    super(Encoder, self).__init__()
    self.enc_units = enc_units
    self.input_vocab_size = input_vocab_size
```

```
    #嵌入层将令牌转换为向量
    self.embedding = tf.keras.layers.Embedding(self.input_vocab_size,
                                              embedding_dim)

    #GRU RNN 层按顺序处理这些向量
    self.gru = tf.keras.layers.GRU(self.enc_units,
                              # Return the sequence and state
                              return_sequences=True,
                              return_state=True,
                              recurrent_initializer='glorot_uniform')

  def call(self, tokens, state=None):
    shape_checker = ShapeChecker()
    shape_checker(tokens, ('batch', 's'))

    # 嵌入层查找每个令牌的嵌入
    vectors = self.embedding(tokens)
    shape_checker(vectors, ('batch', 's', 'embed_dim'))

    # GRU 处理嵌入序列
    #输出形状: (batch, s, enc_units)
    #状态形状:  (batch, enc_units)
    output, state = self.gru(vectors, initial_state=state)
    shape_checker(output, ('batch', 's', 'enc_units'))
    shape_checker(state, ('batch', 'enc_units'))

    # 返回新序列及其状态
    return output, state

#将输入文本转换为标记
example_tokens = input_text_processor(example_input_batch)

#对输入序列进行编码
encoder = Encoder(input_text_processor.vocabulary_size(),
            embedding_dim, units)
example_enc_output, example_enc_state = encoder(example_tokens)

print(f'Input batch, shape (batch): {example_input_batch.shape}')
print(f'Input batch tokens, shape (batch, s): {example_tokens.shape}')
print(f'Encoder output, shape (batch, s, units): {example_enc_output.
shape}')
print(f'Encoder state, shape (batch, units): {example_enc_state.
shape}')
```

　　编码器将返回其内部状态，以便其状态可用于初始化解码器。RNN 返回其状态，以便可以通过多次调用处理序列。

8.2.5　绘制可视化注意力图

本实例中的解码器使用注意力机制来选择性地关注输入序列的一部分，将一系列向量作为每个示例的输入，并为每个示例返回一个"注意力"向量。这个注意力层类似于a，但是 layers.GlobalAveragePoling1D 注意力层执行加权平均。

（1）本实例使用 Bahdanau 注意力机制实现，TensorFlow 包括 aslayers.Attention 和 layers.AdditiveAttention。编写类 BahdanauAttention，功能是处理一对 layers.Dense 层中的权重矩阵，并调用内置实现。

```python
class BahdanauAttention(tf.keras.layers.Layer):
  def __init__(self, units):
    super().__init__()
    # For Eqn. (4), the  Bahdanau attention
    self.W1 = tf.keras.layers.Dense(units, use_bias=False)
    self.W2 = tf.keras.layers.Dense(units, use_bias=False)

    self.attention = tf.keras.layers.AdditiveAttention()

  def call(self, query, value, mask):
    shape_checker = ShapeChecker()
    shape_checker(query, ('batch', 't', 'query_units'))
    shape_checker(value, ('batch', 's', 'value_units'))
    shape_checker(mask, ('batch', 's'))

    # 来自 Eqn. (4), `W1@ht`
    w1_query = self.W1(query)
    shape_checker(w1_query, ('batch', 't', 'attn_units'))

    # 来自 Eqn. (4), `W2@hs`
    w2_key = self.W2(value)
    shape_checker(w2_key, ('batch', 's', 'attn_units'))

    query_mask = tf.ones(tf.shape(query)[:-1], dtype=bool)
    value_mask = mask

    context_vector, attention_weights = self.attention(
        inputs = [w1_query, value, w2_key],
        mask=[query_mask, value_mask],
        return_attention_scores = True,
    )
    shape_checker(context_vector, ('batch', 't', 'value_units'))
    shape_checker(attention_weights, ('batch', 't', 's'))

    return context_vector, attention_weights
```

（2）测试注意力层

创建一个 BahdanauAttention 图层：

```
attention_layer = BahdanauAttention(units)
```

这一层需要获得 3 个输入：

- query：这将被解码器所产生，更高版本。
- value：这将是编码器的输出。
- mask：要排除填充，example_tokens != 0。

首先编写如下代码：

```
#稍后，解码器将生成该注意查询
example_attention_query = tf.random.normal(shape=[len(example_tokens),
2, 10])

#注意编码的令牌

context_vector, attention_weights = attention_layer(query=example_
attention_query, value=example_enc_output, mask=(example_tokens != 0))

print(f'Attention result shape: (batch_size, query_seq_length, units):
{context_vector.shape}')
print(f'Attention weights shape: (batch_size, query_seq_length,
value_seq_length): {attention_weights.shape}')
```

执行后会输出：

```
Attention result shape: (batch_size, query_seq_length, units):
(64, 2, 1024)
Attention weights shape: (batch_size, query_seq_length, value_seq_
length): (64, 2, 24)
```

每个序列的注意力权重总和应为 1.0，以下是整个序列的注意力权重 t=0：

```
plt.subplot(1, 2, 1)
plt.pcolormesh(attention_weights[:, 0, :])
plt.title('Attention weights')

plt.subplot(1, 2, 2)
plt.pcolormesh(example_tokens != 0)
plt.title('Mask')
```

执行后会绘制一个可视化注意力图，如图 8-6 所示。

如果放大单个序列的权重，会发现模型可以学习扩展和利用一些小的变化。代码如下：

```
plt.suptitle('Attention weights for one
sequence')

plt.figure(figsize=(12, 6))
```

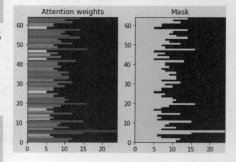

图 8-6　注意力图

```
a1 = plt.subplot(1, 2, 1)
plt.bar(range(len(attention_slice)), attention_slice)
#释放 xlim
plt.xlim(plt.xlim())
plt.xlabel('Attention weights')

a2 = plt.subplot(1, 2, 2)
plt.bar(range(len(attention_slice)), attention_slice)
plt.xlabel('Attention weights, zoomed')

# 缩小
top = max(a1.get_ylim())
zoom = 0.85*top
a2.set_ylim([0.90*top, top])
a1.plot(a1.get_xlim(), [zoom, zoom], color='k')
```

执行后会绘制对应的缩小版的注意力图，如图 8-7 所示。

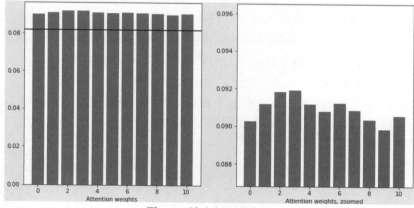

图 8-7　缩小版注意力图

8.2.6　解码器

在本项目中，解码器的功能是为下一个输出标记生成预。

（1）编写解码器类 Decoder 并设置其初始化选项值，初始化程序用于创建所有必要的层。类 Decoder 的代码如下：

```
class Decoder(tf.keras.layers.Layer):
  def __init__(self, output_vocab_size, embedding_dim, dec_units):
    super(Decoder, self).__init__()
    self.dec_units = dec_units
    self.output_vocab_size = output_vocab_size
    self.embedding_dim = embedding_dim

    # 步骤1，嵌入层将令牌 ID 转换为向量
    self.embedding = tf.keras.layers.Embedding(self.output_vocab_size,
embedding_dim)
```

```
    # 步骤 2，RNN 跟踪到目前为止生成的内容
    self.gru = tf.keras.layers.GRU(self.dec_units, return_sequences=True,
return_state=True, recurrent_initializer='glorot_uniform')

    # 步骤 3，RNN 输出的是对注意层的查询
    self.attention = BahdanauAttention(self.dec_units)

    # 步骤 4， 将'ct'转换为'at'`
    self.Wc = tf.keras.layers.Dense(dec_units, activation=tf.math.tanh,
use_bias=False)

    # 步骤 5，这个完全连接的层为每个输出令牌生成 logit
    self.fc = tf.keras.layers.Dense(self.output_vocab_size)
```

上述解码器类的实现流程如下：

① 解码器接收完整的编码器输出。

② 使用 RNN 跟踪迄今为止生成的内容。

③ 使用其 RNN 输出作为对编码器输出的注意力的查询，生成上下文向量。

④ 使用步骤③将 RNN 输出和上下文向量组合，生成"注意力向量"。

⑤ 基于"注意力向量"为下一个标记生成 logit 预测。

（2）call 层的方法用于接受并返回多个张量，将它们组织成简单的容器类：

```
class DecoderInput(typing.NamedTuple):
  new_tokens: Any
  enc_output: Any
  mask: Any


class DecoderOutput(typing.NamedTuple):
  logits: Any
  attention_weights: Any
```

下面 call()方法的具体实现：

```
def call(self,
        inputs: DecoderInput,
        state=None) -> Tuple[DecoderOutput, tf.Tensor]:
  shape_checker = ShapeChecker()
  shape_checker(inputs.new_tokens, ('batch', 't'))
  shape_checker(inputs.enc_output, ('batch', 's', 'enc_units'))
  shape_checker(inputs.mask, ('batch', 's'))

  if state is not None:
    shape_checker(state, ('batch', 'dec_units'))

  # Step 1. 查找嵌入项
  vectors = self.embedding(inputs.new_tokens)
  shape_checker(vectors, ('batch', 't', 'embedding_dim'))
```

```
# Step 2. 使用 RNN 处理一个步骤
rnn_output, state = self.gru(vectors, initial_state=state)

shape_checker(rnn_output, ('batch', 't', 'dec_units'))
shape_checker(state, ('batch', 'dec_units'))

# Step 3. 使用 RNN 输出作为对网络上的注意的查询编码器输出
context_vector, attention_weights = self.attention(
    query=rnn_output, value=inputs.enc_output, mask=inputs.mask)
shape_checker(context_vector, ('batch', 't', 'dec_units'))
shape_checker(attention_weights, ('batch', 't', 's'))

# Step 4. 使用 Step(3): 连接 context_vector 和 rnn_output 上下文
#     [ct; ht] shape: (batch t, value_units + query_units)
context_and_rnn_output  =  tf.concat([context_vector, rnn_output],
axis=-1)

# Step 4. 使用 (3): 'at = tanh(Wc@[ct; ht])'
attention_vector = self.Wc(context_and_rnn_output)
shape_checker(attention_vector, ('batch', 't', 'dec_units'))

# Step 5. 生成 logit 预测:
logits = self.fc(attention_vector)
shape_checker(logits, ('batch', 't', 'output_vocab_size'))

return DecoderOutput(logits, attention_weights), state
```

　　在本实例中，编码器用于处理其整个输入序列与它的 RNN 单个呼叫。虽然解码器的这种实现可以实现高效训练功能，但是本实例将在循环中运行解码器，原因如下：

- 灵活性：编写循环可直接控制训练过程。
- 清晰：可以使用屏蔽技巧并使用 layers.RNN 或 tfa.seq2seqAPI，将所有这些打包到单个调用中。但是把它写成一个循环可能会更清晰。

（3）开始使用解码，代码如下：

```
decoder = Decoder(output_text_processor.vocabulary_size(),
                  embedding_dim, units)
```

解码器有 4 个输入：

- new_tokens：生成的最后一个令牌。使用"[START]"令牌初始化解码器。
- enc_output：由 Encoder 生成。
- mask：设置位置的布尔张量。
- state-state：解码器之前的输出（解码器 RNN 的内部状态）。传递 None 到零初始化它。原始论文从编码器的最终 RNN 状态对其进行初始化。

8.2.7　训练

现在已经拥有所有的模型组件，是时候开始模型训练的工作。

（1）定义损失函数，代码如下：

```python
class MaskedLoss(tf.keras.losses.Loss):
  def __init__(self):
    self.name = 'masked_loss'
    self.loss = tf.keras.losses.SparseCategoricalCrossentropy(
        from_logits=True, reduction='none')

  def __call__(self, y_true, y_pred):
    shape_checker = ShapeChecker()
    shape_checker(y_true, ('batch', 't'))
    shape_checker(y_pred, ('batch', 't', 'logits'))

    loss = self.loss(y_true, y_pred)
    shape_checker(loss, ('batch', 't'))

    mask = tf.cast(y_true != 0, tf.float32)
    shape_checker(mask, ('batch', 't'))
    loss *= mask
    return tf.reduce_sum(loss)
```

（2）实施训练步骤

从一个模型类开始，整个训练过程将作为 train_step 该模型上的方法来实现。编写 train_step()方法是对 _train_step 稍后将出现的实现的包装器。这个包装器包括一个开关来打开和关闭 tf.function 编译，使调试更容易。

```python
class TrainTranslator(tf.keras.Model):
  def __init__(self, embedding_dim, units,
               input_text_processor,
               output_text_processor,
               use_tf_function=True):
    super().__init__()
    # Build the encoder and decoder
    encoder = Encoder(input_text_processor.vocabulary_size(),
                      embedding_dim, units)
    decoder = Decoder(output_text_processor.vocabulary_size(),
                      embedding_dim, units)

    self.encoder = encoder
    self.decoder = decoder
    self.input_text_processor = input_text_processor
    self.output_text_processor = output_text_processor
    self.use_tf_function = use_tf_function
    self.shape_checker = ShapeChecker()
```

```
def train_step(self, inputs):
  self.shape_checker = ShapeChecker()
  if self.use_tf_function:
    return self._tf_train_step(inputs)
  else:
    return self._train_step(inputs)
```

（3）编写方法_preprocess()接收一批 input_text，从 tf.data.Dataset 处理 target_text。将这些原始文本输入转换为标记嵌入和掩码。

```
def _preprocess(self, input_text, target_text):
  self.shape_checker(input_text, ('batch',))
  self.shape_checker(target_text, ('batch',))

  #将文本转换为令牌 ID
  input_tokens = self.input_text_processor(input_text)
  target_tokens = self.output_text_processor(target_text)
  self.shape_checker(input_tokens, ('batch', 's'))
  self.shape_checker(target_tokens, ('batch', 't'))

  #将 ID 转换为掩码
  input_mask = input_tokens != 0
  self.shape_checker(input_mask, ('batch', 's'))

  target_mask = target_tokens != 0
  self.shape_checker(target_mask, ('batch', 't'))

  return input_tokens, input_mask, target_tokens, target_mask
```

（4）编写方法_train_step()，功能是处理除实际运行解码器之外的其余步骤。代码如下：

```
def _train_step(self, inputs):
  input_text, target_text = inputs

  (input_tokens, input_mask,
   target_tokens, target_mask) = self._preprocess(input_text, target_
text)

  max_target_length = tf.shape(target_tokens)[1]

  with tf.GradientTape() as tape:
    enc_output, enc_state = self.encoder(input_tokens)
    self.shape_checker(enc_output, ('batch', 's', 'enc_units'))
    self.shape_checker(enc_state, ('batch', 'enc_units'))

    dec_state = enc_state
    loss = tf.constant(0.0)

    for t in tf.range(max_target_length-1):
```

```
        new_tokens = target_tokens[:, t:t+2]
        step_loss, dec_state = self._loop_step(new_tokens, input_mask,
                                        enc_output, dec_state)
        loss = loss + step_loss

    average_loss = loss / tf.reduce_sum(tf.cast(target_mask, tf.float32))

    variables = self.trainable_variables
    gradients = tape.gradient(average_loss, variables)
    self.optimizer.apply_gradients(zip(gradients, variables))

    return {'batch_loss': average_loss}
```

（5）编写方法_loop_step()，功能是执行解码器并计算增量损失和新的解码器状态
(dec_state)。代码如下：

```
def _loop_step(self, new_tokens, input_mask, enc_output, dec_state):
  input_token, target_token = new_tokens[:, 0:1], new_tokens[:, 1:2]

  decoder_input = DecoderInput(new_tokens=input_token,
                        enc_output=enc_output,
                        mask=input_mask)

  dec_result, dec_state = self.decoder(decoder_input, state=dec_state)
  self.shape_checker(dec_result.logits, ('batch', 't1', 'logits'))
  self.shape_checker(dec_result.attention_weights, ('batch', 't1', 's'))
  self.shape_checker(dec_state, ('batch', 'dec_units'))

  y = target_token
  y_pred = dec_result.logits
  step_loss = self.loss(y, y_pred)

  return step_loss, dec_state

TrainTranslator._loop_step = _loop_step
```

（6）测试训练步骤

构建一个 TrainTranslator，并使用以下 Model.compile 方法进行配置以进行训练：

```
translator = TrainTranslator(
    embedding_dim, units,
    input_text_processor=input_text_processor,
    output_text_processor=output_text_processor,
    use_tf_function=False)

translator.compile(
    optimizer=tf.optimizers.Adam(),
    loss=MaskedLoss(),
)
```

然后测试 train_step，对于这样的文本模型，损失应该从附近开始：

```
np.log(output_text_processor.vocabulary_size())

for n in range(10):
  print(translator.train_step([example_input_batch, example_target_batch]))
print()
```

在笔者机器中执行后会输出：

```
8.517193191416238

{'batch_loss': <tf.Tensor: shape=(), dtype=float32, numpy=7.614782>}
{'batch_loss': <tf.Tensor: shape=(), dtype=float32, numpy=7.5835567>}
{'batch_loss': <tf.Tensor: shape=(), dtype=float32, numpy=7.5252647>}
{'batch_loss': <tf.Tensor: shape=(), dtype=float32, numpy=7.361221>}
{'batch_loss': <tf.Tensor: shape=(), dtype=float32, numpy=6.7776713>}
{'batch_loss': <tf.Tensor: shape=(), dtype=float32, numpy=5.271942>}
{'batch_loss': <tf.Tensor: shape=(), dtype=float32, numpy=4.822084>}
{'batch_loss': <tf.Tensor: shape=(), dtype=float32, numpy=4.702935>}
{'batch_loss': <tf.Tensor: shape=(), dtype=float32, numpy=4.303531>}
{'batch_loss': <tf.Tensor: shape=(), dtype=float32, numpy=4.150844>}

CPU times: user 5.21 s, sys: 0 ns, total: 5.21 s
Wall time: 5.17 s
```

最后编码绘制损失曲线：

```
losses = []
for n in range(100):
  print('.', end='')
  logs = translator.train_step([example_input_batch, example_target_
batch])
  losses.append(logs['batch_loss'].numpy())

print()
plt.plot(losses)
```

绘制损失曲线如图 8-8 所示。

（7）训练模型

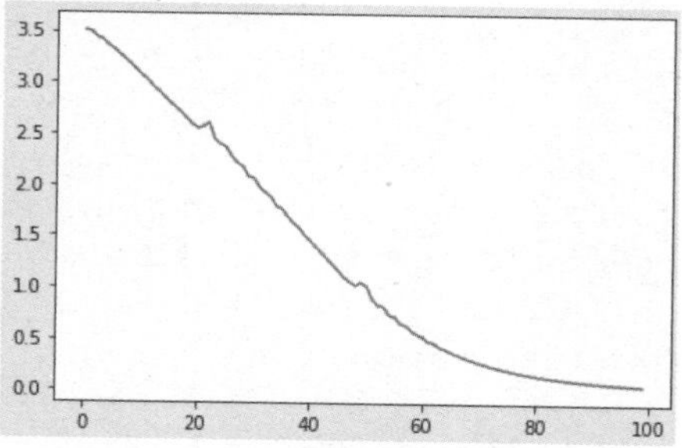

虽然编写的自定义训练循环没有任何问题，但是在实现该 Model.train_step()方法时，允许运行 Model.fit 并避免重写所有的样板代码。在本实例中只训练了几个周期，所以使用 acallbacks.Callback 收集批次损失的历史用于绘图：

图 8-8　绘制的损失曲线

```
class BatchLogs(tf.keras.callbacks.Callback):
  def __init__(self, key):
    self.key = key
    self.logs = []

  def on_train_batch_end(self, n, logs):
```

```
    self.logs.append(logs[self.key])

batch_loss = BatchLogs('batch_loss')

train_translator.fit(dataset, epochs=3,
                callbacks=[batch_loss])
```

执行后会输出：

```
Epoch 1/3
2021-08-31  11:08:55.431052:  E  tensorflow/core/grappler/optimizers/
meta_optimizer.cc:801] function_optimizer failed: Invalid argument: Input
6  of  node  StatefulPartitionedCall/gradient_tape/while/while_grad/body/
_589/gradient_tape/while/gradients/while/decoder_2/gru_5/PartitionedCall
_grad/PartitionedCall  was  passed  variant  from  StatefulPartitionedCall/
gradient_tape/while/while_grad/body/_589/gradient_tape/while/gradients/wh
ile/decoder_2/gru_5/PartitionedCall_grad/TensorListPopBack_2:1  incompatible
with expected float.
2021-08-31  11:08:55.515851:  E  tensorflow/core/grappler/optimizers/
meta_optimizer.cc:801] shape_optimizer failed: Out of range: src_output =
25, but num_outputs is only 25
2021-08-31  11:08:55.556380:  E  tensorflow/core/grappler/optimizers/
meta_optimizer.cc:801] layout failed: Out of range: src_output = 25, but
num_outputs is only 25
2021-08-31  11:08:55.674137:  E  tensorflow/core/grappler/optimizers/
meta_optimizer.cc:801] function_optimizer failed: Invalid argument: Input
6  of  node  StatefulPartitionedCall/gradient_tape/while/while_grad/body/
_589/gradient_tape/while/gradients/while/decoder_2/gru_5/PartitionedCall
_grad/PartitionedCall  was  passed  variant  from  StatefulPartitionedCall/
gradient_tape/while/while_grad/body/_589/gradient_tape/while/gradients/wh
ile/decoder_2/gru_5/PartitionedCall_grad/TensorListPopBack_2:1  incompatible
with expected float.
2021-08-31  11:08:55.729119:  E  tensorflow/core/grappler/optimizers/
meta_optimizer.cc:801] shape_optimizer failed: Out of range: src_output =
25, but num_outputs is only 25
2021-08-31 11:08:55.802715: W tensorflow/core/common_runtime/process_
function_library_runtime.cc:841] Ignoring multi-device function optimization
failure: Invalid argument: Input 1 of node StatefulPartitionedCall/while/body/
_59/while/TensorListPushBack_56 was passed float from StatefulPartitionedCall/
while/body/_59/while/decoder_2/gru_5/PartitionedCall:6  incompatible  with
expected variant.
1859/1859 [==============================] - 353s 187ms/step - batch_loss:
2.0502
Epoch 2/3
1859/1859 [==============================] - 333s 179ms/step - batch_loss:
1.0388
Epoch 3/3
1859/1859 [==============================] - 323s 174ms/step - batch_loss:
0.8104
<keras.callbacks.History at 0x7fc2ccb315d0>
```

编写如下代码绘制可视化图：

```
plt.plot(batch_loss.logs)
plt.ylim([0, 3])
plt.xlabel('Batch #')
plt.ylabel('CE/token')
```

绘制的可视化图如图 8-9 所示，由图中可见，跳跃主要位于纪元边界。

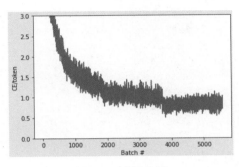

图 8-9　可视化图

8.2.8　翻译

现在模型已经训练完毕，接下来需要执行完整的 text => text 翻译。本实例的模型需要通过所提供的映射 output_text_processor 反转 text => token IDs，并且还需要知道特殊令牌的 ID。这都是在新类的构造函数中实现的。总的来说，这与训练循环相似，不同之处是每个时间步的解码器输入是来自解码器最后预测的样本。

（1）编写类 Translator 实现翻译功能，代码如下：

```
class Translator(tf.Module):

  def __init__(self, encoder, decoder, input_text_processor,
             output_text_processor):
    self.encoder = encoder
    self.decoder = decoder
    self.input_text_processor = input_text_processor
    self.output_text_processor = output_text_processor

    self.output_token_string_from_index = (
        tf.keras.layers.experimental.preprocessing.StringLookup(
            vocabulary=output_text_processor.get_vocabulary(),
            mask_token='', invert=True))

    #输出不应生成填充、未知或开始
    index_from_string  =  tf.keras.layers.experimental.preprocessing.
StringLookup(
        vocabulary=output_text_processor.get_vocabulary(), mask_token='')
```

```
        token_mask_ids = index_from_string(['', '[UNK]', '[START]']).
numpy()2

        token_mask = np.zeros([index_from_string.vocabulary_size()], dtype=np.
bool)
        token_mask[np.array(token_mask_ids)] = True
        self.token_mask = token_mask

        self.start_token = index_from_string(tf.constant('[START]'))
        self.end_token = index_from_string(tf.constant('[END]'))

    translator = Translator(
        encoder=train_translator.encoder,
        decoder=train_translator.decoder,
        input_text_processor=input_text_processor,
        output_text_processor=output_text_processor,
    )
```

（2）将令牌 ID 转换为文本

要实现的第一种方法是 tokens_to_text 将令牌 ID 转换为人类可读的文本，代码如下：

```
def tokens_to_text(self, result_tokens):
  shape_checker = ShapeChecker()
  shape_checker(result_tokens, ('batch', 't'))
  result_text_tokens = self.output_token_string_from_index(result_tokens)
  shape_checker(result_text_tokens, ('batch', 't'))

  result_text = tf.strings.reduce_join(result_text_tokens, axis=1,
separator=' ')
  shape_checker(result_text, ('batch'))

  result_text = tf.strings.strip(result_text)
  shape_checker(result_text, ('batch',))
  return result_text

Translator.tokens_to_text = tokens_to_text
```

然后输入一些随机令牌 ID 并查看它生成的内容：

```
example_output_tokens = tf.random.uniform(
    shape=[5, 2], minval=0, dtype=tf.int64,
    maxval=output_text_processor.vocabulary_size())
translator.tokens_to_text(example_output_tokens).numpy()

array([b'divorce nodded', b'lid discovery', b'exhibition slam',
    b'unknown jackson', b'harmful excited'], dtype=object)
```

（3）来自解码器预测的样本

编写函数 tokens_to_text()，使用解码器的 logit 输出并从该分布中采样令牌 ID。代码如下：

```
def tokens_to_text(self, result_tokens):
  shape_checker = ShapeChecker()
  shape_checker(result_tokens, ('batch', 't'))
  result_text_tokens = self.output_token_string_from_index(result_tokens)
  shape_checker(result_text_tokens, ('batch', 't'))

  result_text = tf.strings.reduce_join(result_text_tokens,
                                       axis=1, separator=' ')
  shape_checker(result_text, ('batch'))

  result_text = tf.strings.strip(result_text)
  shape_checker(result_text, ('batch',))
  return result_text

Translator.tokens_to_text = tokens_to_text
```

输入一些随机令牌 ID 并查看它生成的内容：

```
example_output_tokens = tf.random.uniform(
    shape=[5, 2], minval=0, dtype=tf.int64,
    maxval=output_text_processor.vocabulary_size())
translator.tokens_to_text(example_output_tokens).numpy()

array([b'divorce nodded', b'lid discovery', b'exhibition slam',
    b'unknown jackson', b'harmful excited'], dtype=object)
```

（4）来自解码器预测的样本

编写函数 sample()，功能是使用解码器的 logit 输出并从该分布中采样令牌 ID。代码如下：

```
def sample(self, logits, temperature):
  shape_checker = ShapeChecker()
  shape_checker(logits, ('batch', 't', 'vocab'))
  shape_checker(self.token_mask, ('vocab',))

  token_mask = self.token_mask[tf.newaxis, tf.newaxis, :]
  shape_checker(token_mask, ('batch', 't', 'vocab'), broadcast=True)

  logits = tf.where(self.token_mask, -np.inf, logits)

  if temperature == 0.0:
    new_tokens = tf.argmax(logits, axis=-1)
  else:
    logits = tf.squeeze(logits, axis=1)
    new_tokens = tf.random.categorical(logits/temperature,
                                       num_samples=1)

  shape_checker(new_tokens, ('batch', 't'))

  return new_tokens
```

```
Translator.sample = sample
```

（5）实现翻译循环

编写函数 translate_unrolled()实现文本到文本翻译循环，将结果收集到 python 列表中，然后 tf.concat 再将它们连接到张量中。在整个实现过程中，将静态地展开图形以进行 max_length 迭代。

```
def translate_unrolled(self,
                       input_text, *,
                       max_length=50,
                       return_attention=True,
                       temperature=1.0):
  batch_size = tf.shape(input_text)[0]
  input_tokens = self.input_text_processor(input_text)
  enc_output, enc_state = self.encoder(input_tokens)

  dec_state = enc_state
  new_tokens = tf.fill([batch_size, 1], self.start_token)

  result_tokens = []
  attention = []
  done = tf.zeros([batch_size, 1], dtype=tf.bool)

  for _ in range(max_length):
    dec_input = DecoderInput(new_tokens=new_tokens, enc_output=enc_output,
mask=(input_tokens!=0))

    dec_result, dec_state = self.decoder(dec_input, state=dec_state)

    attention.append(dec_result.attention_weights)

    new_tokens = self.sample(dec_result.logits, temperature)

    done = done | (new_tokens == self.end_token)
    new_tokens = tf.where(done, tf.constant(0, dtype=tf.int64), new_tokens)

    result_tokens.append(new_tokens)

    if tf.executing_eagerly() and tf.reduce_all(done):
      break

  result_tokens = tf.concat(result_tokens, axis=-1)
  result_text = self.tokens_to_text(result_tokens)

  if return_attention:
    attention_stack = tf.concat(attention, axis=1)
    return {'text': result_text, 'attention': attention_stack}
```

```
    else:
        return {'text': result_text}

Translator.translate = translate_unrolled
```

执行后的翻译结果的注意力可视化图如图 8-10 所示。

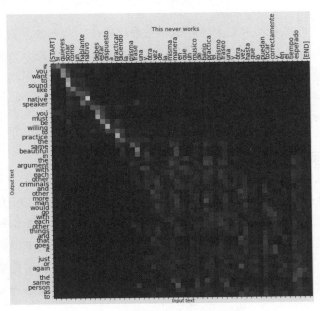

图 8-10　翻译结果的注意力可视化图

第 9 章　概率图模型实战

概率图模型是用图来表示变量概率依赖关系的理论，结合概率论与图论的知识，利用图来表示与模型有关的变量的联合概率分布。概率图模型理论分为概率图模型表示理论，概率图模型推理理论和概率图模型学习理论。近年来，概率图模型在人工智能、机器学习和计算机视觉等领域有广阔的应用前景。在本章的内容中，将详细介绍使用 TensorFlow 实现概率图模型开发的知识。

9.1　概率图模型表示

概率图模型（Probabilistic Graphical Model，PGM）是一种用于学习带有依赖（dependency）的模型的强大框架。在形式上，概率图模型（或简称图模型）由图结构组成。图的每个节点（node）都关联了一个随机变量，而图的边（edge）则被用于编码这些随机变量之间的关系。可以将概率图模型简单地理解为"概率+结构"，即利用图模型来结构化各变量的概率并有效、清晰地描述变量间的相互依赖关系，同时还能进行高效的推理，因此在机器学习中概率图模型是一种应用广泛的方法。

根据图是有向的还是无向的，可以将图的模式分为两大类：贝叶斯网络（Bayesian Network，BN）和马尔可夫随机场（Markov Random Field，MRF）。具体架构如图 9-1 所示。

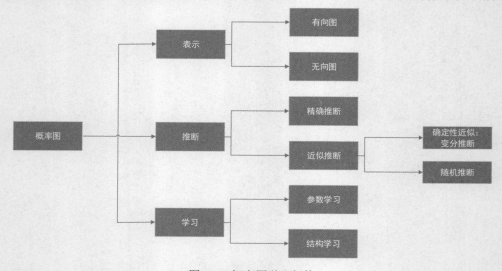

图 9-1　概率图学习架构

9.1.1 贝叶斯网络：有向图模型

贝叶斯网络通过有向无环图（Directed Acyclic Graph）来表现。有向是指因果关系，无环是指因果关系不构成环状，也就是没有 A→ B,B→ C,C→ A 的这种情况。整个贝叶斯网络反映的是：在一系列随机事件中，一些事件的发生对另一些事件概率的影响（这里也可以理解为条件概率，或者是因果关系，就像感到饿了的这个事件会对吃东西这个事件产生影响一样）。

在概率上，如果事件 a 和 b 独立，也就是说 a 的发生对 b 没有影响，就成立：

$$P(a,b) = P(a)P(b)$$

如果已经发生了 c，那么说明 a,b 独立的式子将变为：

$$P(a,b|c) = P(a|c)P(b|c)$$

对于有向无环图，如果 A，B，C 是三个集合（可以是单独的节点或者是节点的集合），为了判断 A 和 B 是否是 C 条件独立的（也就是 C 发生的时候，A 和 B 是否独立），考虑图中所有 A 和 B 之间的无向路径（不管箭头朝向，只要是把 A,B 通过几个点最终连接到一起的）。对于其中的一条路径，如果它满足以下两个条件中的任意一条，则称这条路径是阻塞（block）的：

（1）路径中存在某个节点 X 是 head-to-tail 或者 tail-to-tail 节点，并且 X 是包含在 C 中的（因为 A 到 B 的连接是一条线，上面已经证明 head-to-tail 或者 tail-to-tail 的节点 c 可以把联系给砍断，所以说这条路径被 block 了）。

（2）路径中存在某个节点 X 是 head-to-head 节点，并且 X 或 X 的子节点是不包含在 C 中的（这个是 head-to-head 的情况，C 未知，则 A，B 没有联系）。

（3）如果 A，B 间所有的路径都是关于 C 阻塞的，那么 A，B 就是关于 C 条件独立的；否则，A，B 不是关于 C 条件独立的。

9.1.2 马尔可夫随机场：无向图模型

与有向图不同的是无向图的变量之间没有显示的因果关系，变量间相互作用，因此通过无向的边连接。在有向图中，根据三个基本的结构（或 d-划分）来判断两变量间是否条件独立即两个节点路径是否被"阻隔"，那么在无向图中这些基本结构的性质是否仍成立呢？答案明显不是，由于移除了图的方向，对应的父节点与子节点间的方向性也被移除，因此只要图中存在至少一条路径未被"阻隔"则条件独立性均未必成立，或者更精确地说，存在至少某些对应于图的概率分布不满足条件独立性质。此外，还要思考一个问题，是否能将无向图转化为有向图？答案是当然也不能实现完全等价的转化。若要将无向图转化为有向图，则必须以牺牲一部分条件独立性为代价进行操作。

此外，在有向图中可以依赖每个变量条件概率求解联合概率，而在无向图中由于失去了变量间的因果指向关系，其并不对应一个条件分布，因此通过局部参数表示联合概率将会面对一致性问题。对此，只能放弃条件概率，牺牲局部概率的表示能力而定义势函数来表示联合分布概率。根据朴素图理论分割引入团的概念。

无向图模型的联合概率一般以全连通子图为单位进行分解。无向图中的一个全连通子图，称为团（Clique），即团内的所有节点之间都连边。在所有团中，如果一个团不能被其他的团包含，这个团就是一个最大团（Maximal Clique）。

9.2　TensorFlow Probability

TensorFlow Probability 是 TensorFlow 提供的用于实现概率推理和统计分析的库。TensorFlow Probability 是 TensorFlow 生态系统中的一部分，提供了概率方法与深度网络的集成、使用自动微分的基于梯度的推理，并能扩展到包含硬件加速（GPU）和分布式计算的大型数据集和大型模型。

9.2.1　TensorFlow Probability 的结构

TensorFlow Probability 概率模型分为 4 层，各层的具体说明如下：

（1）第 0 层：TensorFlow

数值运算（尤其是 LinearOperator 类）使无矩阵实现成为可能，这类实现可以利用特定结构（对角、低秩等）实现高效的计算。它由 TensorFlow Probability 团队构建和维护，已成为核心 TensorFlow 中 tf.linalg 的一部分。

（2）第 1 层：统计构建块

- 分布（tfp.distributions）：一个包含批次和广播语义的概率分布和相关统计数据的大型集合。

- Bijector（tfp.bijectors）：随机变量的可逆和可组合转换。Bijector 提供了类别丰富的变换分布，包括对数正态分布等经典示例以及掩码自回归流等复杂的深度学习模型。

（3）第 2 层：构建模型

- 联合分布（如 tfp.distributions.JointDistributionSequential）：一个或多个可能相互依赖的分布上的联合分布。

- 概率层（tfp.layers）：对其表示的函数具有不确定性的神经网络层，扩展了TensorFlow 层。

（4）第 3 层：概率推理

- 马尔可夫链蒙特卡罗方法（tfp.mcmc）：通过采样来近似积分的算法。包括汉密尔顿蒙特卡罗算法、随机游走梅特罗波利斯－黑斯廷斯算法，以及构建自定义过渡内核的能力。

- 变分推理（tfp.vi）：通过优化来近似积分的算法。
- 优化器（tfp.optimizer）：随机优化方法，扩展了 TensorFlow 优化器。包括随机梯度朗之万动力学。
- 蒙特卡罗（tfp.monte_carlo）：用于计算蒙特卡罗期望的工具。

9.2.2　概率图模型推断

通过概率图模型可以得到定义的联合概率分布，通过联合概率分布可以计算变量的边际概率分布（积分或求和消去其他变量）和条件概率分布（概率的乘法公式），其中计算条件概率分布的过程即对应推断任务。

在推断任务中假定图结构固定已知，然而有一类问题则需要从数据出发而推断图本身，即结构学习（structure learning）。一般图结构学习均采用贪心搜索的策略，即定义一个可能结构的空间和用于对每个结构评分的度量，通过评分奖励精度高的结构，同时对结构的复杂度做出惩罚，然后添加或移除少量边进行下一步搜索。

同时，由于图结构的复杂度随着节点数目的增加而呈指数增长，因此需要借助启发式的方法。根据贝叶斯学派的观点，基于数据 D 推断合理的图模型 M，其本质是在求解后验概率估计 P(M|D)，因此图结构的学习过程也即推断过程。

概率图模型的推断方法大致可分为以下两类：

- 精确推断方法，希望能计算出目标变量的边际分布或者条件分布的精确值。但是在一般情况下，此类方法的计算复杂度随着极大团规模的增长呈指数增长，适用范围有限。
- 近似推断方法，希望在较低的时间复杂度下获得愿问题的近似解；此类方法在现实任务中更加常用。

9.3　概率图模型应用实战

经过前面的学习，已经初步了解了 TensorFlow Probability 概率模型的基本知识。在本节的内容中，将通过具体实例来讲解使用 TensorFlow Probability 开发实用程序的知识。

9.3.1　高斯过程回归实战

在本实例中，将使用 TensorFlow 和 TensorFlow Probability 探索高斯过程（缩写为：GP）回归。将从一些已知函数中生成一些嘈杂的观察结果，并将 GP 模型拟合到这些数据中。然后在经过 GP 处理后验证采样，并在其域中的网格上绘制对应的采样函数值。

假设 x 是任何集合，一个高斯过程是通过索引随机变量的集合 x。这样，如果

$x_1, \cdots, x_n \subset x$ 是任何有限子集，边际密度是多元高斯。任何高斯分布都完全由其第一中心矩和第二中心矩（均值和协方差）指定，GP 也不例外。可以根据均值函数完全指定 GP 和协方差函数。GP 的大部分表达能力都包含在协方差函数的选择中。由于各种原因，协方差函数也被称为核函数。

接下来使用 ExponentiatedQuadratic 协方差内核，其形式如下：

$$k(x, x') := \sigma^2 \exp\left(\frac{\|x - x'\|^2}{\lambda^2}\right)$$

式中，σ^2 为"幅度"和 λ 的长度尺度。可以通过最大似然优化程序来选择内核参数。

来自 GP 的完整样本包含整个空间的实值函数并且在实践中实现是不切实际的；通常人们会选择一组点来观察样本并在这些点上绘制函数值。通过从适当的（有限维）多变量高斯采样来实现。

注意，根据上面的定义，任何有限维多元高斯分布也是一个高斯过程。通常，当提到一个 GP 时，它隐含地表示索引集是一些 $\mathbf{R}^n$ 这个假设。

高斯过程在机器学习中的一个常见应用是高斯过程回归。我们希望在给定噪声观察的情况下估计一个未知函数 $y_1, \cdots, y_N$ 函数在有限点数。

接下来开始实现噪声正弦数据的精确 GP 回归，实例文件是 Gaussian_Process_Regression_In_TFP.ipynb，具体实现流程如下：

（1）从嘈杂的正弦曲线生成训练数据，然后从 GP 回归模型的后验中采样一堆曲线。使用 Adam 来优化内核超参数（在先验条件下最小化数据的负对数似然）。绘制训练曲线，然后是真实函数和后验样本。

```python
def sinusoid(x):
  return np.sin(3 * np.pi * x[..., 0])

def generate_1d_data(num_training_points, observation_noise_variance):
  """在一组随机点上生成噪声正弦观测值
  返回: 观察指数点、观察值
  """
  index_points_ = np.random.uniform(-1., 1., (num_training_points, 1))
  index_points_ = index_points_.astype(np.float64)
  # y = f(x) + noise
  observations_ = (sinusoid(index_points_) +
                   np.random.normal(loc=0,
                                    scale=np.sqrt(observation_noise_variance),
                                    size=(num_training_points)))
  return index_points_, observations_

#生成具有已知噪声级的训练数据（然后将尝试从数据中恢复此值）
NUM_TRAINING_POINTS = 100
observation_index_points_, observations_ = generate_1d_data(
```

```
num_training_points=NUM_TRAINING_POINTS,
observation_noise_variance=.1)
```

（2）将先验放在内核超参数上，并使用写出超参数和观察数据的联合分布tfd.JointDistributionNamed。

```
def build_gp(amplitude, length_scale, observation_noise_variance):
    """定义给定内核参数的 GP 输出的条件距离。"""

    #创建协方差核，它将在先验（用于最大似然训练）和后验（用于后验预测采样）之间共享

    kernel = tfk.ExponentiatedQuadratic(amplitude, length_scale)

    #创建 GP 先验分布，将使用它来训练模型参数
    return tfd.GaussianProcess(
        kernel=kernel,
        index_points=observation_index_points_,
        observation_noise_variance=observation_noise_variance)

gp_joint_model = tfd.JointDistributionNamed({
    'amplitude': tfd.LogNormal(loc=0., scale=np.float64(1.)),
    'length_scale': tfd.LogNormal(loc=0., scale=np.float64(1.)),
    'observation_noise_variance':    tfd.LogNormal(loc=0.,    scale=np.
float64(1.)),
    'observations': build_gp,
})
```

（3）可以验证从先验中采样并计算样本的对数密度来检查我们的实现。

```
x = gp_joint_model.sample()
lp = gp_joint_model.log_prob(x)

print("sampled {}".format(x))
print("log_prob of sample: {}".format(lp))
```

执行后会输出：

```
sampled {'observation_noise_variance': <tf.Tensor: shape=(), dtype=
float64, numpy=2.067952217184325>, 'length_scale': <tf.Tensor: shape=(),
dtype=float64, numpy=1.154435715487831>, 'amplitude': <tf.Tensor: shape=(),
dtype=float64,   numpy=5.383850737703549>,   'observations':   <tf.Tensor:
shape=(100,), dtype=float64, numpy=
array([-2.37070577, -2.05363838, -0.95152824,  3.73509388, -0.2912646 ,
        0.46112342, -1.98018513, -2.10295857, -1.33589756, -2.23027226,
       -2.25081374, -0.89450835, -2.54196452,  1.46621647,  2.32016193,
        5.82399989,  2.27241034, -0.67523432, -1.89150197, -1.39834474,
       -2.33954116,  0.7785609 , -1.42763627, -0.57389025, -0.18226098,
       -3.45098732,  0.27986652, -3.64532398, -1.28635204, -2.42362875,
        0.01107288, -2.53222176, -2.0886136 , -5.54047694, -2.18389607,
       -1.11665628, -3.07161217, -2.06070336, -0.84464262,  1.29238438,
       -0.64973999, -2.63805504, -3.93317576,  0.65546645,  2.24721181,
       -0.73403676,  5.31628298, -1.2208384 ,  4.77782252, -1.42978168,
       -3.3089274 ,  3.25370494,  3.02117591, -1.54862932, -1.07360811,
```

```
      1.2004856 , -4.3017773 , -4.95787789, -1.95245901, -2.15960839,
     -3.78592731, -1.74096185,  3.54891595,  0.56294143,  1.15288455,
     -0.77323696,  2.34430694, -1.05302007, -0.7514684 , -0.98321063,
     -3.01300144, -3.00033274,  0.44200837,  0.45060886, -1.84497318,
     -1.89616746, -2.15647664, -2.65672581, -3.65493379,  1.70923375,
     -3.88695218, -0.05151283,  4.51906677, -2.28117003,  3.03032793,
     -1.47713194, -0.35625273,  3.73501587, -2.09328047, -0.60665614,
     -0.78177188, -0.67298545,  2.97436033, -0.29407932,  2.98482427,
     -1.54951178,  2.79206821,  4.2225733 ,  2.56265198,  2.80373284])>}
log_prob of sample: -194.96442183797524
```

（4）现在优化以找到具有最高后验概率的参数值，将为每个参数定义一个变量，并将它们的值限制为正值。

```
constrain_positive = tfb.Shift(np.finfo(np.float64).tiny)(tfb.Exp())

amplitude_var = tfp.util.TransformedVariable(
    initial_value=1.,
    bijector=constrain_positive,
    name='amplitude',
    dtype=np.float64)

length_scale_var = tfp.util.TransformedVariable(
    initial_value=1.,
    bijector=constrain_positive,
    name='length_scale',
    dtype=np.float64)

observation_noise_variance_var = tfp.util.TransformedVariable(
    initial_value=1.,
    bijector=constrain_positive,
    name='observation_noise_variance_var',
    dtype=np.float64)

trainable_variables = [v.trainable_variables[0] for v in
                    [amplitude_var,
                     length_scale_var,
                     observation_noise_variance_var]]
```

（5）根据我们观察到的数据调整模型，编写函数 target_log_prob，该函数将采用（仍需推断）内核超参数。

```
def target_log_prob(amplitude, length_scale, observation_noise_variance):
  return gp_joint_model.log_prob({
    'amplitude': amplitude,
    'length_scale': length_scale,
    'observation_noise_variance': observation_noise_variance,
    'observations': observations_
  })

#优化模型参数
```

```
num_iters = 1000
optimizer = tf.optimizers.Adam(learning_rate=.01)

#使用 "tf.function" 跟踪损失，以便进行更有效的评估
@tf.function(autograph=False, jit_compile=False)
def train_model():
  with tf.GradientTape() as tape:
    loss = -target_log_prob(amplitude_var, length_scale_var,
                    observation_noise_variance_var)
  grads = tape.gradient(loss, trainable_variables)
  optimizer.apply_gradients(zip(grads, trainable_variables))
  return loss

#在训练期间存储似然值，以便我们可以绘制进度
lls_ = np.zeros(num_iters, np.float64)
for i in range(num_iters):
  loss = train_model()
  lls_[i] = loss

print('Trained parameters:')
print('amplitude: {}'.format(amplitude_var._value().numpy()))
print('length_scale: {}'.format(length_scale_var._value().numpy()))
print('observation_noise_variance: {}'.format(observation_noise_variance_
var._value().num
```

执行后会输出：

```
Trained parameters:
amplitude: 0.9176153445125278
length_scale: 0.18444082442910079
observation_noise_variance: 0.0880273312850989
```

（6）然后绘制预测曲线图，代码如下：

```
plt.figure(figsize=(12, 4))
plt.plot(lls_)
plt.xlabel("Training iteration")
plt.ylabel("Log marginal likelihood")
plt.show()
```

绘制的预测曲线图如图 9-2 所示。

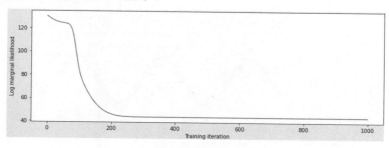

图 9-2　预测曲线图

（7）训练好模型后，根据观察结果从后面的样本中取样，希望样本位于训练输入以

外的点。

```
predictive_index_points_ = np.linspace(-1.2, 1.2, 200, dtype=np.
float64)
#重塑为[200, 1]——1是特征空间的维度
predictive_index_points_ = predictive_index_points_[..., np.newaxis]

optimized_kernel = tfk.ExponentiatedQuadratic(amplitude_var, length_
scale_var)
gprm = tfd.GaussianProcessRegressionModel(
    kernel=optimized_kernel,
    index_points=predictive_index_points_,
    observation_index_points=observation_index_points_,
    observations=observations_,
    observation_noise_variance=observation_noise_variance_var,
    predictive_noise_variance=0.)
```

然后创建 op 以绘制 50 个独立样本，每个样本都是从预测指数点处的后部绘制的“关节”。因为有上面定义的 200 个输入位置，对应函数值的后验分布是 200 维多元高斯分布

```
num_samples = 50
samples = gprm.sample(num_samples)

#绘制真实函数、观察值和后验样本
plt.figure(figsize=(12, 4))
plt.plot(predictive_index_points_, sinusoid(predictive_index_points_),
        label='True fn')
plt.scatter(observation_index_points_[:, 0], observations_,
        label='Observations')
for i in range(num_samples):
  plt.plot(predictive_index_points_, samples[i, :], c='r', alpha=.1,
        label='Posterior Sample' if i == 0 else None)
leg = plt.legend(loc='upper right')
for lh in leg.legendHandles:
    lh.set_alpha(1)
plt.xlabel(r"Index points ($\mathbb{R}^1$)")
plt.ylabel("Observation space")
plt.show()
```

绘制的可视化图如图 9-3 所示。

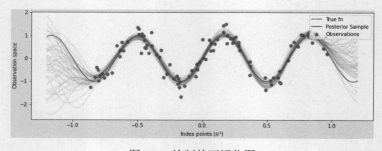

图 9-3　绘制的可视化图

（8）使用 HMC 边缘化超参数

与其优化超参数，不如尝试将它们与 Hamiltonian Monte Carlo 结合。给定观察结果，首先定义并运行一个采样器，以从内核超参数的后验分布中近似抽取。

```python
num_results = 100
num_burnin_steps = 50

sampler = tfp.mcmc.TransformedTransitionKernel(
    tfp.mcmc.NoUTurnSampler(
        target_log_prob_fn=target_log_prob,
        step_size=tf.cast(0.1, tf.float64)),
    bijector=[constrain_positive, constrain_positive, constrain_positive])

adaptive_sampler = tfp.mcmc.DualAveragingStepSizeAdaptation(
    inner_kernel=sampler,
    num_adaptation_steps=int(0.8 * num_burnin_steps),
    target_accept_prob=tf.cast(0.75, tf.float64))

initial_state = [tf.cast(x, tf.float64) for x in [1., 1., 1.]]

#通过使用 "tf.function" 跟踪加快采样速度
@tf.function(autograph=False, jit_compile=False)
def do_sampling():
  return tfp.mcmc.sample_chain(
      kernel=adaptive_sampler,
      current_state=initial_state,
      num_results=num_results,
      num_burnin_steps=num_burnin_steps,
      trace_fn=lambda current_state, kernel_results: kernel_results)

t0 = time.time()
samples, kernel_results = do_sampling()
t1 = time.time()
print("Inference ran in {:.2f}s.".format(t1-t0))
```

执行后会输出：

```
Inference ran in 9.00s.
```

然后通过检查超参数轨迹对采样器进行完整性检查：

```python
(amplitude_samples,
 length_scale_samples,
 observation_noise_variance_samples) = samples

f = plt.figure(figsize=[15, 3])
for i, s in enumerate(samples):
  ax = f.add_subplot(1, len(samples) + 1, i + 1)
  ax.plot(s)
```

此时绘制的可视化图如图 9-4 所示。

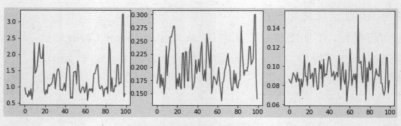

图 9-4　绘制的可视化图

（9）现在不是用优化的超参数构建单个 GP，而是将后验预测分布构建为 GP 的混合，每个 GP 由来自超参数后验分布的样本定义。这通过蒙特卡罗采样对后验参数进行近似积分，以计算未观察到的位置的边缘预测分布。

```
#采样的超参数有一个前导的批处理维度，'[num_results,…]'，因此它构造了一个 * batch
*内核
batch_of_posterior_kernels = tfk.ExponentiatedQuadratic(
    amplitude_samples, length_scale_samples)

#batch 内核创建了一批 GP 预测模型，每个后验样本一个

batch_gprm = tfd.GaussianProcessRegressionModel(
    kernel=batch_of_posterior_kernels,
    index_points=predictive_index_points_,
    observation_index_points=observation_index_points_,
    observations=observations_,
    observation_noise_variance=observation_noise_variance_samples,
    predictive_noise_variance=0.)

#为了构造边际预测分布，我们对后验样本进行均匀加权平均
predictive_gprm = tfd.MixtureSameFamily(
    mixture_distribution=tfd.Categorical(logits=tf.zeros([num_results])),
    components_distribution=batch_gprm)

num_samples = 50
samples = predictive_gprm.sample(num_samples)

#绘制真实函数、观察值和后验样本
plt.figure(figsize=(12, 4))
plt.plot(predictive_index_points_, sinusoid(predictive_index_points_),
        label='True fn')
plt.scatter(observation_index_points_[:, 0], observations_,
        label='Observations')
for i in range(num_samples):
  plt.plot(predictive_index_points_, samples[i, :], c='r', alpha=.1,
        label='Posterior Sample' if i == 0 else None)
leg = plt.legend(loc='upper right')
for lh in leg.legendHandles:
```

```
    lh.set_alpha(1)
plt.xlabel(r"Index points ($\mathbb{R}^1$)")
plt.ylabel("Observation space")
plt.show()
```

此时绘制的可视化图如图 9-5 所示。

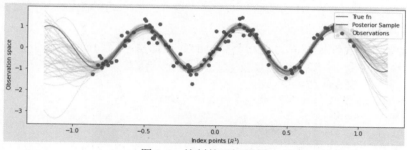

图 9-5　绘制的可视化图

由此可见，尽管在这种情况下差异很小，但总的来说，希望后验预测分布比上面所做的仅使用最可能的参数具有更好的泛化能力（为保留数据提供更高的可能性）。

9.3.2　联合分布的贝叶斯建模

JointDistributionSequential 是一个新引入的类似分布的类，它使用户能够快速构建贝叶斯模型的原型。它允许我们将多个发行版链接在一起，并使用 lambda 函数来引入依赖项。这旨在构建中小型贝叶斯模型，包括许多常用模型，如 GLM、混合效应模型、混合模型等。JointDistributionSequential 启用了贝叶斯工作流的所有必要功能：先验预测采样，它可以插入另一个更大的贝叶斯图形模型或神经网络。在本实例文件 Modeling_with_JointDistribution.ipynb 中，将展示如何使用 JointDistributionSequential 来实现日常贝叶斯建模的方法。

（1）联合分布

当只有一个简单的模型时，这个分布类很有用。"简单"是指链状图。尽管该方法在技术上适用于单个节点最多为 255 的任何 PGM（因为 Python 函数最多可以有这么多参数）。

联合分布的基本思想是让用户指定一个 callable 生成 tfp.Distribution 实例的 s 列表，一个对应于 PGM 中的每个顶点。在 callable 中最多有许多参数作为其在列表中的索引。为了用户方便，参数将按照与创建相反的顺序传递。在内部，将通过将每个先前 RV 的值传递给每个可调用对象来"遍历图"。这样做实现了概率链规则：

$$p\left(x_i^d\right) = \prod_i^d p\left(x_i \mid x < i\right)$$

实现上述想法的代码非常简单：

```
#概率链规则，以 Python 代码的形式显示
def log_prob(rvs, xs):
    # xs[: i]是 rv[i]的 markov 覆盖层，只需反转'[: : -1]'列表即可。
    return sum(rv(*xs[i-1::-1]).log_prob(xs[i])
            for i, rv in enumerate(rvs))
```

（2）常规 OLS 模型

现在建立一个线性模型，这是一个简单的截距加斜率回归问题：

```
mdl_ols = tfd.JointDistributionSequential([
    # b0 ~ Normal(0, 1)
    tfd.Normal(loc=tf.cast(0, dtype), scale=1.),
    # b1 ~ Normal(0, 1)
    tfd.Normal(loc=tf.cast(0, dtype), scale=1.),
    # x ~ Normal(b0+b1*X, 1)
    lambda b1, b0: tfd.Normal(
        #参数变换
        loc=b0 + b1*X_np,
        scale=sigma_y_np)
])
```

然后，检查模型的图形以查看相关性。注意，x 保留为最后一个节点的名称，无法确定它是 JointDistributionSequential 模型中的 lambda 参数。

```
mdl_ols.resolve_graph()
```

此时会输出：

```
(('b0', ()), ('b1', ()), ('x', ('b1', 'b0')))
```

从模型中进行采样的代码非常简单：

```
mdl_ols.sample()
```

此时会输出：

```
 [<tf.Tensor: shape=(), dtype=float64, numpy=-0.50225804634794>,
 <tf.Tensor: shape=(), dtype=float64, numpy=0.682740126293564>,
 <tf.Tensor: shape=(20,), dtype=float64, numpy=
 array([-0.33051382,  0.71443618, -1.91085683,  0.89371173, -0.45060957,
        -1.80448758, -0.21357082,  0.07891058, -0.20689721, -0.62690385,
        -0.55225748, -0.11446535, -0.66624497, -0.86913291, -0.93605552,
        -0.83965336, -0.70988597, -0.95813437,  0.15884761, -0.31113434])>]
```

上面输出显示 tf.Tensor 列表，立即将其插入 log_prob 函数以计算模型的 log_prob：

```
prior_predictive_samples = mdl_ols.sample()
mdl_ols.log_prob(prior_predictive_samples)
```

此时会输出：

```
<tf.Tensor: shape=(20,), dtype=float64, numpy=
array([-4.97502846, -3.98544303, -4.37514505, -3.46933487, -3.80688125,
       -3.42907525, -4.03263074, -3.3646366 , -4.70370938, -4.36178501,
       -3.47823735, -3.94641662, -5.76906319, -4.0944128 , -4.39310708,
```

```
                  -4.47713894, -4.46307881, -3.98802372, -3.83027747, -4.64777082])>
```

上面的输出有点不对：应该得到一个标量 log_prob，可通过调用来进一步检查是否有问题.log_prob_parts，它给出 log_prob 图形模型中每个节点的：

```
mdl_ols.log_prob_parts(prior_predictive_samples)
```

此时会输出：

```
[<tf.Tensor: shape=(), dtype=float64, numpy=-0.9699239562734849>,
 <tf.Tensor: shape=(), dtype=float64, numpy=-3.459364167569284>,
 <tf.Tensor: shape=(20,), dtype=float64, numpy=
 array([-0.54574034, 0.4438451 , 0.05414307, 0.95995326, 0.62240687,
         1.00021288, 0.39665739, 1.06465152, -0.27442125, 0.06750311,
         0.95105078, 0.4828715 , -1.33977506, 0.33487533, 0.03618104,
        -0.04785082, -0.03379069, 0.4412644 , 0.59901066, -0.2184827 ])>]
```

通过上述输出可知，最后一个节点不是沿着 i.i.Dweidu 运行的，当我们求和时，前两个变量因此被错误地广播。

需要使用 tfd.Independent 重新解释批次形状（以便轴的其余部分将正确减少）：

```
mdl_ols_ = tfd.JointDistributionSequential([
    # b0
    tfd.Normal(loc=tf.cast(0, dtype), scale=1.),
    # b1
    tfd.Normal(loc=tf.cast(0, dtype), scale=1.),
    # likelihood
    #使用 Independent 以确保不会错误地广播 log_prob
    lambda b1, b0: tfd.Independent(
        tfd.Normal(
            # Parameter transformation
            # b1 shape: (batch_shape), X shape (num_obs): we want result
to have
            # shape (batch_shape, num_obs)
            loc=b0 + b1*X_np,
            scale=sigma_y_np),
        reinterpreted_batch_ndims=1
    ),
])
```

现在，检查模型的最后一个节点/分布，可以看到现在正确解释了事件形状。注意，可能需要一些反复试验才能获得 reinterpreted_batch_ndims 正确的结果，但始终可以轻松打印分布或采样张量以仔细检查形状。

```
print(mdl_ols_.sample_distributions()[0][-1])
print(mdl_ols.sample_distributions()[0][-1])

prior_predictive_samples = mdl_ols_.sample()
mdl_ols_.log_prob(prior_predictive_samples)  # <== Getting a scalar
correctly

Root = tfd.JointDistributionCoroutine.Root  # Convenient alias.
```

```
def model():
  b1 = yield Root(tfd.Normal(loc=tf.cast(0, dtype), scale=1.))
  b0 = yield Root(tfd.Normal(loc=tf.cast(0, dtype), scale=1.))
  yhat = b0 + b1*X_np
  likelihood = yield tfd.Independent(
      tfd.Normal(loc=yhat, scale=sigma_y_np),
      reinterpreted_batch_ndims=1
  )

mdl_ols_coroutine = tfd.JointDistributionCoroutine(model)
mdl_ols_coroutine.log_prob(mdl_ols_coroutine.sample())
```

此时会输出：

```
tfp.distributions.Independent("JointDistributionSequential_sample_dis
tributions_IndependentJointDistributionSequential_sample_distributions_N
ormal", batch_shape=[], event_shape=[20], dtype=float64)
  tfp.distributions.Normal("JointDistributionSequential_sample_distribu
tions_Normal", batch_shape=[20], event_shape=[], dtype=float64)

(<tf.Tensor: shape=(), dtype=float64, numpy=0.06811002171170354>,
 <tf.Tensor: shape=(), dtype=float64, numpy=-0.37477064754116807>,
 <tf.Tensor: shape=(20,), dtype=float64, numpy=
array([-0.91615096, -0.20244718, -0.47840159, -0.26632479, -0.60441105,
       -0.48977789, -0.32422329, -0.44019322, -0.17072643, -0.20666025,
       -0.55932191, -0.40801868, -0.66893181, -0.24134135, -0.50403536,
       -0.51788596, -0.90071876, -0.47382338, -0.34821655, -0.38559724])>)
```

（3）定义一些辅助函数，例如需要返回输入值和梯度的函数。

```
import functools

def _make_val_and_grad_fn(value_fn):
  @functools.wraps(value_fn)
  def val_and_grad(x):
    return tfp.math.value_and_gradient(value_fn, x)
  return val_and_grad

#将张量列表（例如，JDSeq.sample（[…]）的输出映射到 tfd.Blockwise 的单个张量修改
from tensorflow_probability.python.internal import dtype_util
from tensorflow_probability.python.internal import prefer_static as ps
from tensorflow_probability.python.internal import tensorshape_util

class Mapper:
  """基本上，这是一个没有对数雅可比校正的双射体。"""
  def __init__(self, list_of_tensors, list_of_bijectors, event_shape):
    self.dtype = dtype_util.common_dtype(
        list_of_tensors, dtype_hint=tf.float32)
    self.list_of_tensors = list_of_tensors
    self.bijectors = list_of_bijectors
    self.event_shape = event_shape
```

```python
def flatten_and_concat(self, list_of_tensors):
  def _reshape_map_part(part, event_shape, bijector):
    part = tf.cast(bijector.inverse(part), self.dtype)
    static_rank = tf.get_static_value(ps.rank_from_shape(event_shape))
    if static_rank == 1:
      return part
    new_shape = ps.concat([
        ps.shape(part)[:ps.size(ps.shape(part)) - ps.size(event_shape)],
        [-1]
    ], axis=-1)
    return tf.reshape(part, ps.cast(new_shape, tf.int32))

  x = tf.nest.map_structure(_reshape_map_part,
                            list_of_tensors,
                            self.event_shape,
                            self.bijectors)
  return tf.concat(tf.nest.flatten(x), axis=-1)

def split_and_reshape(self, x):
  assertions = []
  message = 'Input must have at least one dimension.'
  if tensorshape_util.rank(x.shape) is not None:
    if tensorshape_util.rank(x.shape) == 0:
      raise ValueError(message)
  else:
    assertions.append(assert_util.assert_rank_at_least(x, 1, message=
message))
  with tf.control_dependencies(assertions):
    splits = [
        tf.cast(ps.maximum(1, ps.reduce_prod(s)), tf.int32)
        for s in tf.nest.flatten(self.event_shape)
    ]
    x = tf.nest.pack_sequence_as(
        self.event_shape, tf.split(x, splits, axis=-1))
    def _reshape_map_part(part, part_org, event_shape, bijector):
      part = tf.cast(bijector.forward(part), part_org.dtype)
      static_rank = tf.get_static_value(ps.rank_from_shape(event_shape))
      if static_rank == 1:
        return part
      new_shape = ps.concat([ps.shape(part)[:-1], event_shape], axis=-1)
      return tf.reshape(part, ps.cast(new_shape, tf.int32))

    x = tf.nest.map_structure(_reshape_map_part,
                              x,
                              self.list_of_tensors,
                              self.event_shape,
                              self.bijectors)
```

```
    return x

mapper = Mapper(mdl_ols_.sample()[:-1],
            [tfb.Identity(), tfb.Identity()],
            mdl_ols_.event_shape[:-1])

# mapper.split_和_restrape(mapper.flatte_和_concat(mdl_ols_uu.sample
()[:-1]))

@_make_val_and_grad_fn
def neg_log_likelihood(x):
    #生成一个函数闭包，以便我们根据观测数据计算log_prob。还要注意，tfp.optimizer.*
将单个张量作为输入
    return -mdl_ols_.log_prob(mapper.split_and_reshape(x) + [Y_np])

lbfgs_results = tfp.optimizer.lbfgs_minimize(
    neg_log_likelihood,
    initial_position=tf.zeros(2, dtype=dtype),
    tolerance=1e-20,
    x_tolerance=1e-8
)

b0est, b1est = lbfgs_results.position.numpy()

g, xlims, ylims = plot_hoggs(dfhoggs);
xrange = np.linspace(xlims[0], xlims[1], 100)
g.axes[0][0].plot(xrange, b0est + b1est*xrange,
                color='r', label='MLE of OLE model')
plt.legend();
```

运行程序，执行效果如图 9-6 所示。

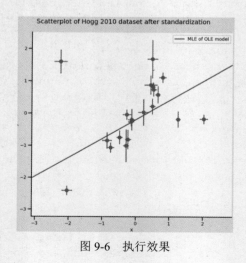

图 9-6 执行效果

第 10 章　深度信念网络实战

深度信念网络是一个概率生成模型，与传统的判别模型的神经网络相对，生成模型是建立一个观察数据和标签之间的联合分布，对 "Observation|Label" 层和 "Label|Observation" 层进行了评估，而判别模型仅仅是已评估了后者，也就是 "Label|Observation"层。本章将详细介绍在 TensorFlow 中实现深度信念网络开发的知识。

10.1　深度信念网络基础

深度信念网络（DBN）由多个限制玻尔兹曼机（Restricted Boltzmann Machines）层组成，一个典型的网络结构如图 10-1 所示。这些网络被"限制"为一个可视层和一个隐层，层间存在连接，但层内的单元间不存在连接。隐层单元被训练去捕捉在可视层表现出的高阶数据的相关性。

10.1.1　深度信念网络的发展历程

在 2006 年以前，神经网络自 20 世纪 50 年代发展起来后，因其良好的非线性能力、泛化能力而备受关注。然而，传统的神经网络仍存在一些局限，在 20 世纪 90 年代陷入衰落，主要有以下几个原因：

（1）传统的神经网络一般都是单隐层，最多两个隐层，因为一旦神经元个数太多、隐层太多，模型的参数数量迅速增长，模型训练的时间非常之久。

（2）传统的神经网络，随着层数的增加，采用随机梯度下降一般很难找到最优解，容易陷入局部最优解。在反向传播过程中也容易出现梯度弥散或梯度饱和的情况，导致模型结果不理想。

（3）随着神经网络层数的增加，深度神经网络的模型参数很多，就要求在训练时需要有很大的标签数据，因为训练数据少的时候很难找到最优解，也就是说深度神经网络不具备解决小样本问题的能力。

由于以上的限制，深度的神经网络一度被认为是无法训练的，从而使神经网络的发展一度停滞不前。

2006 年，"神经网络之父"Geoffrey Hinton 推出一种新的方案，一举解决了深层神经网络的训练问题，推动了深度学习的快速发展，开创了人工智能的新局面，使近几年来科技界涌现出很多智能化产品，深深地影响我们每个人的生活。

那么这个新的方案是什么呢？那就是"深度信念网络"（Deep Belief Network，DBN）。DBN 通过采用逐层训练的方式，解决了深层次神经网络的优化问题，通过逐层训练为整个网络赋予较好的初始权值，使得网络只要经过微调就可以达到最优解。而在逐层训练时起到最重要作用的是"受限玻尔兹曼机"（Restricted Boltzmann Machines，RBM），为什么叫"受限玻尔兹曼机"呢？因为还有一个是不受限的，那就是"玻尔兹曼机"（Boltzmann Machines，BM）。

10.1.2　玻尔兹曼机（BM）

BM 于 1986 年由 Hinton 提出，是一种根植于统计力学的随机神经网络，这种网络中神经元只有两种状态（未激活、激活），用二进制 0、1 表示，状态的取值根据概率统计法则决定，如图 10-1 所示。

由于这种概率统计法则的表达形式与著名统计力学家 L.E.Boltzmann 提出的玻尔兹曼分布类似，故将这种网络取名为"玻尔兹曼机"。

在物理学上，玻尔兹曼分布（也称为吉布斯分布，Gibbs Distribution）是描述理想气体在受保守外力的作用（或保守外力的作用不可忽略）时，处于热平衡态下的气体分子按能量的分布规律。

在统计学习中，如果将需要学习的模型看作高温物体，将学习的过程看作一个降温达到热平衡的过程（热平衡在物理学领域通常指温度在时间或空间上的稳定），最终模型的能量将会收敛为一个分布，在全局极小能量上下波动，这个过程称为"模拟退火"，其名字来自冶金学的专有名词"退火"，即将材料加热后再以一定的速度退火冷却，可以减少晶格中的缺陷，而模型能量收敛到的分布即为玻尔兹曼分布。

对于玻尔兹曼机的理解，只需记住一个关键点：能量收敛到最小后，热平衡趋于稳定，也就是说，在能量最少的时候，网络最稳定，此时网络最优。

BM 是由随机神经元全连接组成的反馈神经网络，且对称连接，由可见层、隐层组成，BM 可以看作是一个无向图，如图 10-2 所示。

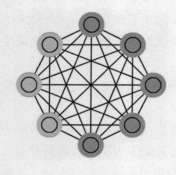

图 10-1　玻尔兹曼机

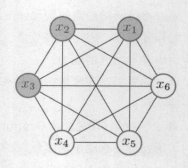

图 10-2　玻尔兹曼机的结构

其中，x_1、x_2、x_3 为可见层，x_4、x_5、x_6 为隐层，整个能量函数定义为：

$$E\left(X=x\right)=-\left(\sum_{i<j}\omega_{ij}x_ix_y+\sum_{i}b_ix_i\right)$$

其中，w 为权重，b 为偏置变量，x 只有 $\{0,1\}$ 两种状态。根据玻尔兹曼分布，给出的一个系统在特定状态能量和系统温度下的概率分布，计算公式如下：

$$P\left(X=x\right)=\frac{1}{Z}\exp\left(\frac{-E\left(x\right)}{T}\right)$$

10.1.3 受限玻尔兹曼机（RBM）

RBM 就是对 BM 进行简化，使 BM 更容易更加简单使用，原本 BM 的可见元和隐元之间是全连接的，而且隐元和隐元之间也是全连接的，这样就增加了计算量和计算难度。

RBM 同样具有一个可见层，一个隐层，但层内无连接，层与层之间全连接，节点变量仍然取值为 0 或 1，是一个二分图。也就是将 BM 的层内连接去掉，对连接进行限制，就变成了 RBM，这样就使得计算量大大减小，使用起来也就方便了很多，如图 10-3 所示。

RBM 的特点是：在给定可见层单元状态（输入数据）时，各隐层单元的激活条件是独立的（层内无连接），同样在给定隐层单元状态时，可见层单元的激活条件也是独立的。

与 BM 类似，根据玻尔兹曼分布，可见层（变量为 v，偏置量为 a）、隐层（变量为 h，偏置量为 b）的概率为：

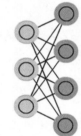

图 10-3 受限玻尔兹曼机

$$p\left(\upsilon_i=1|h\right)=\sigma\left(a_i+\sum_{j}\omega_{i,j}h_j\right)$$

$$p\left(h_j=1|v\right)=\sigma\left(b_j+\sum_{i}\omega_{i,j}\upsilon_i\right)$$

训练样本的对数似然函数为：

$$\mathcal{LL}\left(W\right)=\frac{1}{N}\sum_{n=1}^{N}\log p\left(\hat{\mathbf{v}}^{(n)}\right)$$

同样，也可通过 Gibbs 采样的方法来近似计算。虽然比一般的 BM 速度有很大提高，但还是需要通过很多步采样才可以采集到符合真实分布的样本。这就使得 RBM 的训练效率仍然不高。

2002 年，Hinton 提出了"对比散度"（Contrastive Divergence，CD）算法，这是一种比 Gibbs 采样更加有效的学习算法，促使大家对 RBM 的关注和研究。

RBM 的本质是非监督学习的利器，可以用于降维（隐层设置少一点）、学习提取特征（隐层输出就是特征）、自编码器（AutoEncoder）以及深度信念网络（多个 RBM 堆叠而成）等。

10.1.4　深度信念网络

2006 年，Hinton 提出了深度信念网络（Deep Belief Network，DBN），如图 10-4 所示。
并且 Hinton 给出了该模型一个高效的学习算法，这也成了深度学习算法的主要框架，在该算法中，一个 DBN 模型由若干个 RBM 堆叠而成，训练过程由低到高逐层进行训练，如图 10-5 所示。

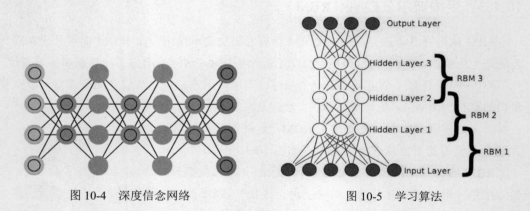

图 10-4　深度信念网络　　　　　　　　　　图 10-5　学习算法

RBM 由可见层、隐层组成，显元用于接收输入，隐元用于提取特征，因此隐元也有个别名，称为特征检测器。也就是说，通过 RBM 训练后，可以得到输入数据的特征。另外，RBM 还通过学习将数据表示成概率模型，一旦模型通过无监督学习被训练或收敛到一个稳定的状态，它还可以被用于生成新数据（感性对比：联想一下曲线拟合，得出函数，可用于生成数据）。

正是由于 RBM 的以上特点，使得 DBN 逐层进行训练变得有效，通过隐层提取特征使后面层次的训练数据更加有代表性，通过可生成新数据能解决样本量不足的问题。逐层的训练过程如下：

（1）最底部 RBM 以原始输入数据进行训练。

（2）将底部 RBM 抽取的特征作为顶部 RBM 的输入继续训练。

（3）重复这个过程训练以尽可能多的 RBM 层。

由于 RBM 可通过 CD 快速训练，于是这个框架绕过直接从整体上对 DBN 高度复杂的训练，而是将 DBN 的训练简化为对多个 RBM 的训练，从而简化问题。而且通过这种方式训练后，可以再通过传统的全局学习算法（如 BP 算法）对网络进行微调，从而使模型收敛到局部最优点，通过这种方式可高效训练出一个深层网络。

10.2 DBN 应用实战：程序缺陷预测

经过前面内容的学习，已经基本了解了 DBN 的基础知识。在本节的内容中，将通过具体实例的实现过程，详细讲解在 TensorFlow 中使用 DBN 的方法。本实例的功能是，使用 DBN 模型分别进行 ANN、LogisticRegression、GaussianNB 和 RandomForest Classifier 的训练和集成，用于在有缺陷的代码和干净的代码之间进行分类。本项目程序保存在 ipynb 文件中，将在谷歌的 Colaboratory 中调试运行。

10.2.1 使用 DBN 模型进行 ANN 处理

ANN（Artificial Neural Network，人工神经网络），是指由大量的处理单元（神经元）互相连接而形成的复杂网络结构，是对人脑组织结构和运行机制的某种抽象、简化和模拟。以数学模型模拟神经元活动，是基于模仿大脑神经网络结构和功能而建立的一种信息处理系统。编写文件 JustInTime_SW_Pred_v1.ipynb 使用 DBN 模型进行 ANN 处理，具体实现流程如下：

（1）导入谷歌的库 colab，查看驱动器的位置，代码如下：

```
from google.colab import drive
drive.mount('/content/drive/')
```

执行后会输出：

```
Drive already mounted at /content/drive/; to attempt to forcibly remount,
call drive.mount("/content/drive/", force_remount=True).
```

（2）导入需要用到的库，代码如下：

```
import tensorflow as tf
import sklearn.metrics
from sklearn.metrics import log_loss, accuracy_score
import numpy as np
import pandas as pd
import matplotlib.pyplot as plt
```

（3）导入 CSV 文件，并获取文件中的数据数目，代码如下：

```
df= pd.read_csv('/content/drive/My Drive/dataset/bugzilla.csv')
def normalize(x):
  x = x.astype(float)
  min = np.min(x)
  max = np.max(x)
  return (x - min)/(max-min)

def view_values(X, y, example):
    label = y.loc[example]
    image = X.loc[example,:].values.reshape([-1,1])
    print(image)
```

```
print("Shape of dataframe: ", df.shape)    #train
```

执行后会输出：

```
Shape of dataframe:  (4620, 17)
```

（4）查看前 5 行数据中的信息，代码如下：

```
df.head()
```

执行后会输出：

```
transactionid   commitdate    ns  nm  nf  entropy  la   ld   lt   fix ndev
pd  npt exp rexp   sexp    bug
0   3   2001/12/12 17:41    1   1   3   0.579380     0.093620
0.000000    480.666667  1   14  596 0.666667     143 133.50   129 1
1   7   1999/10/12 12:57    1   1   1   0.000000     0.000000
0.000000    398.000000  1   1   0   1.000000     140 140.00   137 1
2   8   2002/5/15 16:55 3   3   52  0.739279 0.183477     0.208913
283.519231  0   23  15836   0.750000     984 818.65   978 0
3   9   2002/1/21 15:37 1   1   8   0.685328 0.016039     0.012880
514.375000  1   21  1281    1.000000     579 479.25   550 0
4   10  2001/12/19 16:44    2   2   38  0.769776 0.091829
0.072746    366.815789  1   21  6565    0.763158     413 313.25   405 0
```

（5）创建 RBM，然后定义需要的超参数，代码如下：

```
class RBM(object):

    def __init__(self, input_size, output_size,
                learning_rate, epochs, batchsize):
        #定义超参数
        self._input_size = input_size
        self._output_size = output_size
        self.learning_rate = learning_rate
        self.epochs = epochs
        self.batchsize = batchsize

        #使用零矩阵初始化权重和偏差
        self.w = np.zeros([input_size, output_size], dtype=np.float32)
        self.hb = np.zeros([output_size], dtype=np.float32)
        self.vb = np.zeros([input_size], dtype=np.float32)
```

（6）分别创建向前传递函数、向后传递函数和采样函数，其中 h 为隐藏层，v 为可见层。代码如下：

```
    #向前传递
    def prob_h_given_v(self, visible, w, hb):
        return tf.nn.sigmoid(tf.matmul(visible, w) + hb)
    #向后传递
    def prob_v_given_h(self, hidden, w, vb):
        return tf.nn.sigmoid(tf.matmul(hidden, tf.transpose(w)) + vb)
    #采样函数
    def sample_prob(self, probs):
```

```
        return tf.nn.relu(tf.sign(probs - tf.random_uniform(tf.shape
(probs))))
```

（7）创建训练函数 train()，为了在训练时更新权重，设置执行收缩发散功能，并将误差定义为 MSE（均方误差）。代码如下：

```
    def train(self, X):
        _w = tf.placeholder(tf.float32, [self._input_size, self._output_
size])
        _hb = tf.placeholder(tf.float32, [self._output_size])
        _vb = tf.placeholder(tf.float32, [self._input_size])

        prv_w = np.zeros([self._input_size, self._output_size], dtype=np.
float32)
        prv_hb = np.zeros([self._output_size], dtype=np.float32)
        prv_vb = np.zeros([self._input_size], dtype=np.float32)

        cur_w = np.zeros([self._input_size, self._output_size], dtype=np.
float32)
        cur_hb = np.zeros([self._output_size], dtype=np.float32)
        cur_vb = np.zeros([self._input_size], dtype=np.float32)
        v0 = tf.placeholder(tf.float32, [None, self._input_size])
        h0 = self.sample_prob(self.prob_h_given_v(v0, _w, _hb))
        v1 = self.sample_prob(self.prob_v_given_h(h0, _w, _vb))
        h1 = self.prob_h_given_v(v1, _w, _hb)

        positive_grad = tf.matmul(tf.transpose(v0), h0)
        negative_grad = tf.matmul(tf.transpose(v1), h1)

        update_w = _w + self.learning_rate * (positive_grad - negative_grad)
/ tf.to_float(tf.shape(v0)[0])
        update_vb = _vb + self.learning_rate * tf.reduce_mean(v0 - v1, 0)
        update_hb = _hb + self.learning_rate * tf.reduce_mean(h0 - h1, 0)
        #还将误差定义为 MSE
        err = tf.reduce_mean(tf.square(v0 - v1))

        error_list = []

        with tf.Session() as sess:
            sess.run(tf.global_variables_initializer())

            for epoch in range(self.epochs):
                for start, end in zip(range(0, len(X), self.batchsize),
range(self.batchsize,len(X), self.batchsize)):
                    batch = X[start:end]
                    cur_w = sess.run(update_w, feed_dict={v0: batch, _w:
prv_w, _hb: prv_hb, _vb: prv_vb})
                    cur_hb = sess.run(update_hb, feed_dict={v0: batch, _w:
prv_w, _hb: prv_hb, _vb: prv_vb})
```

```
                           cur_vb = sess.run(update_vb, feed_dict={v0: batch, _w:
prv_w, _hb: prv_hb, _vb: prv_vb})
                           prv_w = cur_w
                           prv_hb = cur_hb
                           prv_vb = cur_vb
                       error = sess.run(err, feed_dict={v0: X, _w: cur_w, _vb:
cur_vb, _hb: cur_hb})
                       print ('Epoch: %d' % epoch,'reconstruction error: %f' %
error)
                   error_list.append(error)
           self.w = prv_w
           self.hb = prv_hb
           self.vb = prv_vb
           return error_list
```

（8）编写函数 rbm_output()，功能是从 RBM 已学习的生成模型生成新特征。代码如下：

```
    def rbm_output(self, X):

        input_X = tf.constant(X)
        _w = tf.constant(self.w)
        _hb = tf.constant(self.hb)
        _vb = tf.constant(self.vb)
        out = tf.nn.sigmoid(tf.matmul(input_X, _w) + _hb)
        hiddenGen = self.sample_prob(self.prob_h_given_v(input_X, _w,
_hb))
        visibleGen = self.sample_prob(self.prob_v_given_h(hiddenGen, _w,
_vb))
        with tf.Session() as sess:
            sess.run(tf.global_variables_initializer())
            return sess.run(out), sess.run(visibleGen), sess.run(hiddenGen)
```

（9）开始进行训练，为了实现更平衡的数据帧，使用函数 drop()删除不必要的字符串列。代码如下：

```
deleted = 0
for i in range(0, df.shape[0]-1):
  if deleted == 1230:
    break
  elif df.iloc[i].bug == 0:
    df = df.drop(df.index[i])
    deleted = deleted + 1

#删除不必要的字符串列
df = df.drop(['commitdate','transactionid'], axis=1)

#分割 df
train_X = df.iloc[:,:-1].apply(func=normalize, axis=0)
train_Y = df.iloc[:,-1]
```

```
# df=df.drop(['transactionid'], axis=1)
print(df.head())
```

执行后会输出：

```
   ns nm nf  entropy        la ...       npt  exp    rexp  sexp  bug
0   1  1  3  0.579380  0.093620 ...  0.666667  143  133.50   129    1
1   1  1  1  0.000000  0.000000 ...  1.000000  140  140.00   137    1
3   1  1  8  0.685328  0.016039 ...  1.000000  579  479.25   550    0
5   1  1 16  0.760777  0.018308 ...  0.750000  595  495.25   566    0
7   2  2 33  0.816160  0.095682 ...  0.727273  482  382.25   474    0

[5 rows x 15 columns]
```

（10）在训练时设置限制 BM 的参数，代码如下：

```
inputX = df.iloc[:,:-1].apply(func=normalize, axis=0).values
inputY= df.iloc[:,-1].values
print(type(inputX))
inputX = inputX.astype(np.float32)

#保留 RBMs 限制玻尔兹曼机列表
rbm_list = []

#定义我们将训练的 RBM 限制玻尔兹曼机的参数

# def __init__(self, input_size, output_size,learning_rate, epochs,
batchsize):
rbm_list.append(RBM(14, 20, 1.000, 150, 100))
rbm_list.append(RBM(20, 12, 1.000, 150, 100))
rbm_list.append(RBM(12, 12, 1.000, 150, 100))
```

执行后会输出：

```
<class 'numpy.ndarray'>
```

（11）使用 for 循环遍历每个 RBM 输入输出列表，代码如下：

```
import tensorflow.compat.v1 as tf
tf.disable_v2_behavior()

outputList = []
error_list = []

#遍历每个 RBM 输入输出列表
for i in range(0, len(rbm_list)):
    print('RBM', i+1)
    #训练新的 RBM
    rbm = rbm_list[i]
    err = rbm.train(inputX)
    error_list.append(err)

    #返回输出层
```

```
#sess.run(out), sess.run(visibleGen), sess.run(hiddenGen)
outputX, reconstructedX, hiddenX = rbm.rbm_output(inputX)
outputList.append(outputX)
inputX= hiddenX
```

执行后会输出：

```
deprecated and will be removed in a future version.
Instructions for updating:
Use 'tf.cast' instead.
Epoch: 0 reconstruction error: 0.113313
Epoch: 1 reconstruction error: 0.117359
Epoch: 2 reconstruction error: 0.114953
Epoch: 3 reconstruction error: 0.111951
Epoch: 4 reconstruction error: 0.110032
Epoch: 5 reconstruction error: 0.111399
Epoch: 6 reconstruction error: 0.111426
Epoch: 7 reconstruction error: 0.108291
Epoch: 8 reconstruction error: 0.109852
Epoch: 9 reconstruction error: 0.107341
Epoch: 10 reconstruction error: 0.103858
Epoch: 11 reconstruction error: 0.107152
Epoch: 12 reconstruction error: 0.108607
Epoch: 13 reconstruction error: 0.102160
Epoch: 14 reconstruction error: 0.106119
Epoch: 15 reconstruction error: 0.107382
Epoch: 16 reconstruction error: 0.108130
......
Epoch: 145 reconstruction error: 0.125590
Epoch: 146 reconstruction error: 0.122321
Epoch: 147 reconstruction error: 0.125713
Epoch: 148 reconstruction error: 0.127262
Epoch: 149 reconstruction error: 0.123992
```

（12）使用 for 循环遍历上面的每个 RBM 输入输出列表，并循环绘制重建误差和 RBM 的可视化图，代码如下：

```
i = 1
for err in error_list:
    print("RBM",i)
    pd.Series(err).plot(logy=False)
    plt.xlabel("Epoch")
    plt.ylabel("Reconstruction Error")
    plt.show()
    i += 1
```

执行效果如图 10-6 所示。

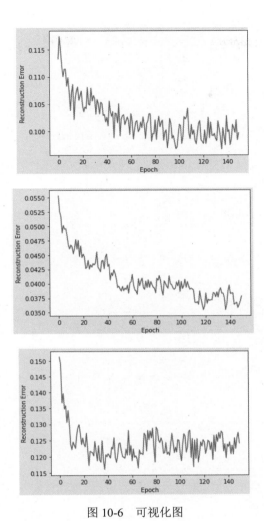

图 10-6　可视化图

（13）开始实现分类器（ANN）功能，使用 outputX 作为 Classifier 的输入。代码如下：

```
Y_Train = train_Y.iloc[:3051].values

Y_Test = train_Y.iloc[3052:].values
Y_Test.shape

X_New_Train = outputX
X_New_Train = X_New_Train[:3051, :]
Y_Train = Y_Train.reshape((-1,1))

X_Test = outputX
X_Test = X_Test[3052:, :]

classifier = Sequential()
```

```
#检查输入尺寸的输出 X_DBN
classifier.add(Dense (6, activation = 'relu', input_dim = 12))

#h 隐藏
classifier.add(Dense (6, activation = 'relu'))

#输出
classifier.add(Dense(1, activation = 'sigmoid'))
# optimizer = keras.optimizers.Adam(lr=0.002)
# classifier.compile(optimizer = optimizer, loss = 'binary_crossentropy',
metrics = ['accuracy'])

classifier.compile(optimizer = 'Adam', loss = 'binary_crossentropy',
metrics = ['accuracy'])

classifier.fit(X_New_Train, Y_Train, batch_size = 100, epochs = 200)
```

执行后会输出：

```
Train on 3051 samples
Epoch 1/200
3051/3051 [==============================] - 0s 12us/sample - loss:
0.7015 - acc: 0.4782
Epoch 2/200
3051/3051 [==============================] - 0s 9us/sample - loss: 0.6934
- acc: 0.5015
Epoch 3/200
3051/3051 [==============================] - 0s 9us/sample - loss: 0.6904
- acc: 0.5477
Epoch 4/200
3051/3051 [==============================] - 0s 10us/sample - loss:
0.6891 - acc: 0.5726
Epoch 5/200
3051/3051 [==============================] - 0s 11us/sample - loss:
0.6880 - acc: 0.5719
Epoch 6/200
3051/3051 [==============================] - 0s 10us/sample - loss:
0.6869 - acc: 0.5736
Epoch 7/200
......
Epoch 198/200
3051/3051 [==============================] - 0s 12us/sample - loss:
0.6751 - acc: 0.5739
Epoch 199/200
3051/3051 [==============================] - 0s 11us/sample - loss:
0.6750 - acc: 0.5775
Epoch 200/200
3051/3051 [==============================] - 0s 12us/sample - loss:
0.6749 - acc: 0.5778
<tensorflow.python.keras.callbacks.History at 0x7f7c91147470>
```

（14）最后查看结果，代码如下：

```
y_pred = classifier.predict(outputX)
y_pred = (y_pred > 0.5)

pred = (train_Y[3052:] > 0.5)
yty = np. count_nonzero(pred)
yty

outputX.shape
```

执行后会输出：

```
104
(3390, 12)
```

（15）实现混淆矩阵处理，代码如下：

```
from sklearn.metrics import confusion_matrix
cm = confusion_matrix(train_Y[3051:], y_pred[3051:])
print(cm)
```

执行后会输出：

```
[[ 90 145]
 [ 29  75]]
```

（16）查看本方案的最终得分成绩，代码如下：

```
def f1score( tn, fp, fn, tp):
  precision = tp/(tp + fp)
  print('precision',precision)
  recall = tp/(tp+fn)
  print('recall',recall)
  return 2 * (precision * recall) / (precision + recall)

tn, fp, fn, tp = confusion_matrix(train_Y, y_pred, labels=[0,1]).ravel()
print(f1score(tn, fp, fn, tp))
```

执行后会输出：

```
precision 0.5503909643788011
recall 0.7470518867924528
0.6338169084542271
```

10.2.2　实现集成

编写文件 JustInTime_SW_Pred_Ensemble.ipynb，使用 DBN 模型实现 Logistic Regression、GaussianNB 和 RandomForestClassifier 的集成功能。具体实现流程如下：

（1）导入 CSV 文件，并获取文件中的数据数目，代码如下：

```
bugzilla = pd.read_csv('/content/drive/My Drive/dataset/bugzilla.csv')
columba = pd.read_csv('/content/drive/My Drive/dataset/columba.csv')
jdt = pd.read_csv('/content/drive/My Drive/dataset/jdt.csv')
mozilla = pd.read_csv('/content/drive/My Drive/dataset/mozilla.csv')
```

```
platform = pd.read_csv('/content/drive/My Drive/dataset/platform.csv')
postgres = pd.read_csv('/content/drive/My Drive/dataset/postgres.csv')

df = pd.read_csv('/content/drive/My Drive/dataset/FinalDF.csv')

def normalize(x):
  x = x.astype(float)
  min = np.min(x)
  max = np.max(x)
  return (x - min)/(max-min)

def view_values(X, y, example):
    label = y.loc[example]
    image = X.loc[example,:].values.reshape([-1,1])
    print(image)
print("Shape of dataframe: ", df.shape)
```

执行后会输出：

```
Shape of dataframe:  (227417, 17)
```

（2）查看前 5 行数据中的信息，代码如下：

```
df = df.drop(['commitdate','transactionid'], axis=1)
df.head()
```

执行后会输出：

ns	nm	nf	entropy	la	ld	lt	fix	ndev	pd	npt	exp	rexp	sexp
bug													
0	1	1	3	0.579380	0.093620	0.000000		480.666667	1	14			
596	0.666667		143	133.50	129	1							
1	1	1	1	0.000000	0.000000	0.000000		398.000000	1	1			
0	1.000000		140	140.00	137	1							
2	3	3	52	0.739279	0.183477	0.208913		283.519231	0	23			
15836	0.750000		984	818.65	978	0							
3	1	1	8	0.685328	0.016039	0.012880		514.375000	1	21			
1281	1.000000		579	479.25	550	0							
4	2	2	38	0.769776	0.091829	0.072746		366.815789	1	21			
6565	0.763158		413	313.25	405	0							

（3）开始实现 DBN，首先创建 RBM，然后定义需要的超参数，并分别创建向前传递函数、向后传递函数和采样函数，其中 h 为隐藏层，v 为可见层。代码如下：

```
class RBM(object):

    def __init__(self, input_size, output_size,
                learning_rate, epochs, batchsize):
        #定义超参数
        self._input_size = input_size
        self._output_size = output_size
        self.learning_rate = learning_rate
        self.epochs = epochs
```

```
    self.batchsize = batchsize

    #使用零矩阵初始化权重和偏差
    self.w = np.zeros([input_size, output_size], dtype=np.float32)
    self.hb = np.zeros([output_size], dtype=np.float32)
    self.vb = np.zeros([input_size], dtype=np.float32)
#向前传递，其中 h 为隐藏层，v 为可见层
def prob_h_given_v(self, visible, w, hb):
    return tf.nn.sigmoid(tf.matmul(visible, w) + hb)
#从 RBM 已学习的生成模型生成新特征
def rbm_output(self, X):

    input_X = tf.constant(X)
    _w = tf.constant(self.w)
    _hb = tf.constant(self.hb)
    _vb = tf.constant(self.vb)
    out = tf.nn.sigmoid(tf.matmul(input_X, _w) + _hb)
    hiddenGen = self.sample_prob(self.prob_h_given_v(input_X, _w,
_hb))

    visibleGen = self.sample_prob(self.prob_v_given_h(hiddenGen, _w,
_vb))

    with tf.Session() as sess:
        sess.run(tf.global_variables_initializer())
        return sess.run(out), sess.run(visibleGen), sess.run(hiddenGen)



inputX = df.iloc[:,:-1].apply(func=normalize, axis=0).values
inputY= df.iloc[:,-1].values
print(type(inputX))
inputX = inputX.astype(np.float32)

#List to hold RBMs
rbm_list = []

#define parameters of RBMs we will train
# 14-20-12-12-2

# def __init__(self, input_size, output_size,learning_rate, epochs,
batchsize):
rbm_list.append(RBM(14, 20, 0.1, 200, 100))
rbm_list.append(RBM(20, 12, 0.05, 200, 100))
rbm_list.append(RBM(12, 12, 0.05, 200, 100))
```

（4）开始进行训练，为了实现更平衡的数据帧，使用函数 drop()删除不必要的字符
串列。在训练时需要设置 RBM 的参数，最后使用 for 循环遍历每个 RBM 输入输出列表。
执行后会输出：

```
deprecated and will be removed in a future version.
Instructions for updating:
```

```
Use 'tf.cast' instead.
Epoch: 0 reconstruction error: 0.113313
Epoch: 1 reconstruction error: 0.117359
Epoch: 2 reconstruction error: 0.114953
Epoch: 3 reconstruction error: 0.111951
Epoch: 4 reconstruction error: 0.110032
Epoch: 5 reconstruction error: 0.111399
Epoch: 6 reconstruction error: 0.111426
Epoch: 7 reconstruction error: 0.108291
Epoch: 8 reconstruction error: 0.109852
Epoch: 9 reconstruction error: 0.107341
Epoch: 10 reconstruction error: 0.103858
Epoch: 11 reconstruction error: 0.107152
Epoch: 12 reconstruction error: 0.108607
Epoch: 13 reconstruction error: 0.102160
Epoch: 14 reconstruction error: 0.106119
Epoch: 15 reconstruction error: 0.107382
Epoch: 16 reconstruction error: 0.108130
......
Epoch: 145 reconstruction error: 0.125590
Epoch: 146 reconstruction error: 0.122321
Epoch: 147 reconstruction error: 0.125713
Epoch: 148 reconstruction error: 0.127262
Epoch: 149 reconstruction error: 0.123992
```

（5）使用 for 循环遍历上面的每个 RBM 输入输出列表，并循环绘制重建误差和 RBM 的可视化图，代码如下：

```
i = 1
for err in error_list:
    print("RBM",i)
    pd.Series(err).plot(logy=False)
    plt.xlabel("Epoch")
    plt.ylabel("Reconstruction Error")
    plt.show()
    i += 1
```

执行效果如图 10-7 所示。

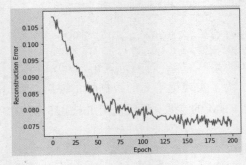

图 10-7 可视化图

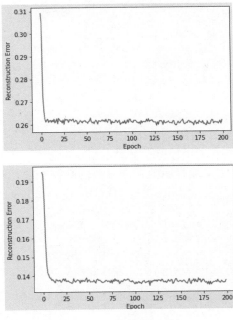

图 10-7 可视化图（续）

（6）开始实现 LogisticRegression、GaussianNB 和 RandomForestClassifier 的集成功能，并创建函数 f1score() 查看这种方案的得分。代码如下：

```
from sklearn.linear_model import LogisticRegression
from sklearn.naive_bayes import GaussianNB
from sklearn.ensemble import RandomForestClassifier

lr = LogisticRegression(random_state=1)
lr.fit(X_New_Train, row_Y)

forest = RandomForestClassifier(n_estimators=50, random_state=1)
forest.fit(X_New_Train, row_Y)

gnb = GaussianNB()
gnb.fit(X_New_Train, row_Y)

def f1score( tn, fp, fn, tp):
  precision = tp/(tp + fp)
  print('Precision: ',precision)
  recall = tp/(tp+fn)
  print('Recall: ',recall)
  return 2 * (precision * recall) / (precision + recall)

def f1score( tn, fp, fn, tp):
  precision = tp/(tp + fp)
  print('Precision: ',precision)
```

```
  recall = tp/(tp+fn)
  print('Recall: ',recall)
  return 2 * (precision * recall) / (precision + recall)

tn, fp, fn, tp = confusion_matrix(train_Y, y_pred, labels=[0,1]).ravel()
print('F1-score: ',f1score(tn, fp, fn, tp))
```

执行后会输出：

```
Precision:  0.561010804913244
Recall:  0.572023254144836
F1-score:  0.5664635121448497
```

（7）分离数据帧，自定义编写函数根据分离的数据获取预测结果。代码如下：

```
bugzilla = pd.read_csv('/content/drive/My Drive/dataset/bugzilla.csv')
columba = pd.read_csv('/content/drive/My Drive/dataset/columba.csv')
jdt = pd.read_csv('/content/drive/My Drive/dataset/jdt.csv')
mozilla = pd.read_csv('/content/drive/My Drive/dataset/mozilla.csv')
platform = pd.read_csv('/content/drive/My Drive/dataset/platform.csv')
postgres = pd.read_csv('/content/drive/My Drive/dataset/postgres.csv')

def preds(mod, op):
  y_preds = mod.predict(op)
  y_preds = (y_preds > 0.5)*1
  y_preds_final = np.array(y_preds)
  return y_preds_final

def concatenate(list1, list2, list3, list4):
  l = np.zeros(len(list1))
  for i in range (0, len(list1)-1):
    l[i] = (list1[i] + list2[i] + list3[i] + list4[i]) / 4
  return l

def predict(op):
  y_predict = concatenate(preds(ann, op), preds(lr, op), preds(forest,
op), preds(gnb, op))
  y_predict = (y_predict > 0.5)
  return y_predict

def dbn_op(inputX):
  for i in range(0, len(rbm_list)):
    rbm = rbm_list[i]

    outputX, reconstructedX, hiddenX = rbm.rbm_output(inputX)
    inputX= hiddenX
  return outputX


def dataframe_score(df1):
  df1 = df1.drop(['commitdate','transactionid'], axis=1)
```

```
    train_X_op  =  df1.iloc[:,:-1].apply(func=normalize,  axis=0).astype
(np.float32)
    train_Y_op = df1.iloc[:,-1]

    op = dbn_op(train_X_op)

    y_pred_op = predict(op)

    cm = confusion_matrix(train_Y_op, y_pred_op)
    print(cm)

    tn, fp, fn, tp = confusion_matrix(train_Y_op, y_pred_op, labels=[0,1]).
ravel()
    print('F1-score: ',f1score(tn, fp, fn, tp))

print('bugzilla:')
dataframe_score(bugzilla)
print('-------------------------------------------------------------')
print('columba:')
dataframe_score(columba)
print('-------------------------------------------------------------')
print('jdt:')
dataframe_score(jdt)
print('-------------------------------------------------------------')
print('mozilla:')
dataframe_score(mozilla)
print('-------------------------------------------------------------')
print('platform:')
dataframe_score(platform)
print('-------------------------------------------------------------')
print('postgres:')
dataframe_score(postgres)
print('-------------------------------------------------------------')
print('Overall:')
cm = confusion_matrix(train_Y, y_pred)
print(cm)
tn, fp, fn, tp = confusion_matrix(train_Y, y_pred, labels=[0,1]).ravel()
print('F1-score: ',f1score(tn, fp, fn, tp))
```

执行后会输出：

```
bugzilla:
[[ 686 2238]
 [ 224 1472]]
Precision:  0.3967654986522911
Recall:  0.8679245283018868
F1-score:  0.5445800961894193
-------------------------------------------------------------------
columba:
[[2071 1023]
```

```
 [ 922  439]]
Precision: 0.3002735978112175
Recall: 0.32255694342395297
F1-score: 0.3110166489550124
----------------------------------------------------------------
jdt:
[[21369 8928]
 [ 2923 2166]]
Precision: 0.19524067063277448
Recall: 0.4256238946747888
F1-score: 0.2676883148983501
----------------------------------------------------------------
mozilla:
[[36841 56285]
 [ 1420 3729]]
Precision: 0.0621355017162662
Recall: 0.724218294814527
F1-score: 0.11445145251139449
----------------------------------------------------------------
platform:
[[34859 19939]
 [ 3870 5582]]
Precision: 0.21872183691861605
Recall: 0.590562843842573
F1-score: 0.31921768221199215
----------------------------------------------------------------
postgres:
[[8623 6689]
 [3118 2001]]
Precision: 0.23026467203682394
Recall: 0.39089665950380936
F1-score: 0.28981099283076256
----------------------------------------------------------------
Overall:
[[22398 12473]
 [11926 15940]]
Precision: 0.561010804913244
Recall: 0.572023254144836
F1-score: 0.5664635121448497
```

第 11 章　强化学习实战

强化学习（Reinforcement Learning，RL），又称再励学习、评价学习或增强学习，是机器学习的范式和方法论之一，用于描述和解决智能体（agent）在与环境的交互过程中通过学习策略以达成回报最大化或实现特定目标的问题。在本章的内容中，将详细介绍使用 TensorFlow 实现强化学习开发的知识。

11.1　强化学习的基本概念

强化学习是智能体（Agent）以"试错"的方式进行学习，通过与环境进行交互获得的奖赏指导行为，目标是使智能体获得最大的奖赏。在本节的内容中，将简要介绍强化学习的几个概念。

11.1.1　基本模型和原理

强化学习是从动物学习、参数扰动自适应控制等理论发展而来的，其基本原理是：如果 Agent 的某个行为策略导致环境正的奖赏（强化信号），那么 Agent 以后产生这个行为策略的趋势便会加强。Agent 的目标是在每个离散状态发现最优策略以使期望的折扣奖赏和最大。

强化学习把学习看作是一个试探评价的过程，Agent 选择一个动作用于环境，环境接受该动作后状态发生变化，同时产生一个强化信号（奖或惩）反馈给 Agent，Agent 根据强化信号和环境当前状态再选择下一个动作，选择的原则是使受到正强化（奖）的概率增大。选择的动作不仅影响立即强化值，而且影响环境下一时刻的状态及最终的强化值。

强化学习不同于连接主义学习中的监督学习，主要表现在教师信号上，强化学习中由环境提供的强化信号是 Agent 对所产生动作的好坏作一种评价（通常为标量信号），而不是告诉 Agent 如何去产生正确的动作。由于外部环境提供了很少的信息，Agent 必须靠自身的经历进行学习。通过这种方式，Agent 在行动——评价的环境中获得知识，改进行动方案以适应环境。

强化学习系统学习的目标是动态地调整参数，以达到强化信号最大。若已知 r/A 梯度信息，则可直接可以使用监督学习算法。因为强化信号 r 与 Agent 产生的动作 A 没有明确的函数形式描述，所以梯度信息 r/A 无法得到。因此，在强化学习系统中，需要某种随机单元，使用这种随机单元，Agent 在可能动作空间中进行搜索并发现正确的动作。

强化学习的常见模型是标准的马尔可夫决策过程（Markov Decision Process，MDP）。按给定条件，强化学习可分为基于模式的强化学习（model-based RL）和无模式强化学习（model-free RL），以及主动强化学习（Active RL）和被动强化学习（Passive RL）。强化学习的变体包括逆向强化学习、阶层强化学习和部分可观测系统的强化学习。求解强化学习问题所使用的算法可分为策略搜索算法和值函数（value function）算法两类。深度学习模型可以在强化学习中得到使用，形成深度强化学习。

11.1.2 网络模型设计

在强化学习的网络模型中，每一个自主体由两个神经网络模块组成，即行动网络和评估网络。行动网络是根据当前的状态而决定下一个时刻施加到环境上的最好动作。

对于行动网络，强化学习算法允许它的输出节点进行随机搜索，有了来自评估网络的内部强化信号后，行动网络的输出节点即可有效地完成随机搜索并且大大地提高选择好的动作的可能性，同时可以在线训练整个行动网络。用一个辅助网络来为环境建模，评估网络根据当前的状态和模拟环境用于预测标量值的外部强化信号，这样它可单步和多步预报当前由行动网络施加到环境上的动作强化信号，可以提前向动作网络提供有关将候选动作的强化信号，以及更多的奖惩信息（内部强化信号），以减少不确定性并提高学习速度。

进化强化学习对评估网络使用时序差分预测方法（TD）和 BP 算法进行学习，而对行动网络进行遗传操作，使用内部强化信号作为行动网络的适应度函数。网络运算分为两个部分，即前向信号计算和遗传强化计算。在前向信号计算时，对评估网络采用时序差分预测方法，由评估网络对环境建模，可以进行外部强化信号的多步预测，评估网络提供更有效的内部强化信号给行动网络，使它产生更恰当的行动，内部强化信号使行动网络、评估网络在每一步都可以进行学习，而不必等待外部强化信号的到来，从而大大地加速了两个网络的学习。

11.2 Actor-Critic 算法

Actor-Critic 算法包括两部分：演员（Actor）和评价者（Critic）。其中，Actor 使用策略函数，负责生成动作（Action）并和环境交互。而 Critic 使用价值函数，负责评估Actor 的表现，并指导 Actor 下一阶段的动作。

11.2.1 Actor-Critic 算法介绍

在传统的深度学习算法中，有两种十分常见的算法：基于价值 Value 的强化学习算法 Deep Q Network 和策略梯度（Policy Gradient）算法。

- 基于值的强化学习算法：基本思想是根据当前的状态，计算采取每个动作的价值，然后根据价值贪心的选择动作。如果省略中间的步骤，即直接根据当前的状态来选择动作。

- 策略梯度算法：基于值的强化学习算法的基本思想是根据当前的状态，计算采取每个动作的价值，然后根据价值贪心的选择动作。如果省略中间的步骤，即直接根据当前的状态来选择动作，也就引出了策略梯度。

　　接下来将要学习的 Actor-Critic 算法，是结合了上面两种算法的基本思想而产生的。Actor-Critic 的 Actor 的前生是 Policy Gradients 算法，这能让它毫不费力地在连续动作中选取合适的动作，而 Q-learning 做这件事会很吃力。那为什么不直接用 Policy Gradients 呢？原来 Actor Critic 中的 Critic 的前生是 Q-learning 或者其他的以值为基础的学习法，能进行单步更新。而传统的 Policy Gradients 则是回合更新，这降低了学习效率。

　　既然 Actor 其实是一个 Policy Network，那么它就需要奖惩信息进行调节不同状态下采取各种动作的概率，在传统的 Policy Gradient 算法中，这种奖惩信息是通过走完一个完整的 episode 来计算得到的。这导致学习速率很慢，需要很长时间才可以学到东西。既然 Critic 是一个以值为基础的学习法，那么它可以进行单步更新，计算每一步的奖惩值。二者相结合，Actor 来选择动作，Critic 来告诉 Actor 它选择的动作是否合适。在这一过程中，Actor 不断迭代，得到每一个状态下选择每一动作的合理概率，Critic 也不断迭代，不断完善每个状态下选择每一个动作的奖惩值。

11.2.2　Actor-Critic 算法实战：手推购物车（实现 CartPole 游戏）

　　CartPole 是 OpenAI gym 中的一个游戏测试，目的是通过强化学习让 Agent 控制购物车 cart，使 Pole 尽量长时间不倒。这个游戏很简单，将购物车往不同的方向推，最终让车爬到山顶。本实例演示使用 TensorFlow 实现 Actor-Critic 算法的过程，功能是在 OpenAI Gym CartPole-V0 环境中训练代理。在 CartPole-v0 环境中，一根杆子连接到沿着无摩擦轨道移动的购物车上。杆是直立的，代理的目标是通过对购物车施加-1 或+1 的力来防止它翻倒。杆子保持直立的每一步都会得到+1 的奖励。当(1)杆子与垂直方向的夹角超过 15° 或(2)购物车从中心移动超过 2.4 个单位时，一 episode 播放结束。当这一集的平均总奖励在 100 次连续试验中达到 195 时，这个问题就被认为"解决了"。实例文件 ping01.py 的具体实现流程如下。

　　（1）导入需要的库，然后创建使用 CartPole-v0 环境。代码如下：

```
import collections
import gym
import numpy as np
import statistics
```

```
import tensorflow as tf
import tqdm

from matplotlib import pyplot as plt
from tensorflow.keras import layers
from typing import Any, List, Sequence, Tuple

#创建环境
env = gym.make("CartPole-v0")

#设置训练数量
seed = 42
env.seed(seed)
tf.random.set_seed(seed)
np.random.seed(seed)

# 稳定除法运算小值
eps = np.finfo(np.float32).eps.item()
```

（2）使用 Actor-Critic 算法开发神经网络，创建实现类 ActorCritic。Actor 和 Critic 可以分别使用生成行动概率和 Critic 值的一个神经网络来建模。在本实例中，使用模型子类化来定义模型。在前向传递期间，模型将状态作为输入，并输出动作概率和评论值，它对状态相关的价值函数进行建模。目标是训练一个基于策略选择动作的模型最大化预期回报。对于 Cartpole-v0 游戏来说，有四个代表购物车状态的值：分别是推车位置、推车速度、极角和极速。agent 代理可以采取两个动作分别向左(0)和向右(1)推动购物车。代码如下：

```
class ActorCritic(tf.keras.Model):
    """创建神经网络"""

    def __init__(
        self,
        num_actions: int,
        num_hidden_units: int):
        """初始化"""
        super().__init__()

        self.common = layers.Dense(num_hidden_units, activation="relu")
        self.actor = layers.Dense(num_actions)
        self.critic = layers.Dense(1)

    def call(self, inputs: tf.Tensor) -> Tuple[tf.Tensor, tf.Tensor]:
        x = self.common(inputs)
        return self.actor(x), self.critic(x)

num_actions = env.action_space.n  # 2
num_hidden_units = 128
```

```
model = ActorCritic(num_actions, num_hidden_units)
```

（3）开始训练数据，需要按照以下步骤训练 agent：

① 运行代理以收集每集的训练数据。

② 计算每个时间步的预期收益。

③ 计算 Actor-Critic 模型的损失。

④ 计算梯度并更新网络参数。

重复步骤①～④，直到达到成功标准或最大集数为止。

接下来首先收集训练数据，与监督学习一样，为了训练 Actor-Critic 模型，需要有训练数据。但是为了收集此类数据，模型需要在环境中"运行"。为每一 episode 收集训练数据。然后在每个时间步内，模型的前向传递将在环境状态下运行，以基于模型权重参数化的当前策略生成动作概率和评论值。然后将从模型生成的动作概率中采样下一个动作，并将其应用于环境，从而生成下一个状态和奖励。这个过程在函数 run_episode() 中实现，它使用 TensorFlow 操作，以便稍后可以将其编译成 TensorFlow 图以进行更快的训练。注意，tf.TensorArrays 用于支持可变长度数组的张量迭代。代码如下：

```
#将 OpenAI Gym 的'env.step'调用包装为 TensorFlow 函数中的操作。
#这将允许它包含在可调用的 TensorFlow 图中

def env_step(action: np.ndarray) -> Tuple[np.ndarray, np.ndarray,
np.ndarray]:
    """返回给定操作的状态、奖励和完成标志."""

    state, reward, done, _ = env.step(action)
    return (state.astype(np.float32),
        np.array(reward, np.int32),
        np.array(done, np.int32))


def tf_env_step(action: tf.Tensor) -> List[tf.Tensor]:
    return tf.numpy_function(env_step, [action],
                        [tf.float32, tf.int32, tf.int32])


def run_episode(
    initial_state: tf.Tensor,
    model: tf.keras.Model,
    max_steps: int) -> Tuple[tf.Tensor, tf.Tensor, tf.Tensor]:
    """运行单个事件以收集培训数据。"""

    action_probs = tf.TensorArray(dtype=tf.float32, size=0, dynamic_size=
True)
    values = tf.TensorArray(dtype=tf.float32, size=0, dynamic_size=True)
    rewards = tf.TensorArray(dtype=tf.int32, size=0, dynamic_size=True)
```

```
    initial_state_shape = initial_state.shape
    state = initial_state

    for t in tf.range(max_steps):
        #将状态转换为批处理张量（批处理大小=1）
        state = tf.expand_dims(state, 0)

        #运行模型并获取行动概率和临界值
        action_logits_t, value = model(state)

        # 从动作概率分布中选取下一个动作
        action = tf.random.categorical(action_logits_t, 1)[0, 0]
        action_probs_t = tf.nn.softmax(action_logits_t)

        # 存储 Critic 值
        values = values.write(t, tf.squeeze(value))

        #存储所选操作的日志概率
        action_probs = action_probs.write(t, action_probs_t[0, action])

        #对环境应用操作以获得下一个状态和奖励
        state, reward, done = tf_env_step(action)
        state.set_shape(initial_state_shape)

        #存储奖励
        rewards = rewards.write(t, reward)

        if tf.cast(done, tf.bool):
            break

    action_probs = action_probs.stack()
    values = values.stack()
    rewards = rewards.stack()

    return action_probs, values, rewards
```

（4）计算预期回报

每个时间步的奖励顺序 t，$r_t^T \cdot t = 1$ 是在一个情节中收集到的转化为一系列预期回报 $G \cdot t_t^T = 1$。其中，奖励总和取自当前时间步长 t 到 T 每个奖励乘以指数衰减的折扣因子 γ：

$$G_t = \sum^T \cdot t' = t\gamma^{t'-t}r \cdot t'$$

自从在 $\gamma \in (0,1)$ 范围内，距离当前时间步长更远的奖励的权重较小。从直觉上看，预期回报说明现在的奖励比以后的奖励更好。在数学意义上，就是保证奖励的总和收敛。为了稳定训练，会标准化处理训练结果的回报序列（具有零均值和单位标准偏差）。代码如下：

```
def get_expected_return(
    rewards: tf.Tensor,
    gamma: float,
    standardize: bool = True) -> tf.Tensor:
  """计算每个时间步的预期回报"""

  n = tf.shape(rewards)[0]
  returns = tf.TensorArray(dtype=tf.float32, size=n)

  # 从'rewards'结尾开始，将奖励金额累积到'returns'数组中
  rewards = tf.cast(rewards[::-1], dtype=tf.float32)
  discounted_sum = tf.constant(0.0)
  discounted_sum_shape = discounted_sum.shape
  for i in tf.range(n):
    reward = rewards[i]
    discounted_sum = reward + gamma * discounted_sum
    discounted_sum.set_shape(discounted_sum_shape)
    returns = returns.write(i, discounted_sum)
  returns = returns.stack()[::-1]

  if standardize:
    returns = ((returns - tf.math.reduce_mean(returns)) /
               (tf.math.reduce_std(returns) + eps))

  return returns
```

（5）因为使用 Actor-Critic 模型，因此选择的损失函数是用于训练的 actor 和 critic 损失的组合：

$$L = L_{\text{actor}} + L_{\text{critic}}$$

Actor 损失基于策略梯度，将 Critic 作为状态相关的基线，并使用单样本（每集）估计进行计算。

$$L_{\text{actor}} = -\sum_{t=1}^{T} \log \pi_\theta \left(a_t | s_t \right) \left[G\left(s_t, a_t \right) - V_\theta^\pi \left(s_t \right) \right]$$

T 为每集的时间步数，每集可能会有所不同；

S_t 为时间步长的状态；

a_t 为对于给定状态 S，在时间步长选择的动作；

π_θ 为由 θ 参数化的策略（参与者）；

V_θ^π 为由 θ 参数化的价值函数（Critic）；

$G = G_T$ 为给定状态的预期回报。

将一个负项被添加到总和中，因为这是通过最小化组合损失来最大化产生更高回报的动作的概率。

开始计算 Critic 损失，训练 V 尽可能接近 G 可以设置为具有以下损失函数的回归

问题：

$$L_{\text{critic}} = L_\delta\left(G, V_\theta^\pi\right)$$

L_δ 为 Huber loss，它对数据中的异常值比平方误差损失更不敏感。

```python
huber_loss = tf.keras.losses.Huber(reduction=tf.keras.losses.Reduction.SUM)

def compute_loss(
    action_probs: tf.Tensor,
    values: tf.Tensor,
    returns: tf.Tensor) -> tf.Tensor:
  """计算actor-critic组合的损失"""

  advantage = returns - values

  action_log_probs = tf.math.log(action_probs)
  actor_loss = -tf.math.reduce_sum(action_log_probs * advantage)

  critic_loss = huber_loss(values, returns)

  return actor_loss + critic_loss
```

（6）定义训练步骤以更新参数

上述所有步骤组合成一个训练步骤，每 episode 都会运行一次，这样损失函数的所有步骤都与 tf.GradientTape 上下文一起执行以实现自动微分。本实例使用 Adam 优化器将梯度应用于模型参数，在此步骤中，episode_reward 还用于计算未折扣奖励的总和。tf.function 上下文被施加到 train_step 功能，使得它可以被编译成一个可调用 TensorFlow 图，导致在训练 10 倍的加速。代码如下：

```python
optimizer = tf.keras.optimizers.Adam(learning_rate=0.01)


@tf.function
def train_step(
    initial_state: tf.Tensor,
    model: tf.keras.Model,
    optimizer: tf.keras.optimizers.Optimizer,
    gamma: float,
    max_steps_per_episode: int) -> tf.Tensor:
  """运行模型训练步骤"""

  with tf.GradientTape() as tape:

    #运行一集的模型以收集训练数据
    action_probs, values, rewards = run_episode(
        initial_state, model, max_steps_per_episode)
```

```
#计算预期收益
returns = get_expected_return(rewards, gamma)

# 将训练数据转换为适当的 TF 张量形状
action_probs, values, returns = [
    tf.expand_dims(x, 1) for x in [action_probs, values, returns]]

#计算损失值以更新我们的网络
loss = compute_loss(action_probs, values, returns)

#根据损失计算梯度
grads = tape.gradient(loss, model.trainable_variables)

#将渐变应用于模型的参数
optimizer.apply_gradients(zip(grads, model.trainable_variables))

episode_reward = tf.math.reduce_sum(rewards)

return episode_reward
```

（7）运行训练循环

通过运行训练步骤来执行训练，直到达到成功标准或最大 episode 数。将 episode 奖励的运行记录保存在队列中，一旦达到 100 次，最旧的奖励会从队列的左（尾）端移除，最新的奖励会被添加到头（右）。为了计算效率，还保持了奖励的运行总和。根据运行时间，可以在不到一分钟的时间内完成训练。代码如下：

```
min_episodes_criterion = 100
max_episodes = 10000
max_steps_per_episode = 1000

# 如果 100 次连续试验的平均奖励大于等于 195，则认为 Cartpole-v0
reward_threshold = 195
running_reward = 0

#未来奖励的折扣系数
gamma = 0.99

#保留最后一集奖励
episodes_reward: collections.deque = collections.deque(maxlen=min_episodes_
criterion)

with tqdm.trange(max_episodes) as t:
  for i in t:
    initial_state = tf.constant(env.reset(), dtype=tf.float32)
    episode_reward = int(train_step(
        initial_state, model, optimizer, gamma, max_steps_per_episode))
```

```
        episodes_reward.append(episode_reward)
        running_reward = statistics.mean(episodes_reward)

        t.set_description(f'Episode {i}')
        t.set_postfix(
            episode_reward=episode_reward, running_reward=running_reward)

        #平均每10集播放一集奖励
        if i % 10 == 0:
          pass # print(f'Episode {i}: average reward: {avg_reward}')

        if running_reward > reward_threshold and i >= min_episodes_criterion:
            break

print(f'\nSolved at episode {i}: average reward: {running_reward:.2f}!')


Episode 361:    4%|        | 361/10000 [01:16<34:10,  4.70it/s, episode_
reward=182, running_reward=195]
Solved at episode 361: average reward: 195.14!
CPU times: user 2min 50s, sys: 40.3 s, total: 3min 30s
Wall time: 1min 16s
```

（8）可视化

在训练完成后，建议可视化展示模型在环境中的表现。可以使用下面的代码以生成模型的一 episode 运行的 GIF 动画。注意，需要为 OpenAI Gym 安装其他软件包，才能够在 Colab 中正确渲染环境图像。

```
#渲染一 episode 并另存为 GIF 文件

from IPython import display as ipythondisplay
from PIL import Image
from pyvirtualdisplay import Display


display = Display(visible=0, size=(400, 300))
display.start()


def render_episode(env: gym.Env, model: tf.keras.Model, max_steps: int):
  screen = env.render(mode='rgb_array')
  im = Image.fromarray(screen)

  images = [im]

  state = tf.constant(env.reset(), dtype=tf.float32)
  for i in range(1, max_steps + 1):
    state = tf.expand_dims(state, 0)
    action_probs, _ = model(state)
```

```
    action = np.argmax(np.squeeze(action_probs))

    state, _, done, _ = env.step(action)
    state = tf.constant(state, dtype=tf.float32)

    # 每 10 步渲染一次屏幕
    if i % 10 == 0:
      screen = env.render(mode='rgb_array')
      images.append(Image.fromarray(screen))

    if done:
      break

  return images


#保存为 GIF 格式的图像
images = render_episode(env, model, max_steps_per_episode)
image_file = 'cartpole-v0.gif'
# loop=0:永远循环, duration=1: 每 1ms 播放 1 帧
images[0].save(
    image_file, save_all=True, append_images=images[1:], loop=0, duration=1)
```

执行后的可视化效果如图 11-1 所示。

图 11-1　手推购物车的可视化效果

通过上面对强化学习的了解，总结出强化学习包含以下 5 个基本对象。

- 状态 s：反映了环境的特征，在时间戳 t 上的状态记为 S_t，它可以是原始的视觉图像、语音波形等信号，也可以是高层特征，如速度、位置等数据，所有的状态构成了状态空间 S。

- 动作 a：智能体采取的行为，在时间戳 t 上的状态记为 a_t，可以是向左、向右等离散动作，也可以是力度、位置等连续动作，所有的动作构成了动作空间 A。

- 策略 π(a|s)：代表了智能体的决策模型，接收输入为状态 S，并给出决策后执行动作的概率分布 p(a|s)。

- 奖励 r(s,a)：表达环境在状态 s 时接收 a 后给出的反馈信号，是一个标量值，一定

程度上表达了动作的好与坏，在时间戳 t 上获得的激励记为 rt。

- 状态转移概率：表达了环境模型状态的变化规律，即当前状态 s 的环境在接收动作 a 后，状态改变为 s' 的概率分布。

再看下面的实例文件 ping02.py，使用强化学习实现了简易平衡杆功能。

```python
import tensorflow as tf
import numpy as np
import gym
import random
from collections import deque

num_episodes = 500                      # 游戏训练的总 episode 数量
num_exploration_episodes = 100          # 探索过程所占的 episode 数量
max_len_episode = 1000                  # 每个 episode 的最大回合数
batch_size = 32                         # 批次大小
learning_rate = 1e-3                    # 学习率
gamma = 1.                              # 折扣因子
initial_epsilon = 1.                    # 探索起始时的探索率
final_epsilon = 0.01                    # 探索终止时的探索率

class QNetwork(tf.keras.Model):
    def __init__(self):
        super().__init__()
        self.dense1 = tf.keras.layers.Dense(units=24, activation=tf.nn.relu)
        self.dense2 = tf.keras.layers.Dense(units=24, activation=tf.nn.relu)
        self.dense3 = tf.keras.layers.Dense(units=2)

    def call(self, inputs):
        x = self.dense1(inputs)
        x = self.dense2(x)
        x = self.dense3(x)
        return x

    def predict(self, inputs):
        q_values = self(inputs)
        return tf.argmax(q_values, axis=-1)

if __name__ == '__main__':
    env = gym.make('CartPole-v1')       # 实例化一个游戏环境，参数为游戏名称
    model = QNetwork()
    optimizer = tf.keras.optimizers.Adam(learning_rate=learning_rate)
    replay_buffer = deque(maxlen=10000) # 使用一个 deque 作为 Q Learning 的
经验回放池
    epsilon = initial_epsilon
    for episode_id in range(num_episodes):
        state = env.reset()             # 初始化环境，获得初始状态
        epsilon = max(                  # 计算当前探索率
```

```
                    initial_epsilon * (num_exploration_episodes - episode_id) /
num_exploration_episodes,
                final_epsilon)
            for t in range(max_len_episode):
                env.render()                           # 对当前帧进行渲染，绘图到屏幕
                if random.random() < epsilon:      # epsilon-greedy 探索策略，
以 epsilon 的概率选择随机动作
                    action = env.action_space.sample()      # 选择随机动作（探索）
                else:
                    action = model.predict(np.expand_dims(state, axis=0)).
numpy()    # 选择模型计算出的 Q Value 最大的动作
                    action = action[0]

                # 让环境执行动作，获得执行完动作的下一个状态，动作的奖励，游戏是否已结
束以及额外信息
                next_state, reward, done, info = env.step(action)
                # 如果游戏 Game Over，给予大的负奖励
                reward = -10. if done else reward
                # 将(state, action, reward, next_state)的四元组（外加 done 标签
表示是否结束）放入经验回放池
                replay_buffer.append((state, action, reward, next_state, 1 if
done else 0))
                # 更新当前 state
                state = next_state

                if done:                    # 游戏结束则退出本轮循环，进行下一个 episode
                    print("episode %d, epsilon %f, score %d" % (episode_id,
epsilon, t))
                    break

                if len(replay_buffer) >= batch_size:
                    # 从经验回放池中随机取一个批次的四元组，并分别转换为 NumPy 数组
                    batch_state, batch_action, batch_reward, batch_next_state,
batch_done = zip(
                        *random.sample(replay_buffer, batch_size))
                    batch_state, batch_reward, batch_next_state, batch_done = \
                        [np.array(a, dtype=np.float32) for a in [batch_state,
batch_reward, batch_next_state, batch_done]]
                    batch_action = np.array(batch_action, dtype=np.int32)

                    q_value = model(batch_next_state)
                    y = batch_reward + (gamma * tf.reduce_max(q_value, axis=1))
* (1 - batch_done)  # 计算 y 值
                    with tf.GradientTape() as tape:
                        loss = tf.keras.losses.mean_squared_error(  # 最小化 y
和 Q-value 的距离
                            y_true=y,
                            y_pred=tf.reduce_sum(model(batch_state) * tf.one_
```

```
hot(batch_action, depth=2), axis=1)
                        )
                grads = tape.gradient(loss, model.variables)
                optimizer.apply_gradients(grads_and_vars=zip(grads, model.
variables))        # 计算梯度并更新参数
```

11.3　TensorFlow 强化学习实战演练

经过前面内容的学习，已经掌握了在 TensorFlow 中实现强化学习的知识。在本节的内容中，将通过具体实例的实现过程，进一步掌握 TensorFlow 强化学习的核心知识。

11.3.1　推车子游戏

本项目的功能是使用强化学习（Reinforcement Learning，RL）的一个经典算法（Q-Learning），玩转 OpenAI gym game。本项目的游戏与本章前面的实例相同，也是 MountainCar-v0，这个游戏很简单，将车往不同的方向推，最终让车爬到山顶。本游戏主要包含 4 个概念，具体说明如表 11-1 所示。

表 11-1　CartPole 游戏中的 4 个概念

概　　念	解　　释	例　　子
State	list：状态，[位置，速度]	[0.5,−0.01]
Action	int：动作(0 向左推，1 不动，2 向右推)	2
Reward	float：每回合−1 分	−1
Done	bool：是否爬到山顶(True/False)，上限 200 回合	−1

如果购物车在 200 回合还未到达山顶，说明游戏失败，−200 是最低分。每个回合得−1 分，分数越高，说明尝试回合数越少，则越早地到达山顶。比如得分−100 分，表示仅经过 100 回合就到达山顶。

（1）初始化 Q-Table（Q 表）

如果有如表 11-2 所示的一张表，告诉我在某个状态（State）下，执行每一个动作（Action）产生的价值（Value），那么可通过查询表格，选择产生价值最大的动作。

表 11-2　状态说明表

State	Action 0	Action 1	Action 2
[0.2, −0.01]	10	−20	−30
[-0.3, 0.01]	100	0	0
[-0.1, −0.01]	0	−10	20

应该如何计算价值（Value）呢？游戏的最终目标是爬到山顶，爬到山顶前的每一个动作都为最终的目标贡献了价值，因此每一个动作的价值计算，和最终的结果，也就是与未来（Future）有关。这就是强化学习的经典算法 Q-Learning 设计的核心。Q-Learning

中的 Q，代表 Action-Value，也可以理解为 Quality。而上面这张表，就称为 Q 表（Q-Table）。

Q-Learning 的目的是创建 Q-Table。有了 Q-Table，自然能知道选择哪一个 Action 了。编写程序文件 q_learning.py，先初始化一张 Q 表（Q-Table）。

```
# 默认将 Action 0,1,2 的价值初始化为 0
Q = defaultdict(lambda: [0, 0, 0])
```

（2）连续状态映射

但是此时 Q-Table 有一个问题，用字典来表示 Q-Table，State 中的值是浮点数，是连续的，说明有无数种状态，这样更新 Q-Table 的值是不可能实现的。因此需要对 State 进行线性转换，实现归一化处理。即将 State 中的值映射到[0, 40]的空间中。这样，将无数种状态映射到 40×40 种状态。在文件 q_learning.py 中的代码如下：

```
env = gym.make('MountainCar-v0')


def transform_state(state):
    """将 position, velocity 通过线性转换映射到 [0, 40] 范围内"""
    pos, v = state
    pos_low, v_low = env.observation_space.low
    pos_high, v_high = env.observation_space.high

    a = 40 * (pos - pos_low) / (pos_high - pos_low)
    b = 40 * (v - v_low) / (v_high - v_low)

    return int(a), int(b)

# print(transform_state([-1.0, 0.01]))
# eg: (4, 22)
```

（3）更新 Q-Table

究竟应该如何更新 Q-Table 呢？请看下面这个简化版的公式：

```
Q[s][a] = (1 - lr) * Q[s][a] + lr * (reward + factor * max(Q[next_s]))
```

上述公式的具体说明如表 11-3 所示。

表 11-3　公式的具体说明

表 达 式	含　　义	简　　介
s, a, next_s	-	当前状态，当前动作，下一个状态
reward	奖励	执行 a 动作的奖励
Q[s][a]	价值	状态 s 下，动作 a 产生的价值
max(Q[next_s])	最大价值	下一个状态下，所有动作价值的最大值
lr	学习速率(learning_rate)	lr 越大，保留之前训练效果越少。lr 为 0，Q[s, a]值不变；lr 为 1 时，完全抛弃了原来的值
factor	折扣因子(discount_factor)	factor 越大，表示越重视历史的经验；factor 为 0 时，只关心当前利益(reward)

为什么是 max(Q[next_s]），而不是 min(Q[next_s])呢？在 Q-Table 中，状态 next_s 有 3 个动作可选，即[0, 1, 2]，对应价值**Q[next_s][0]，Q[next_s][1]，Q[next_s][2]**。Q[s][a] 的值应由产生的最大价值的动作决定。

假如我们想象成一个极端场景：在五子棋的最后一步，下在 X 位置赢，100 分；其他位置输，0 分。那怎么衡量倒数第二步的价值呢？当然是由最后一步的最大价值决定，不能因为最后一步走错了，就否定前面动作的价值。

（4）训练并保存模型

接下来开始训练，把上面的这个公式嵌入 OpenAI gym 中。训练完成后，保存这个模型。

```
lr, factor = 0.7, 0.95
episodes = 10000   # 训练10000次
score_list = []    # 记录所有分数
for i in range(episodes):
    s = transform_state(env.reset())
    score = 0
    while True:
        a = np.argmax(Q[s])
        # 训练刚开始，多一点随机性，以便有更多的状态
        if np.random.random() > i * 3 / episodes:
            a = np.random.choice([0, 1, 2])
        # 执行动作
        next_s, reward, done, _ = env.step(a)
        next_s = transform_state(next_s)
        # 根据上面的公式更新 Q-Table
        Q[s][a] = (1 - lr) * Q[s][a] + lr * (reward + factor * max(Q[next_s]))
        score += reward
        s = next_s
        if done:
            score_list.append(score)
            print('episode:', i, 'score:', score, 'max:', max(score_list))
            break
env.close()

# 保存模型
with open('MountainCar-v0-q-learning.pickle', 'wb') as f:
    pickle.dump(dict(Q), f)
    print('model saved')
```

因为 Q 表的状态比较多，当训练到 3 000 次时，仍旧没能成功到达山顶。最终训练结束时，分数保持在-150 左右，最大分数达到-119。代码中的参数都是随便选取的，如果进一步优化，会得到更好的结果。执行后会输出：

```
$ python q_learning.py
episode: 3080 score: -200.0 max: -200
episode: 3081 score: -200.0 max: -200
...
episode: 9996 score: -169.0 max: -119.0
```

```
episode: 9997 score: -141.0 max: -119.0
episode: 9998 score: -160.0 max: -119.0
episode: 9999 score: -161.0 max: -119.0
model saved
```

（5）测试模型

编写测试文件 test_q_learning.py，加载上面训练的模型，展示推车子游戏的执行效果。

```
def transform_state(state):
    """将 position, velocity 通过线性转换映射到 [0, 40] 范围内"""
    pos, v = state
    pos_low, v_low = env.observation_space.low
    pos_high, v_high = env.observation_space.high

    a = 40 * (pos - pos_low) / (pos_high - pos_low)
    b = 40 * (v - v_low) / (v_high - v_low)

    return int(a), int(b)


# 加载模型
with open('MountainCar-v0-q-learning.pickle', 'rb') as f:
    Q = pickle.load(f)
    print('model loaded')


env = gym.make('MountainCar-v0')
s = env.reset()
score = 0
while True:
    env.render()
    time.sleep(0.01)
    # transform_state 函数 与 训练时的一致
    s = transform_state(s)
    a = np.argmax(Q[s]) if s in Q else 0
    s, reward, done, _ = env.step(a)
    score += reward
    if done:
        print('score:', score)
        break
env.close()
```

执行后的效果如图 11-2 所示。

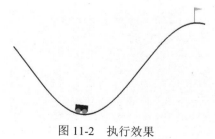

图 11-2　执行效果

11.3.2 自动驾驶程序

本实例将对上一个手推购物车游戏程序使用 TF-Agents 对项目进行升级，升级为一个需要翻阅两座山的自动驾驶程序。TF-Agents 是一个第三方库，提供了经过充分测试且可修改和扩展的模块化组件，可帮助开发者更轻松地设计、实现和测试新的 RL 算法。TF-Agents 支持快速代码迭代，具备良好的测试集成和基准化分析。

本项目是解决 MountainCar-v0 问题的升级版，在这个特定的控制理论问题中，汽车位于一维轨道上，位于两座"山"之间。目标是使动力不足的汽车到达右侧山顶。唯一对汽车的干扰是以固定的动量向左或向右推动汽车，因此使用 tf.agents 在模型上实现强化学习，让汽车来回行驶自动向前到达山顶。在彻底研究 MountainCar-v0 环境后，对部分环境进行修改。

- 在原来的环境中修改了奖励，使培训更加方便。
- 修改了汽车路线，使问题复杂化，让汽车翻越两座高山。

实例文件 MountainCar.ipynb 在谷歌 colab 中调试运行，具体实现流程如下：

（1）安装需要的库

```
!sudo apt-get install -y xvfb ffmpeg
!pip install -q gym
!pip install -q 'imageio==2.4.0'
!pip install -q PILLOW
!pip install -q pyglet
!pip install -q pyvirtualdisplay
!pip install -q tf-agents
```

（2）需要设置的参数

- 启动状态：车辆在 x 轴上的位置在 x 轴上分配了一个统一的随机值[-0.6, -0.4]。
- 起始速度：汽车速度在开始时始终指定为 0。
- 游戏结束：轿厢位置大于 0.5，表示已到达山顶。或情节长度大于 200。
- 布线公式：此环境中的位置对应于 x，高度对应于对 y。高度不属于观测值，它与位置一一对应。

```
y = sin(3x
```

实现本环境的代码如下：

```
class ChangeRewardMountainCarEnv(MountainCarEnv):
  def __init__(self, goal_velocity=0):
    super(ChangeRewardMountainCarEnv, self).__init__(goal_velocity=
goal_velocity)

  def step(self, action):
    assert self.action_space.contains(action), "%r (%s) invalid" %
(action, type(action))
```

```
        position, velocity = self.state
        ####改变奖励
        past_reward = 100*(np.sin(3 * position) * 0.0025 + 0.5 * velocity *
velocity)

        velocity += (action - 1) * self.force + math.cos(3 * position) *
(-self.gravity)
        velocity = np.clip(velocity, -self.max_speed, self.max_speed)
        position += velocity
        position = np.clip(position, self.min_position, self.max_position)
        if position == self.min_position and velocity < 0:
          velocity = 0

        done = bool(
          position >= self.goal_position and velocity >= self.goal_velocity
        )
        ####改变奖励
        now_reward = 100*(np.sin(3 * position) * 0.0025 + 0.5 * velocity *
velocity)
        reward = now_reward - past_reward
        if done:
          reward += 1

        self.state = (position, velocity)
        return np.array(self.state), reward, done, {}

    def RL_train(train_env, eval_env, fc_layer_params=(48,64,), name=
'train'):

      global agent, random_policy, returns, steps

      # Q 网络
      q_net = q_network.QNetwork(
        train_env.observation_spec(),
        train_env.action_spec(),
        fc_layer_params=fc_layer_params,
        )

      #优化器
      optimizer = tf.compat.v1.train.AdamOptimizer(learning_rate=learning_
rate)

      # DQN Agent
      train_step_counter = tf.Variable(0)
      agent = dqn_agent.DqnAgent(
```

```
        train_env.time_step_spec(),
        train_env.action_spec(),
        q_network=q_net,
        optimizer=optimizer,
        td_errors_loss_fn=common.element_wise_squared_loss,
        gamma = 0.99,
        target_update_tau = 0.005,
        train_step_counter=train_step_counter,
        )
    agent.initialize()

    #政策
    eval_policy = agent.policy
    collect_policy = agent.collect_policy
    random_policy = random_tf_policy.RandomTFPolicy(train_env.time_step_
spec(), train_env.action_spec())

    #重新播送缓冲器
    replay_buffer = tf_uniform_replay_buffer.TFUniformReplayBuffer(
      data_spec=agent.collect_data_spec,

      batch_size=train_env.batch_size,
      max_length=replay_buffer_max_length)

    # 收集数据
    collect_data(train_env, agent.policy, replay_buffer, initial_collect_
steps)

    #数据管道
    dataset = replay_buffer.as_dataset(
      num_parallel_calls=4,
      sample_batch_size=batch_size,
      num_steps=2).prefetch(4)
    iterator = iter(dataset)

    #弹道
    time_step = train_env.current_time_step()
    action_step = agent.collect_policy.action(time_step)
    next_time_step = train_env.step(action_step.action)
    traj = trajectory.from_transition(time_step, action_step, next_time_
step)
    replay_buffer.add_batch(traj)
    # Reset the train step
    agent.train_step_counter.assign(0)

    #在训练前评估一次代理人的政策
    avg_return, avg_step = compute_avg_return(eval_env, agent.policy, num_
eval_episodes)
```

```
    returns = [avg_return]
    steps = [avg_step]

    #训练政策
    for _ in range(num_iterations):

      #使用 Collect_策略收集一些步骤并保存到 replay 缓冲区
      collect_data(train_env, agent.collect_policy, replay_buffer, collect_
steps_per_iteration)

      #从缓冲区中采样一批数据并更新代理的网络
      experience, unused_info = next(iterator)
      train_loss = agent.train(experience).loss

      step = agent.train_step_counter.numpy()

      if step % log_interval == 0:
        print('step = {0}: loss = {1}'.format(step, train_loss))

      if step % eval_interval == 0:
        avg_return, avg_step = compute_avg_return(eval_env, agent.policy,
num_eval_episodes)
        print('step = {0}: Average Return = {1}, Average Steps =
{2}'.format(step, avg_return, avg_step))
        returns.append(avg_return)
        steps.append(avg_step)

    #保存代理和策略
    checkpoint_dir = os.path.join(tempdir, 'checkpoint' + name)
    global_step = tf.compat.v1.train.get_or_create_global_step()
    train_checkpointer = common.Checkpointer(
        ckpt_dir=checkpoint_dir,
        max_to_keep=1,
        agent=agent,
        policy=agent.policy,
        replay_buffer=replay_buffer,
        global_step=global_step
    )
    policy_dir = os.path.join(tempdir, 'policy' + name)
    tf_policy_saver = policy_saver.PolicySaver(agent.policy)
    train_checkpointer.save(global_step)
    tf_policy_saver.save(policy_dir)
```

（3）在 MountainCar-v0 中，输入数据是观察值，输出数据是行动 Action 和奖励 Reward
的组合。然后开始训练，代码如下：

```
num_iterations = 100000 # @param {type:"integer"}

initial_collect_steps = 100  # @param {type:"integer"}
```

```
    collect_steps_per_iteration = 1  # @param {type:"integer"}
    replay_buffer_max_length = 100000  # @param {type:"integer"}

    batch_size = 256  # @param {type:"integer"}
    learning_rate = 1e-3 # @param {type:"number"}
    log_interval = 200  # @param {type:"integer"}

    num_eval_episodes = 10  # @param {type:"integer"}
    eval_interval = 1000  # @param {type:"integer"}

    tempdir = '/content/drive/MyDrive/5242/Project' # @param {type:"string"}

    train_py_env = gym_wrapper.GymWrapper(
        ChangeRewardMountainCarEnv(),
        discount=1,
        spec_dtype_map=None,
        auto_reset=True,
        render_kwargs=None,
      )
    eval_py_env = gym_wrapper.GymWrapper(
        ChangeRewardMountainCarEnv(),
        discount=1,
        spec_dtype_map=None,
        auto_reset=True,
        render_kwargs=None,
      )
    train_py_env = wrappers.TimeLimit(train_py_env, duration=200)
    eval_py_env = wrappers.TimeLimit(eval_py_env, duration=200)

    train_env = tf_py_environment.TFPyEnvironment(train_py_env)
    eval_env = tf_py_environment.TFPyEnvironment(eval_py_env)

    RL_train(train_env, eval_env, fc_layer_params = (48,64,), name =
'_train')
```

（4）绘制两幅可视化的平均回报曲线图，代码如下：

```
iterations = range(len(returns))
plt.plot(iterations, returns)
plt.ylabel('Average Return')
plt.xlabel('Iterations')

iterations = range(len(steps))
plt.plot(iterations, steps)
plt.ylabel('Average Step')
plt.xlabel('Iterations')
```

执行效果如图 11-3 所示。

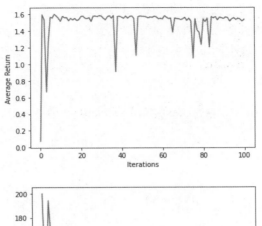

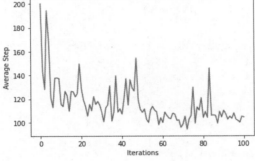

图 11-3 执行效果

（5）编写函数 create_policy_eval_video()创建策略评估视频，代码如下：

```
def create_policy_eval_video(policy, filename, num_episodes=5, fps=30):
  filename = filename + ".mp4"
  with imageio.get_writer(filename, fps=fps) as video:
    for _ in range(num_episodes):
      time_step = eval_env.reset()
      video.append_data(eval_py_env.render())
      while not time_step.is_last():
        action_step = policy.action(time_step)
        time_step = eval_env.step(action_step.action)
        video.append_data(eval_py_env.render())
  return embed_mp4(filename)

create_policy_eval_video(saved_policy, "trained-agent", 5, 60)
N = 200
now_reward, now_step = compute_avg_return(eval_env, saved_policy, N)
print('Average reward for %d consecutive trials: %f' %(N, now_reward))
print('Average step for %d consecutive trials: %f' %(N, now_step))

create_policy_eval_video(random_policy, "random-agent", 5, 60)
```

（6）修改环境

● 启动状态：车辆在 x 轴上的位置在 x 轴上分配了一个统一的随机值[−0.8, −0.2]。

- 起始速度：汽车的速度在开始时始终指定为 0。
- 游戏结束：轿厢位置大于 4.7，表示已达到极限右山顶。或情节长度大于 500。
- 布线公式：此环境中的位置对应于 x，高度对应于 Y 高度不属于观测值，它通过以下公式逐个对应位置：

$$y = \begin{cases} 3*(x+1.2)*np.\cos(-3.6)+np.\sin(-3.6) & -2 \leqslant x \leqslant -1.2 \\ \sin(3x) & -1.2 < x \leqslant \dfrac{\pi}{2} \\ -3*\sin(x)+2 & \dfrac{\pi}{2} < x \leqslant 5 \end{cases}$$

实现本环境的代码如下：

```
class NewMountainCarEnv(MountainCarEnv):
    def __init__(self, goal_velocity=0):
        super(NewMountainCarEnv, self).__init__(goal_velocity=goal_velocity)
        self.min_position = -2
        self.left_position = -1.2
        self.middle_position = np.pi / 2
        self.max_position = 5
        self.max_speed = 0.2
        self.goal_position = 4.7
        self.goal_velocity = goal_velocity

    def _cal_ypos(self, x):
        if x < self.left_position:
            return 3 * (x - self.left_position) * np.cos(3 * self.left_
position) + np.sin(3 * self.left_position)
        elif x < self.middle_position:
            return np.sin(3 * x)
        else:
            return -3 * np.sin(x) + 2

    def step(self, action):
        assert self.action_space.contains(action), "%r (%s) invalid" %
(action, type(action))

        position, velocity = self.state
        #### Changed reward
        past_reward = 100 * (self._cal_ypos(position) * 0.0025 + 0.5 *
velocity * velocity)

        if position < self.left_position:
            velocity += (action - 1) * self.force + math.cos(3 *
self.left_position) * (-self.gravity)
        elif position < self.middle_position:
            velocity += (action - 1) * self.force + math.cos(3 * position)
```

```
* (-self.gravity)
        else:
            velocity += (action - 1) * self.force - math.cos(position) *
(-self.gravity)
        velocity = np.clip(velocity, -self.max_speed, self.max_speed)
        position += velocity
        position = np.clip(position, self.min_position, self.max_position)

        if (position == self.min_position and velocity < 0):
            velocity = 0

        done = bool(
            position >= self.goal_position and velocity >= self.goal_
velocity
        )
        #### Changed reward
        now_reward = 100 * (self._cal_ypos(position) * 0.0025 + 0.5 *
velocity * velocity)

        reward = now_reward - past_reward
        if done:
            reward += 5

        self.state = (position, velocity)
        return np.array(self.state), reward, done, {}

    def reset(self):
        self.state = np.array([self.np_random.uniform(low=-0.8, high=
-0.2), 0])
        return np.array(self.state)

    def _height(self, xs):
        try:
            ys = []
            for s in xs:
                ys += [self._cal_ypos(s) * .45 + .55]
            return np.asarray(ys)
        except:
            return self._cal_ypos(xs) * .45 + .55

    def render(self, mode='human'):
        screen_width = 600
        screen_height = 400

        world_width = self.max_position - self.min_position
        scale = screen_width / world_width
        carwidth = 20
        carheight = 10
```

```
        if self.viewer is None:
            from gym.envs.classic_control import rendering
            self.viewer = rendering.Viewer(screen_width, screen_height)
            xs = np.linspace(self.min_position, self.max_position, 300)
            ys = self._height(xs)
            xys = list(zip((xs - self.min_position) * scale, ys * scale))

            self.track = rendering.make_polyline(xys)
            self.track.set_linewidth(4)
            self.viewer.add_geom(self.track)

            clearance = 5

            l, r, t, b = -carwidth / 2, carwidth / 2, carheight, 0
            car = rendering.FilledPolygon([(l, b), (l, t), (r, t), (r, b)])
            car.add_attr(rendering.Transform(translation=(0, clearance)))
            self.cartrans = rendering.Transform()
            car.add_attr(self.cartrans)
            self.viewer.add_geom(car)
            frontwheel = rendering.make_circle(carheight / 2.5)
            frontwheel.set_color(.5, .5, .5)
            frontwheel.add_attr(
                rendering.Transform(translation=(carwidth / 4, clearance))
            )
            frontwheel.add_attr(self.cartrans)
            self.viewer.add_geom(frontwheel)
            backwheel = rendering.make_circle(carheight / 2.5)
            backwheel.add_attr(
                rendering.Transform(translation=(-carwidth / 4, clearance))
            )
            backwheel.add_attr(self.cartrans)
            backwheel.set_color(.5, .5, .5)
            self.viewer.add_geom(backwheel)
            flagx = (self.goal_position - self.min_position) * scale
            flagy1 = self._height(self.goal_position) * scale
            flagy2 = flagy1 + 50
            flagpole = rendering.Line((flagx, flagy1), (flagx, flagy2))
            self.viewer.add_geom(flagpole)
            flag = rendering.FilledPolygon(
                [(flagx, flagy2), (flagx, flagy2 - 10), (flagx + 25, flagy2
- 5)]
            )
            flag.set_color(.8, .8, 0)
            self.viewer.add_geom(flag)
    .........
```

（7）绘制新的两幅可视化的平均回报曲线图，代码如下：

```
iterations = range(len(returns))
plt.plot(iterations, returns)
```

```
plt.ylabel('Average Return')
plt.xlabel('Iterations')


iterations = range(len(steps))
plt.plot(iterations, steps)
plt.ylabel('Average Step')
plt.xlabel('Iterations')
```

执行效果如图 11-4 所示。

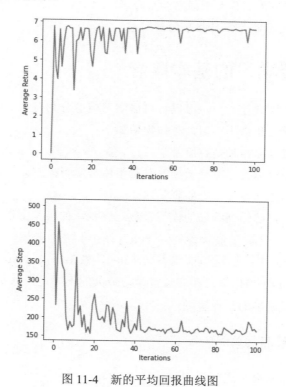

图 11-4　新的平均回报曲线图

打开生成的 MP4 文件，可以查看修改后的执行动画效果，汽车需要自动翻越两座高山，如图 11-5 所示。

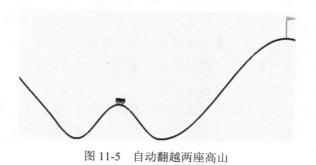

图 11-5　自动翻越两座高山

第 12 章　无监督学习实战

有监督学习是一种目的明确的训练方式，你知道得到的是什么；而无监督学习则是没有明确目的的训练方式，你无法提前知道结果是什么。在本章的内容中，将详细介绍使用 TensorFlow 开发无监督学习程序的知识。

12.1　无监督学习的基本概念

如果按照学习理论进行划分，可以将机器学习模型分为有监督学习、半监督学习、无监督学习、迁移学习和强化学习，具体说明如下：

- 当训练样本带有标签时是有监督学习；
- 训练样本部分有标签，部分无标签时是半监督学习；
- 训练样本全部无标签时是无监督学习；
- 迁移学习就是把已经训练好的模型参数迁移到新的模型上以帮助新模型训练；
- 强化学习是一个学习最优策略（Policy），可以让本体（Agent）在特定环境（Environment）中，根据当前状态（State），做出行动（Action），从而获得最大回报（Reward）。强化学习和有监督学习最大的不同是，每次的决定没有对与错，而是希望获得最多的累计奖励。

12.1.1　什么是无监督学习

在现实生活中常常会有遇到以下问题：

（1）缺乏足够的先验知识，因此难以人工标注类别；

（2）进行人工类别标注的成本太高。

很自然地，我们希望计算机能代我们（部分）完成这些工作，或至少提供一些帮助。常见的应用背景包括：

（1）从庞大的样本集合中选出一些具有代表性的加以标注用于分类器的训练。

（2）先将所有样本自动分为不同的类别，再由人类对这些类别进行标注。

（3）在无类别信息情况下，寻找好的特征。

在遇到上述问题时，人们很自然地希望计算机能代替我们完成这些工作，或至少提供一些帮助。根据类别未知（没有被标记）的训练样本解决模式识别中的各种问题，称为无监督学习。

12.1.2　有监督学习、无监督学习和半监督学习的对比

在现实应用中，很多人会混淆监督学习、无监督学习和半监督学习的概念，接下来简单对比三者的概念和关系。

1．有监督学习

有监督学习的任务是学习一个模型，这个模型可以处理任意的一个输入，并且针对每个输入都可以映射输出一个预测结果。这里，模型就相当于数学中的一个函数，输入就相当于数学中的 X，而预测结果就相当于数学中的 Y。对于每一个 X，都可通过一个映射函数映射出一个结果。

2．无监督学习

直接对没有标记的训练数据进行建模学习，注意，在这里的数据是没有标记的数据，与有监督学习最基本的区别是建模的数据一个有标签，另一个没有标签。例如，聚类（将物理或抽象对象的集合分成由类似的对象组成的多个类的过程被称为聚类）就是一种典型的无监督学习，分类就是一种典型的有监督学习。

3．半监督学习

当我们拥有标记的数据很少，未被标记的数据很多，但是人工标注又比较昂贵时。可以根据一些条件（查询算法）查询（query）一些数据，让专家进行标记。这是半监督学习与其他算法的本质的区别。所以说对主动学习的研究主要是设计一种框架模型，运用新的查询算法查询需要专家来认为标注的数据。最后用查询到的样本训练分类模型来提高模型的精确度。

12.2　无监督学习应用实战

经过前面内容的学习，基本了解了无监督学习的基础知识。在本节的内容中，将详细讲解使用 TensorFlow 开发无监督学习程序的知识。

12.2.1　训练商品评论模型

在本项目"Review-Generator"中，在"data"目录的记事本文件中保存了用户对商品的评论。使用 TensorFlow 中的 Keras 生成目标产品评论，以创建无监督的深度学习模型。

（1）编写文件 createData.py 处理"data"目录中的数据，将文本内容拆分为评论，并清除每一行的标点符号和大写字母，最后对每条评论换行处理。代码如下：

```
reviewData = open("data/data.txt", 'r')
cleanData = open("data/cleanData.txt", 'w')
cleanDataPunc = open("data/cleanData_withPunc.txt", 'w')
cleanData.truncate(0)
```

```
onReview = 0
# 迭代每一行，将文本拆分为评论，并清除每一行的标点符号和大写字母
for line in reviewData:
    curLine = ""
    for word in line.split():
        if(word == "\"reviewText\":"):
            onReview = 1
        if(word == "\"summary\":" or word == "\"overall\":"):
            onReview = 0
            break
        if(onReview == 1):
            curLine += word + " "
    # 删除新字符行
    curLine = curLine.replace('\\n', ' ')
    curLine = curLine.replace('  ', ' ')
    cleanDataPunc.write(curLine[15:-3])
    cleanDataPunc.write("\n")

    #去掉标点符号
    curLine = curLine.translate(str.maketrans('', '', string.punctuation))
    #修剪线的起点和终点
    cleanData.write(curLine[11:])

    #添加换行符
    cleanData.write("\n")
cleanData.close()
```

（2）编写文件 revgen.py，加载使用训练好的模型 fake_review.hdf5 分类处理用户的评论，代码如下：

```
def create_dataset(window_size):

    text = open('data/cleanData.txt').readlines()
    text2 = open('data/cleanData_withPunc.txt').read()
    print('corpus length:', len(text))

    chars = sorted(list(set(text2)))
    print(chars)

    print('total chars:', len(chars))
    char_indices = dict((c, i) for i, c in enumerate(chars))
    indices_char = dict((i, c) for i, c in enumerate(chars))

    step = 1
    sentences = []
    next_chars = []

    for reviews in text:
        #在"干净数据"部分中，审阅长度 > 40
```

```
        for i in range(0, len(reviews) - window_size + 1, step):

            sentences.append(reviews[i: i + window_size])
            next_chars.append(reviews[i + 1:i + 1 + window_size])


    X = np.zeros((len(sentences), window_size, len(chars)), dtype=np.
bool)  # 40 排 len(chars) col, one-hot 米线
    y = np.zeros((len(sentences), window_size, len(chars)), dtype=np.
bool)  # y 也是一个序列, 或 1 个热向量的序列
    for i, sentence in enumerate(sentences):
        for t, char in enumerate(sentence):
            X[i, t, char_indices[char]] = 1
    print(X.shape)

    for i, sentence in enumerate(next_chars):
        for t, char in enumerate(sentence):
            y[i, t, char_indices[char]] = 1

    print(y.shape)

    return len(chars), X, y, char_indices, indices_char


def create_model(input_dimension, epoch_num):
    print('Create the model')
    model = Sequential()
    model.add(LSTM(512, input_shape=(None,input_dimension), return_
sequences=True)) #将版本更改为 2.0.0input_dim=input_dimension,
    model.add(Dropout(0.2))
    model.add(LSTM(512, return_sequences=True))
    model.add(Dropout(0.2))
    model.add(Dense(input_dimension, activation='softmax'))

    model.compile(loss='categorical_crossentropy', optimizer='rmsprop')
    print(model.summary())

    filepath = "fake_review.hdf5"
    checkpoint = ModelCheckpoint(filepath, monitor='loss', verbose=1,
save_best_only=True, mode='min')
    callbacks_list = [checkpoint]

    model.fit(X, y, epochs=epoch_num, batch_size=128, callbacks=callbacks_
list)

    return model

def generate_fake_review(seed_str, input_dimension,model,char_indices,
```

```
indices_char,sentence_num):
      print("seed string -->", seed_str)
      print('The generated text is:')

      generateText = seed_str

      for i in range(10000):
          # generate sentence_num sentences
          if generateText.count('.')> sentence_num:
              break

          x = np.zeros((1, len(seed_str), input_dimension))
          for t, char in enumerate(seed_str):
              x[0, t, char_indices[char]] = 1.

          preds = model.predict(x, verbose=0)[0]

          next_index = np.argmax(preds[len(seed_str) - 1])
          next_char = indices_char[next_index]
          seed_str = seed_str + next_char

          generateText = generateText + next_char

          if i % 100 == 0:
              print(i/100)

      print(generateText)
      return generateText


    if __name__ == '__main__':
      input_dimension, X, y, char_indices, indices_char = create_dataset
(window_size=40)
      model = create_model(input_dimension, epoch_num= 5)
      model = load_model('fake_review.hdf5')
      fake_text = generate_fake_review('i love the sushi',input_dimension,
model, char_indices, indices_char, 10)

      text_file = open("Output.txt", "w")
      text_file.write("GenerateText : \n  %s" % fake_text)
      text_file.close()
```

12.2.2　视频嵌入系统

请看下面的实例，功能是使用 Keras OpenCV 来初始预处理，然后使用 TensorFlow 对某个视频进行无监督学习，在本实例中，将视频（.mp4 格式）转换为 256 列向量，这样就可以在广告推荐系统中进一步使用。程序文件 Main.ipynb 的具体实现流程如下。

（1）准备要处理的 MP4 视频文件：

```
count = 0
videoFile = "/home/til/Video/data/Fun2.mp4"
videoCapture = cv2.VideoCapture(videoFile)      #从给定路径捕获视频
frameRate = videoCapture.get(5)                 #速率为每 5 秒 1 帧
x=1
while(videoCapture.isOpened()):
    frameId = videoCapture.get(1)               #当前帧号
    ret, frame = videoCapture.read()
    if (ret != True):
        break
    if (frameId % math.floor(frameRate) == 0):
        filename ="/home/til/Video/code/Images/frame%d.jpg"  % count;
count+=1
        cv2.imwrite(filename, frame)
videoCapture.release()
```

（2）将采集到的视频使用库 PIL 进行处理，将每一个视频帧保存为 JPG 文件。

```
from PIL import Image
import os, sys
path = "/home/til/Video/code/Images/"
path1 = "/home/til/Video/code/resize/"
dirs = sorted(os.listdir( path ))
print (dirs)
def resize():
    for item in dirs:
        if os.path.isfile(path+item):
            im = Image.open(path+item).convert("RGB")
            f, e = os.path.splitext(path+item)
            imResize = im.resize((96,64), Image.ANTIALIAS)
            imResize.save(f + '.jpg', 'JPEG', quality=90)

resize()


['frame0.jpg', 'frame1.jpg', 'frame10.jpg', 'frame11.jpg', 'frame12.jpg',
'frame13.jpg', 'frame14.jpg', 'frame15.jpg', 'frame16.jpg', 'frame17.jpg',
'frame18.jpg', 'frame19.jpg', 'frame2.jpg', 'frame20.jpg', 'frame21.jpg',
'frame22.jpg', 'frame23.jpg', 'frame24.jpg', 'frame25.jpg', 'frame26.jpg',
'frame27.jpg', 'frame28.jpg', 'frame29.jpg', 'frame3.jpg', 'frame30.jpg',
'frame31.jpg', 'frame32.jpg', 'frame33.jpg', 'frame34.jpg', 'frame35.jpg',
'frame36.jpg', 'frame37.jpg', 'frame38.jpg', 'frame39.jpg', 'frame4.jpg',
'frame40.jpg', 'frame41.jpg', 'frame42.jpg', 'frame43.jpg', 'frame44.jpg',
'frame45.jpg', 'frame46.jpg', 'frame47.jpg', 'frame48.jpg', 'frame49.jpg',
'frame5.jpg', 'frame50.jpg', 'frame51.jpg', 'frame52.jpg', 'frame53.jpg',
'frame54.jpg', 'frame55.jpg', 'frame56.jpg', 'frame57.jpg', 'frame58.jpg',
'frame59.jpg', 'frame6.jpg', 'frame60.jpg', 'frame61.jpg', 'frame62.jpg',
'frame7.jpg', 'frame8.jpg', 'frame9.jpg']
```

（3）加载处理其中的一帧图片，在标准化处理后可以将其转换为 JPG 格式或数组格式。

```
from keras.preprocessing.image import load_img
#载入图片
img = load_img('/home/til/Video/code/Images/frame1.jpg')
# report details about the image
print(type(img))
print(img.format)
print(img.mode)
print(img.size)
#显示图像
img.show()
images = []
for item in dirs:
    if os.path.isfile(path+item):
        img = cv2.imread(path+item)
        img_gray = cv2.cvtColor(img, cv2.COLOR_BGR2GRAY)

        X = np.array(img_gray)
        X = X.astype('float32')
        #标准化 X
        X /= 255.0

        images.append(X)


#如果需要，转换为 RGB
  # img = img.convert('RGB')
#转换为数组

images = np.array(images)
print(images.shape)

<class 'PIL.JpegImagePlugin.JpegImageFile'>
JPEG
RGB
(96, 64)

(63, 64, 96)
```

（4）开始训练图片，设置训练超参数，创建编码模型，使用函数 summary()打印输出概览信息。代码如下：

```
x_train = images
warnings.filterwarnings('ignore', category=UserWarning, module='skimage')
seed = 42
random.seed = seed
np.random.seed = seed

IMG_WIDTH = 96
```

```
    IMG_HEIGHT = 64
    IMG_CHANNELS = 3

INPUT_SHAPE = (64, 96, 1)

from keras.layers import Input, Dense, UpSampling2D, Flatten, Reshape

def Encoder():
    inp = Input(shape=INPUT_SHAPE)
    x = Conv2D(128, (4, 4), activation='elu', padding='same',name=
'encode1')(inp)
    x = Conv2D(64, (3, 3), activation='elu', padding='same',name=
'encode2')(x)
    x = MaxPooling2D((2, 2), padding='same')(x)
    x = Conv2D(64, (3, 3), activation='elu', padding='same',name=
'encode3')(x)
    x = Conv2D(32, (2, 2), activation='elu', padding='same',name=
'encode4')(x)
    x = MaxPooling2D((2, 2), padding='same')(x)
    x = Conv2D(64, (3, 3), activation='elu', padding='same',name=
'encode5')(x)
    x = Conv2D(32, (2, 2), activation='elu', padding='same',name=
'encode6')(x)
    x = MaxPooling2D((2, 2), padding='same')(x)
    x = Conv2D(64, (3, 3), activation='elu', padding='same',name=
'encode7')(x)
    x = Conv2D(32, (2, 2), activation='elu', padding='same',name=
'encode8')(x)
    x = MaxPooling2D((2, 2), padding='same')(x)
    x = Conv2D(32, (3, 3), activation='elu', padding='same',name=
'encode9')(x)
    x = Flatten()(x)
    x = Dense(256, activation='elu',name='encode10')(x)
    encoded = Dense(128, activation='sigmoid',name='encode11')(x)
    return Model(inp, encoded)

encoder = Encoder()
encoder.summary()

Model: "model_9"
```

Layer (type)	Output Shape	Param #
input_7 (InputLayer)	(None, 64, 96, 1)	0
encode1 (Conv2D)	(None, 64, 96, 128)	2176
encode2 (Conv2D)	(None, 64, 96, 64)	73792

```
max_pooling2d_17 (MaxPooling (None, 32, 48, 64)        0

encode3 (Conv2D)            (None, 32, 48, 64)        36928

encode4 (Conv2D)            (None, 32, 48, 32)        8224

max_pooling2d_18 (MaxPooling (None, 16, 24, 32)        0

encode5 (Conv2D)            (None, 16, 24, 64)        18496

encode6 (Conv2D)            (None, 16, 24, 32)        8224

max_pooling2d_19 (MaxPooling (None, 8, 12, 32)         0

encode7 (Conv2D)            (None, 8, 12, 64)         18496

encode8 (Conv2D)            (None, 8, 12, 32)         8224

max_pooling2d_20 (MaxPooling (None, 4, 6, 32)          0

encode9 (Conv2D)            (None, 4, 6, 32)          9248

flatten_5 (Flatten)         (None, 768)               0

encode10 (Dense)            (None, 256)               196864

encode11 (Dense)            (None, 128)               32896
=================================================================
Total params: 413,568
Trainable params: 413,568
Non-trainable params: 0
```

（5）为了在训练过程中缩小学习率，进而提升模型，在本实例中使用 Keras 中的回调函数 ReduceLROnPlateau()，最后保存训练的模型。

```
learning_rate_reduction = ReduceLROnPlateau(monitor='val_loss', patience=4,
verbose=1, factor=0.5, min_lr=0.00001)

checkpoint = ModelCheckpoint("Dancer_Auto_Model.hdf5", save_best_only=True,
monitor='val_loss', mode='min')

early_stopping = EarlyStopping(monitor='val_loss', patience=8, verbose=1,
mode='min', restore_best_weights=True)
```

（6）在训练完毕后，使用 imshow()输出显示指定大小的图像。

```
class ImgSample(Callback):

    def __init__(self):
```

```
        super(Callback, self).__init__()

    def on_epoch_end(self, epoch, logs={}):
        sample_img = x_train[50]
        sample_img = sample_img.reshape(1, IMG_HEIGHT, IMG_WIDTH, 1)
        sample_img = self.model.predict(sample_img)[0]
        imshow(sample_img.reshape(IMG_HEIGHT,IMG_WIDTH))
        plt.show()


imgsample = ImgSample()
model_callbacks = [learning_rate_reduction, checkpoint, early_stopping,
imgsample]
imshow(x_train[50].reshape(IMG_HEIGHT,IMG_WIDTH))
```

执行效果如图 12-1 所示。

图 12-1　执行效果

（7）调用前面训练的模型文件，调用函数 decoder.predict()对测试集进行预测，最后
输出预测解码图像。

```
encoder = Encoder()
encoder.load_weights("Auto_Weights.hdf5", by_name=True)

encoder.save('Encoder_Model.hdf5')

decoder.save_weights("Decoder_Weights.hdf5")
encoder.save_weights("Encoder_Weights.hdf5")

encoder_imgs = encoder.predict(x1)
print(encoder_imgs.shape)
np.save('Encoded.npy',encoder_imgs)

decoded_imgs = decoder.predict(encoder_imgs[0:11])

plt.figure(figsize=(20, 4))
```

```
for i in range(5,10):
    # reconstruction
    plt.subplot(1, 10, i + 1)
    plt.imshow(decoded_imgs[i].reshape(IMG_HEIGHT, IMG_WIDTH))
    plt.axis('off')

plt.tight_layout()
plt.show()
```

执行效果如图 12-2 所示。

图 12-2　预测图像

（8）创建 LSTM 网络，设置训练超参数，创建编码模型，使用函数 summary()打印输出概览信息。

```
seed = 42
random.seed = seed
np.random.seed = seed

IMG_WIDTH = 96
    IMG_HEIGHT = 64
    IMG_CHANNELS = 3

from keras.layers import Input, Dense, UpSampling2D, Flatten, Reshape

def Encoder():
    inp = Input(shape=INPUT_SHAPE)
    x = Conv2D(128, (4, 4), activation='elu', padding='same',name=
'encode1')(inp)
    x = Conv2D(64, (3, 3), activation='elu', padding='same',name=
'encode2')(x)
    x = MaxPooling2D((2, 2), padding='same')(x)
    x = Conv2D(64, (3, 3), activation='elu', padding='same',name=
'encode3')(x)
    x = Conv2D(32, (2, 2), activation='elu', padding='same',name=
'encode4')(x)
    x = MaxPooling2D((2, 2), padding='same')(x)
    x = Conv2D(64, (3, 3), activation='elu', padding='same',name=
'encode5')(x)
    x = Conv2D(32, (2, 2), activation='elu', padding='same',name=
'encode6')(x)
    x = MaxPooling2D((2, 2), padding='same')(x)
    x = Conv2D(64, (3, 3), activation='elu', padding='same',name=
'encode7')(x)
    x = Conv2D(32, (2, 2), activation='elu', padding='same',name=
```

```
'encode8')(x)
      x = MaxPooling2D((2, 2), padding='same')(x)
      x = Conv2D(32, (3, 3), activation='elu', padding='same',name=
'encode9')(x)
      x = Flatten()(x)
      x = Dense(256, activation='elu',name='encode10')(x)
      encoded = Dense(128, activation='sigmoid',name='encode11')(x)
      return Model(inp, encoded)

encoder = Encoder()
encoder.summary()
```

执行后会输出：

```
Model: "model_9"
```

Layer (type)	Output Shape	Param #
input_7 (InputLayer)	(None, 64, 96, 1)	0
encode1 (Conv2D)	(None, 64, 96, 128)	2176
encode2 (Conv2D)	(None, 64, 96, 64)	73792
max_pooling2d_17 (MaxPooling	(None, 32, 48, 64)	0
encode3 (Conv2D)	(None, 32, 48, 64)	36928
encode4 (Conv2D)	(None, 32, 48, 32)	8224
max_pooling2d_18 (MaxPooling	(None, 16, 24, 32)	0
encode5 (Conv2D)	(None, 16, 24, 64)	18496
encode6 (Conv2D)	(None, 16, 24, 32)	8224
max_pooling2d_19 (MaxPooling	(None, 8, 12, 32)	0
encode7 (Conv2D)	(None, 8, 12, 64)	18496
encode8 (Conv2D)	(None, 8, 12, 32)	8224
max_pooling2d_20 (MaxPooling	(None, 4, 6, 32)	0
encode9 (Conv2D)	(None, 4, 6, 32)	9248
flatten_5 (Flatten)	(None, 768)	0
encode10 (Dense)	(None, 256)	196864

```
encode11 (Dense)              (None, 128)              32896
=================================================================
Total params: 413,568
Trainable params: 413,568
Non-trainable params: 0
```

（9）创建模型后保存，然后使用函数 imshow()输出显示指定大小的图像。

```
learning_rate_reduction = ReduceLROnPlateau(monitor='val_loss',
                                            patience=4,
                                            verbose=1,
                                            factor=0.5,
                                            min_lr=0.00001)

checkpoint = ModelCheckpoint("Dancer_Auto_Model.hdf5",
                             save_best_only=True,
                             monitor='val_loss',
                             mode='min')

early_stopping = EarlyStopping(monitor='val_loss',
                               patience=8,
                               verbose=1,
                               mode='min',
                               restore_best_weights=True)

class ImgSample(Callback):

    def __init__(self):
        super(Callback, self).__init__()

    def on_epoch_end(self, epoch, logs={}):
        sample_img = x_train[50]
        sample_img = sample_img.reshape(1, IMG_HEIGHT, IMG_WIDTH, 1)
        sample_img = self.model.predict(sample_img)[0]
        imshow(sample_img.reshape(IMG_HEIGHT,IMG_WIDTH))
        plt.show()


imgsample = ImgSample()
model_callbacks = [learning_rate_reduction, checkpoint, early_stopping,
imgsample]
imshow(x_train[50].reshape(IMG_HEIGHT,IMG_WIDTH))
```

第 13 章　TensorFlow Lite 移动端与嵌入式轻量级开发实战

TensorFlow Lite 是一组工具，可帮助开发者在移动设备、嵌入式设备和 IoT 设备上运行 TensorFlow 模型。TensorFlow Lite 支持设备端机器学习推断，延迟较低，并且二进制文件很小。

在本章的内容中，将详细介绍开发 TensorFlow Lite 程序的知识。

13.1　安装 TensorFlow Lite 解释器

TensorFlow Lite 允许开发者在多种设备上运行 TensorFlow 模型。TensorFlow 模型是一种数据结构，这种数据结构包含了在解决一个特定问题时，训练得到的机器学习网络的逻辑和知识。在实际开发过程中，可以通过多种方式获得 TensorFlow 模型，从使用预训练模型（pre-trained models）到训练自己的模型。为了在 TensorFlow Lite 中使用模型，模型必须转换成一种特殊格式。

要想使用 Python 快速运行 TensorFlow Lite 模型，需要先安装 TensorFlow Lite 解释器，而无须安装 2.2.1 节和 2.2.2 节中介绍的所有 TensorFlow 软件包。只包含 TensorFlow Lite 解释器的软件包是完整 TensorFlow 软件包的一小部分，其中只包含使用 TensorFlow Lite 运行所需要的最少代码：仅包含 Python 类 tf.lite.Interpreter。如果只想执行 .tflite 模型，而不希望庞大的 TensorFlow 库占用磁盘空间，那么只安装这个小软件包是最理想的选择。

注意：如果需要访问其他 Python API（如 TensorFlow Lite 转换器），则必须安装完整的 TensorFlow 软件包。

在计算机中使用 pip install 命令安装 TensorFlow Lite，假如你的 Python 版本是 3.9，则可以使用以下命令安装 TensorFlow Lite：

```
pip install https://dl.google.com/coral/python/tflite_runtime-2.1.0.
post1-cp39-cp39m-linux_armv7l
```

13.2　在 Android 中创建 TensorFlow Lite

Android 是谷歌旗下的一款产品，与计算机中的操作系统（如 Windows 和 Linux）类似。Android 是一款智能设备操作系统的名字，可以运行在手机、平板电脑等设备中。

13.2.1 需要安装的工具

Android 开发工具由多个开发包组成的，具体说明如下：

- JDK：可以到网址 http://www.oracle.com/technetwork/java/javase/downloads/index.html 下载。
- Android Studio：可以到 Android 的官方网站 https://developer.android.google.cn/下载。
- Android SDK：在安装 Android Studio 后，通过 Android Studio 可以安装 Android SDK。

13.2.2 新建 Android 工程

（1）打开 Android Studio，单击"Start a new Android Studio project"按钮，新建一个 Android 工程，如图 13-1 所示。

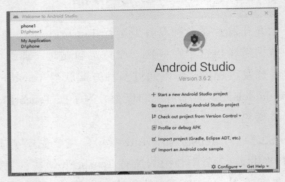

图 13-1 单击"Start a new Android Studio project"按钮

（2）在"Name"文本框中设置工程名是"android"，在"Language"选项中设置所使用的开发语言是"Java"，如图 13-2 所示。

最终的目录结构如图 13-3 所示。

图 13-2 设置所使用的开发语言是"Java"

图 13-3 Android 工程的目录结构

13.2.3　使用 JCenter 中的 TensorFlow Lite AAR

如果要在 Android 应用程序中使用 TensorFlow Lite，建议大家使用在 JCenter 中托管的 TensorFlow Lite AAR，其中包含 Android ABIs 中所有的二进制文件。例如在本实例中，在 build.gradle 依赖中可通过如下代码来使用 TensorFlow Lite：

```
dependencies {
    implementation 'org.tensorflow:tensorflow-lite:0.0.0-nightly'
}
```

在现实应用中，建议通过只包含需要支持的 ABIs 来减少应用程序的二进制文件大小。推荐大家删除其中的 x86、x86_64 和 arm32 的 ABIs。例如，可通过如下的 Gradle 配置代码实现：

```
android {
    defaultConfig {
        ndk {
            abiFilters 'armeabi-v7a', 'arm64-v8a'
        }
    }
}
```

在上述配置代码中，设置只包括 armeabi-v7a 和 arm64-v8a，该配置能涵盖现实中大部分的 Android 设备。

13.2.4　运行和测试

本实例是一个能够在 Android 上运行 TensorFlow Lite 的应用程序，功能是使用"图像分类"模型对从设备后置摄像头看到的任何内容进行连续分类，然后使用 TensorFlow Lite Java API 执行推理。演示应用程序实时对图像进行分类，最后显示出最有可能的分类。

（1）将 Android 手机连接到计算机，并确保批准手机上出现的任何 ADB 权限提示。

（2）依次单击 Android Studio 顶部的"Run""Run app"开始构建程序，如图 13-4 所示。

（3）在连接的设备中选择部署目标到将安装应用程序的设备，这将在设备上安装该应用程序。安装完成后将自动运行本实例，执行效果如图 13-5 所示。

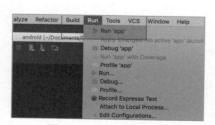

图 13-4　开始运行程序

图 13-5　执行效果

13.3　TensorFlow Lite 转换器实战

通过使用 TensorFlow Lite 转换器，根据输入的 TensorFlow 模型生成 TensorFlow Lite 模型。TensorFlow Lite 模型文件是一种优化的 FlatBuffer 格式，以".tflite"为文件扩展名。

13.3.1　转换方式

在开发过程中，可通过以下两种方式使用 TensorFlow Lite 转换器：

● Python API（推荐）：可以更轻松地在模型开发流水线中转换模型、应用优化、添加元数据，并且拥有更多功能。

● 命令行：仅支持基本模型转换。

在接下来的内容中，将详细讲解这两种转换方式的知识和用法。

1．Python API

在使用 Python API 方式生成 TensorFlow Lite 模型之前，需要先确定已安装 TensorFlow 的版本，具体方法是运行如下代码：

```
print(tf.__version__)
```

要详细了解 TensorFlow Lite converter API 的信息，请运行下面的代码：

```
print(help(tf.lite.TFLiteConverter))
```

如果开发者已经安装了 TensorFlow，则可使用 tf.lite.TFLiteConverter 转换 TensorFlow 模型。TensorFlow 模型是使用 SavedModel 格式存储的，并通过高阶 tf.keras.* API（Keras 模型）或低阶 tf.* API（用于生成具体函数）生成。具体来说，开发者可以使用以下三个选项转换 TensorFlow 模型。

● tf.lite.TFLiteConverter.from_saved_model()（推荐）：转换 SavedModel。

● tf.lite.TFLiteConverter.from_keras_model()：转换 Keras 模型。

● tf.lite.TFLiteConverter.from_concrete_functions()：转换具体函数。

下面将详细讲解上述三种转换方式的用法。

（1）转换 SavedModel（推荐）

例如在下面的代码中，演示了将 SavedModel 转换为 TensorFlow Lite 模型的过程。

```
import tensorflow as tf
# 转换模型
converter = tf.lite.TFLiteConverter.from_saved_model(saved_model_dir)
# path to the SavedModel directory
tflite_model = converter.convert()
# 保存模型
with open('model.tflite', 'wb') as f:
  f.write(tflite_model)
```

（2）转换 Keras 模型

在下面的实例文件 cov01.py 中，演示了将 Keras 模型转换为 TensorFlow Lite 模型的过程。

```
import tensorflow as tf

#使用高级 tf.keras.*API 创建模型
model = tf.keras.models.Sequential([
    tf.keras.layers.Dense(units=1, input_shape=[1]),
    tf.keras.layers.Dense(units=16, activation='relu'),
    tf.keras.layers.Dense(units=1)
])
model.compile(optimizer='sgd', loss='mean_squared_error') # compile the
model
model.fit(x=[-1, 0, 1], y=[-3, -1, 1], epochs=5) # train the model
# (to generate a SavedModel) tf.saved_model.save(model, "saved_model_
keras_dir")

#转换模型
converter = tf.lite.TFLiteConverter.from_keras_model(model)
tflite_model = converter.convert()

#保存模型
with open('model.tflite', 'wb') as f:
  f.write(tflite_model)
```

执行后会将创建的模型转换为 TensorFlow Lite 模型，并保存为文件 model.tflite，如图 13-6 所示。

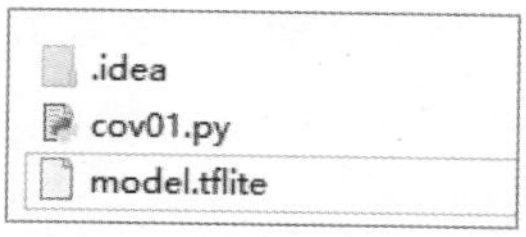

（3）转换具体函数

到作者写作本书时为止，目前仅支持转换单个具体函数。例如，在下面的代码中，演示了将具体函数转换为 TensorFlow Lite 模型的过程。

图 13-6　TensorFlow Lite 模型

```
import tensorflow as tf
#使用低级 tf.*API 创建模型
class Squared(tf.Module):
  @tf.function
  def __call__(self, x):
    return tf.square(x)
model = Squared()
# (ro run your model) result = Squared(5.0) # This prints "25.0"
# (to generate a SavedModel) tf.saved_model.save(model, "saved_model_
tf_dir")
concrete_func = model.__call__.get_concrete_function()

#转换模型
converter = tf.lite.TFLiteConverter.from_concrete_functions([concrete_
func])
tflite_model = converter.convert()
```

```
#保存模型
with open('model.tflite', 'wb') as f:
  f.write(tflite_model)
```

注意：在开发过程中，建议使用上面介绍的 Python API 方式转换 TensorFlow Lite 模型。

2．命令行工具

如果已经使用 pip 安装了 TensorFlow，则使用 tflite_convert 命令。如果已从源代码安装了 TensorFlow，则可以在命令行中使用如下命令转换：

```
tflite_convert
```

如果要查看所有的可用标记，则使用以下命令：

```
$ tflite_convert --help

'--output_file'. Type: string. Full path of the output file.
'--saved_model_dir'. Type: string. Full path to the SavedModel directory.
'--keras_model_file'. Type: string. Full path to the Keras H5 model file.
'--enable_v1_converter'. Type: bool. (default False) Enables the
converter and flags used in TF 1.x instead of TF 2.x.

You are required to provide the '--output_file` flag and either the
'--saved_model_dir' or '--keras_model_file' flag.
```

（1）转换 SavedModel

将 SavedModel 转换为 TensorFlow Lite 模型的命令如下：

```
tflite_convert \
  --saved_model_dir=/tmp/mobilenet_saved_model \
  --output_file=/tmp/mobilenet.tflite
```

（2）转换 Keras H5 模型

将 Keras H5 模型转换为 TensorFlow Lite 模型的命令如下：

```
tflite_convert \
  --keras_model_file=/tmp/mobilenet_keras_model.h5 \
  --output_file=/tmp/mobilenet.tflite
```

在使用命令方式或者 Python API 方式转换为 TensorFlow Lite 模型后，添加元数据，从而在设备上部署模型时可以更轻松地创建平台专用封装容器代码。最后使用 TensorFlow Lite 解释器在客户端设备（如移动设备、嵌入式设备）上运行模型。

13.3.2　将 TensorFlow RNN 转换为 TensorFlow Lite

通过使用 TensorFlow Lite，能够将 TensorFlow RNN 模型转换为 TensorFlow Lite 的融合 LSTM 运算。融合运算的目的是最大限度地提高其底层内核实现的性能，同时也提供一个更高级别的接口来定义如量化之类的复杂转换。在 TensorFlow 中的 RNN API 的变体有很多，转换方法主要包括如下两个方面：

- 为标准 TensorFlow RNN API（如 Keras LSTM）提供原生支持，这是推荐选项。
- 提供了进入转换基础架构的接口，用于插入用户定义的 RNN 实现并转换为 TensorFlow Lite。在谷歌官方提供了几个有关此类转换的开箱即用的示例，这些示例使用的是 lingvo 的 LSTMCellSimple 和 LayerNormalizedLSTMCellSimple RNN 接口。

转换器 API 的功能是 TensorFlow 2.3 版本的一部分，也可以通过 tf-nightly pip 或从头部获得。当通过 SavedModel 或直接从 Keras 模型转换到 TensorFlow Lite 时，可以使用此转换功能。例如在下面的代码中，演示了将保存的模型转换为 TensorFlow Lite 模型的方法。

```
#构建保存的模型
#此处的转换函数是对应于包含一个或多个 Keras LSTM 层的 TensorFlow 模型的导出函数
saved_model, saved_model_dir = build_saved_model_lstm(...)
saved_model.save(saved_model_dir, save_format="tf", signatures=concrete_func)
# 转换模型
converter = TFLiteConverter.from_saved_model(saved_model_dir)
tflite_model = converter.convert()
```

再看下面的代码，演示了将 Keras 模型转换为 TensorFlow Lite 模型的方法。

```
#建立一个 Keras 模型
keras_model = build_keras_lstm(...)
#转换模型
converter = TFLiteConverter.from_keras_model(keras_model)
tflite_model = converter.convert()
```

在现实应用中，使用最多的是实现 Keras LSTM 到 TensorFlow Lite 的开箱即用的转换。请看下面的实例文件 cov02.py，功能是使用 Keras 构建用于实现 MNIST 识别的 TFLite LSTM 融合模型，然后将其转换为 TensorFlow Lite 模型。

实例文件 cov02.py 的具体实现代码如下：

（1）构建 MNIST LSTM 模型，代码如下：

```
import numpy as np
import tensorflow as tf

model = tf.keras.models.Sequential([
    tf.keras.layers.Input(shape=(28, 28), name='input'),
    tf.keras.layers.LSTM(20, time_major=False, return_sequences=True),
    tf.keras.layers.Flatten(),
    tf.keras.layers.Dense(10, activation=tf.nn.softmax, name='output')
])
model.compile(optimizer='adam',
              loss='sparse_categorical_crossentropy',
              metrics=['accuracy'])
model.summary()
```

（2）训练和评估模型，本实例将使用 MNIST 数据训练模型。代码如下：

```
#加载 MNIST 数据集
```

```
(x_train, y_train), (x_test, y_test) = tf.keras.datasets.mnist.load_data()
x_train, x_test = x_train / 255.0, x_test / 255.0
x_train = x_train.astype(np.float32)
x_test = x_test.astype(np.float32)

# 如果要快速测试流，请将其更改为 True
# 使用小数据集和仅 1 个 epoch 进行训练。该模型将工作得很差，但这提供了一种测试转换是
否端到端工作的快速方法
_FAST_TRAINING = False
_EPOCHS = 5
if _FAST_TRAINING:
  _EPOCHS = 1
  _TRAINING_DATA_COUNT = 1000
  x_train = x_train[:_TRAINING_DATA_COUNT]
  y_train = y_train[:_TRAINING_DATA_COUNT]

model.fit(x_train, y_train, epochs=_EPOCHS)
model.evaluate(x_test, y_test, verbose=0)
```

（3）将 Keras 模型转换为 TensorFlow Lite 模型，代码如下：

```
run_model = tf.function(lambda x: model(x))
#这很重要，让我们修正输入大小
BATCH_SIZE = 1
STEPS = 28
INPUT_SIZE = 28
concrete_func = run_model.get_concrete_function(
    tf.TensorSpec([BATCH_SIZE, STEPS, INPUT_SIZE], model.inputs[0].dtype))

#保存模型的目录
MODEL_DIR = "keras_lstm"
model.save(MODEL_DIR, save_format="tf", signatures=concrete_func)

converter = tf.lite.TFLiteConverter.from_saved_model(MODEL_DIR)
tflite_model = converter.convert()
```

（4）检查转换后的 TensorFlow Lite 模型，现在开始加载 TensorFlow Lite 模型并使用
TensorFlow Lite Python 解释器来验证结果。代码如下：

```
#使用 TensorFlow 运行模型以获得预期结果
TEST_CASES = 10

#使用 TensorFlow Lite 运行模型
interpreter = tf.lite.Interpreter(model_content=tflite_model)
interpreter.allocate_tensors()
input_details = interpreter.get_input_details()
output_details = interpreter.get_output_details()

for i in range(TEST_CASES):
  expected = model.predict(x_test[i:i+1])
  interpreter.set_tensor(input_details[0]["index"], x_test[i:i+1, :, :])
```

```
interpreter.invoke()
result = interpreter.get_tensor(output_details[0]["index"])

#断言 TFLite 模型的结果是否与 TF 模型一致
np.testing.assert_almost_equal(expected, result)
print("Done. The result of TensorFlow matches the result of TensorFlow
Lite.")

# TfLite 融合的 Lstm 内核是有状态的，接下来需要重置状态，即清理内部状态
interpreter.reset_all_variables()
```

执行后会输出：

```
Model: "sequential"

Layer (type)                  Output Shape              Param #
================================================================
lstm (LSTM)                   (None, 28, 20)            3920

flatten (Flatten)             (None, 560)               0

output (Dense)                (None, 10)                5610
================================================================
Total params: 9,530
Trainable params: 9,530
Non-trainable params: 0


Epoch 1/5
1875/1875 [==============================] - 33s 17ms/step - loss: 0.3559
- accuracy: 0.8945
Epoch 2/5
1875/1875 [==============================] - 32s 17ms/step - loss: 0.1355
- accuracy: 0.9589
Epoch 3/5
1875/1875 [==============================] - 32s 17ms/step - loss: 0.0974
- accuracy: 0.9708
Epoch 4/5
1875/1875 [==============================] - 33s 17ms/step - loss: 0.0769
- accuracy: 0.9764
Epoch 5/5
1875/1875 [==============================] - 31s 17ms/step - loss: 0.0658
- accuracy: 0.9796
Done. The result of TensorFlow matches the result of TensorFlow Lite.
Done. The result of TensorFlow matches the result of TensorFlow Lite.
Done. The result of TensorFlow matches the result of TensorFlow Lite.
Done. The result of TensorFlow matches the result of TensorFlow Lite.
Done. The result of TensorFlow matches the result of TensorFlow Lite.
Done. The result of TensorFlow matches the result of TensorFlow Lite.
Done. The result of TensorFlow matches the result of TensorFlow Lite.
Done. The result of TensorFlow matches the result of TensorFlow Lite.
```

> Done. The result of TensorFlow matches the result of TensorFlow Lite.
> Done. The result of TensorFlow matches the result of TensorFlow Lite.

并且在"keras_lstm"目录中会保存创建的模型文件,如图 13-7
所示。

（5）最后让检查转换后的 TFLite 模型,此时可以看到 LSTM
将采用融合格式,如图 13-8 所示。

图 13-7　创建的模型文件

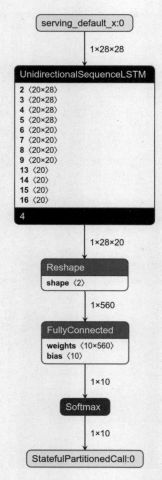

图 13-8　转换后的 TFLite 模型

注意,本实例创建的是融合的 LSTM 操作而不是未融合的版本。本实例并不会试图
将模型构建为真实世界的应用程序,而只是演示如何使用 TensorFlow Lite。可以使用
CNN 模型构建更好的模型。当实现 Keras LSTM 到 TensorFlow Lite 的开箱即用转换时,
强调与 Keras 运算定义相关的 TensorFlow Lite 的 LSTM 协定也是十分重要的:

● input 张量的零维是批次 epoch 的大小;

- recurrent_weight 张量的零维是输出的数量；
- weight 和 recurrent_kernel 张量进行了转置；
- 转置后的 weight 张量、转置后的 recurrent_kernel 张量，以及 bias 张量沿着零维被拆分成 4 个大小相等的张量，这些张量分别对应 input gate、forget gate、cell 和 output gate。

13.4　将元数据添加到 TensorFlow Lite 模型

TensorFlow Lite 元数据为模型描述提供了标准，元数据是关于模型做什么及其输入/输出信息的重要信息来源。元数据由如下两个元素组成：

- 在使用模型时传达最佳实践的可读部分；
- 代码生成器可以利用的机器可读部分，如 TensorFlow Lite Android 代码生成器和 Android Studio ML 绑定功能。

在 TensorFlow Lite 托管模型和 TensorFlow Hub 上发布的所有图像模型中，都已经被填充了元数据。

13.4.1　具有元数据格式的模型

带有元数据和关联文件的 TFLite 模型的结构如图 13-9 所示。

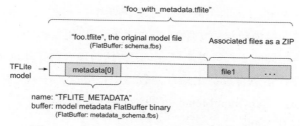

图 13-9　带有元数据和关联文件的 TFLite 模型

模型中的元数据定义了 metadata_schema.fbs，它存储在 TFLite 模型架构的 metadata 字段中，名称为"TFLITE_METADATA"。某些模型可能包含相关文件，如分类标签文件。这些文件使用 ZipFile"附加"模式（mode）作为 ZIP 连接到原始模型文件的末尾。TFLite Interpreter 可以像以前一样使用新的文件格式。

在将元数据添加到模型之前，需要安装 tflite-support 工具：

```
pip install tflite-support
```

13.4.2　使用 Flatbuffers Python API 添加元数据

要为 TensorFlow Lite 任务库中支持的 ML 任务创建元数据，需要使用 TensorFlow Lite 元数据编写库中的高级 API。模型元数据的架构由如下三个部分组成：

- 模型信息：模型的总体描述以及许可条款等项目。
- 输入信息：所需的输入和预处理（如规范化）的描述。
- 输出信息：所需的输出和后处理的描述，如映射到标签。

由于此时生成的 TensorFlow Lite 仅支持单个子图，所以在显示元数据和生成代码时，TensorFlow Lite 代码生成器和 Android Studio ML 绑定功能将使用 ModelMetadata.nameandModelMetadata.description 实现，而不是使用 SubGraphMetadata.nameand SubGraphMetadata.description 实现。

（1）支持的"输入/输出"类型

在设计用于输入和输出的 TensorFlow Lite 元数据时，并未考虑特定的模型类型，而是考虑了输入和输出类型。模型在功能上具体做什么并不重要，只要输入和输出类型由以下或以下组合组成，TensorFlow Lite 元数据就支持这个模型。

- 功能：无符号整数或 float32 的数字。
- 图像：元数据目前支持 RGB 和灰度图像。
- 边界框：矩形边界框。

（2）打包相关文件

TensorFlow Lite 模型可能带有不同的关联文件，如自然语言模型通常具有将单词片段映射到单词 ID 的 vocab 文件；分类模型可能具有指示对象类别的标签文件。如果没有相关文件（如果有），模型将无法正常运行。

可以通过元数据 Python 库将关联文件与模型捆绑在一起，这样新的 TensorFlow Lite 模型将变成了一个包含模型和相关文件的 zip 文件，可以用常用的 zip 工具解压。这种新的模型格式继续使用相同的文件扩展名".tflite."，这与现有的 TFLite 框架和解释器兼容。

另外，关联的文件信息可以被记录在元数据中，根据文件类型和文件附加到对应的位置（ModelMetadata、SubGraphMetadata 和 TensorMetadata）。

（3）归一化和量化参数

归一化是机器学习中常见的数据预处理技术，归一化的目标是将值更改为通用标度，而不会扭曲值范围的差异。模型量化是一种技术，它允许降低权重的精度表示以及可选的存储和计算激活。在预处理和后处理方面，归一化和量化是两个独立的步骤，具体说明见表 13-1。

表 13-1 归一化和量化说明

具体情况	归一化	量　化
MobileNet 中输入图像的参数值示例，分别用于 float 和 quant 模型	浮动模型： - mean: 127.5 - std: 127.5 量化模型： - mean: 127.5 - std: 127.5	浮点模型： - zeroPoint: 0 - scale: 1.0 定量模型： - zeroPoint: 128.0 - scale: 0.0078125f

续表

具体情况	归一化	量　化
什么时候调用	Inputs（输入）：如果在训练中对输入数据进行了归一化处理，则推理的输入数据也需要进行相应的归一化处理。 Outputs（输出）：输出数据一般不会被标准化	浮点模型不需要量化。 量化模型在前/后处理中可能需要也可能不需要量化。这取决于输入/输出张量的数据类型。 -float tensors：不需要在前/后处理中进行量化。 - int8/uint8 张量：需要在预处理/后处理中进行量化
公式	normalized_input = (input - mean) /std	输入量化： q = f / scale + zeroPoint 输出去量化： f = (q - zeroPoint) * scale
参数在哪里	由模型创建者填充并存储在模型元数据中，如 NormalizationOptions	由 TFLite 转换器自动填充，并存储在 tflite 模型文件中
如何获取参数	通过 MetadataExtractorAPI [2]	通过 TFLite TensorAPI 或 Metadata ExtractorAPI 实现
float 和 quant 模型共享相同的值吗	是的，float 和 quant 模型具有相同的归一化参数	浮点模型不需要量化
TFLite 代码生成器或 Android Studio ML 绑定在数据处理中会自动生成吗	是	是

在处理 uint8 模型的图像数据时，有时会跳过归一化和量化步骤。当像素值在[0, 255]范围内时，这样做是可以的。但一般来说，应该始终根据适用的归一化和量化参数处理数据。如果在元数据中设置 NormalizationOptions 参数，TensorFlow Lite 任务库可以解决规范化工作，量化和反量化处理总是被封装。

请看下面的例子，演示在图像分类中创建元数据的过程。

（1）首先创建一个新的模型信息，代码如下：

```
from tflite_support import flatbuffers
from tflite_support import metadata as _metadata
from tflite_support import metadata_schema_py_generated as _metadata_fb

""" ... """
"""为图像分类器创建元数据"""

# Creates model info.
model_meta = _metadata_fb.ModelMetadataT()
model_meta.name = "MobileNetV1 image classifier"
model_meta.description = ("Identify the most prominent object in the "
                  "image from a set of 1,001 categories such as "
                  "trees, animals, food, vehicles, person etc.")
```

```
model_meta.version = "v1"
model_meta.author = "TensorFlow"
model_meta.license = ("Apache License. Version 2.0 "
                      "http://www.apache.org/licenses/LICENSE-2.0.")
```

（2）输入/输出信息

接下来介绍如何描述模型的输入和输出签名，自动代码生成器可以使用该元数据来创建预处理和后处理代码。创建有关张量的输入或输出信息的代码如下：

```
#创建输入
input_meta = _metadata_fb.TensorMetadataT()

#创建输出
output_meta = _metadata_fb.TensorMetadataT()
```

（3）图片输入

图像是机器学习的常见输入类型，TensorFlow Lite 元数据支持颜色空间等信息和标准化等预处理信息。图像的尺寸不需要手动指定，因为它已经由输入张量的形状提供并且可以自动推断。实现图片输入的代码如下：

```
input_meta.name = "image"
input_meta.description = (
    "Input image to be classified. The expected image is {0} x {1}, with "
    "three channels (red, blue, and green) per pixel. Each value in the "
    "tensor is a single byte between 0 and 255.".format(160, 160))
input_meta.content = _metadata_fb.ContentT()
input_meta.content.contentProperties = _metadata_fb.ImagePropertiesT()
input_meta.content.contentProperties.colorSpace = (
    _metadata_fb.ColorSpaceType.RGB)
input_meta.content.contentPropertiesType = (
    _metadata_fb.ContentProperties.ImageProperties)
input_normalization = _metadata_fb.ProcessUnitT()
input_normalization.optionsType = (
    _metadata_fb.ProcessUnitOptions.NormalizationOptions)
input_normalization.options = _metadata_fb.NormalizationOptionsT()
input_normalization.options.mean = [127.5]
input_normalization.options.std = [127.5]
input_meta.processUnits = [input_normalization]
input_stats = _metadata_fb.StatsT()
input_stats.max = [255]
input_stats.min = [0]
input_meta.stats = input_stats
```

（4）使用 TENSOR_AXIS_LABELS 实现标签输出，代码如下：

```
#创建输出信息
output_meta = _metadata_fb.TensorMetadataT()
output_meta.name = "probability"
output_meta.description = "Probabilities of the 1001 labels respectively."
output_meta.content = _metadata_fb.ContentT()
```

```
output_meta.content.content_properties = _metadata_fb.FeaturePropertiesT()
output_meta.content.contentPropertiesType = (
    _metadata_fb.ContentProperties.FeatureProperties)
output_stats = _metadata_fb.StatsT()
output_stats.max = [1.0]
output_stats.min = [0.0]
output_meta.stats = output_stats
label_file = _metadata_fb.AssociatedFileT()
label_file.name = os.path.basename("your_path_to_label_file")
label_file.description = "Labels for objects that the model can
recognize."
label_file.type = _metadata_fb.AssociatedFileType.TENSOR_AXIS_LABELS
output_meta.associatedFiles = [label_file]
```

（5）创建元数据 Flatbuffers，通过如下代码将模型信息与输入输出信息结合。

```
#创建子图信息
subgraph = _metadata_fb.SubGraphMetadataT()
subgraph.inputTensorMetadata = [input_meta]
subgraph.outputTensorMetadata = [output_meta]
model_meta.subgraphMetadata = [subgraph]

b = flatbuffers.Builder(0)
b.Finish(
    model_meta.Pack(b),
    _metadata.MetadataPopulator.METADATA_FILE_IDENTIFIER)
metadata_buf = b.Output()
```

（6）接下来将元数据和相关文件打包到模型中，在创建元数据 Flatbuffers 后，通过以下 populate 方法将元数据和标签文件写入 TFLite 文件。

```
populator = _metadata.MetadataPopulator.with_model_file(model_file)
populator.load_metadata_buffer(metadata_buf)
populator.load_associated_files(["your_path_to_label_file"])
populator.populate()
```

可以将任意数量的关联文件打包到 load_associated_files 模型中，但是，至少需要打包元数据中记录的那些文件。在这个例子中，打包标签文件是强制性的。

（7）可视化元数据

可以使用 Netron 来可视化元数据，或者使用以下命令将元数据从 TensorFlow Lite 模型读取为 JSON 格式的 MetadataDisplayer：

```
displayer = _metadata.MetadataDisplayer.with_model_file(export_model_path)
export_json_file = os.path.join(FLAGS.export_directory,
                    os.path.splitext(model_basename)[0] + ".json")
json_file = displayer.get_metadata_json()
#可选：将元数据写入 JSON 文件
with open(export_json_file, "w") as f:
    f.write(json_file)
```

第 14 章　TensorFlow TensorFlow.js 智能前端 开发实战

TensorFlow.js 是一个用于使用 JavaScript 进行机器学习开发的库，并且可以直接在浏览器或 Node.js 中使用机器学习模型。在本章的内容中，将详细讲解使用 TensorFlow.js 技术开发网页版机器学习程序的知识，为读者步入本书后面知识的学习打下基础。

14.1　Tensorflow.js 简介

TensorFlow.js 是一个开源的基于硬件加速的 JavaScript 库，用于训练和部署机器学习模型。

14.1.1　Tensorflow.js 的由来

对于 JavaScript 的程序员来说，2018 年注定是一个不平凡的一年，如年初 Google 公司将其基于 JavaScript 技术的机器学习库 machinelearning.js 正式更名为 TensorFlow.js。这说明 Google 将 JavaScript 语言升级为其人工智能战略的重要环节。从此 JavaScript 有了自己的机器学习框架，赶上了人工智能的风口，再次华丽转身，而迁移学习能用 JavaScript 实现了。

TensorFlow.js 是一个开源的基于 WebGL 硬件加速技术的 JavaScript 库，用于训练和部署机器学习模型，其设计理念借鉴于目前广受欢迎的 TensorFlow 深度学习框架。谷歌推出的第一个基于 TensorFlow 的前端深度学习框架是 deeplearning.js，使用 TypeScript 语言开发，2018 年 Google 公司将其重新命名为 TensorFlow.js，并在 TypeScript 内核的基础上增加了 JavaScript 的接口以及 TensorFlow 模型导入等工程，组成了 TensorFlow.js 深度学习框架。

14.1.2　Tensorflow.js 的优点

Tensorflow.js 基于浏览器和 Javascript，与其他深度学习框架相比具有以下优点。

（1）不用安装驱动器和软件，通过链接即可分享程序。随着互联网的普及，浏览器是目前世界上被安装次数最多的软件工具，几乎在任何用户的设备中都会安装有浏览器并能运行 JavaScript 语言。

（2）网页应用交互性更强，在互联网时代，网页设计已成为界面交互设计的标准，互联网公司开源了大量设计美观使用方便的 JavaScript 交互式设计，利用这些交互设计可以很方便地实现人与深度学习算法的交互。

（3）有直接访问 GPS 定位、摄像头、麦克风、加速度计、陀螺等传感器，以及各种其他设备的标准 API。随着手机的普及以及手机浏览器标准的完善，为作为浏览器端的 JavaScript 语言提供了跨平台的标准 API，大大方便了程序包括深度学习程序的开发。

（4）安全性，因为数据都是保存在客户端的，无须将训练数据上传到服务器端。因为基于 JavaScript 的深度学习完全运行于客户端浏览器，无须在服务器端干预，训练的数据（如声音图像）都可以直接通过 JavaScript 的 API 获得，并利用浏览器的 WebGL 环境进行运算，完全不需要上传数据，保证数据安全，避免泄露隐私数据。

14.1.3　安装 Tensorflow.js

在 JavaScript 项目中，有两种安装 TensorFlow.js 的方法：一种是通过 script 标签引入，另一种是通过 npm 进行安装。

（1）通过 JavaScript 标签引入

通过使用如下脚本代码，可以将 TensorFlow.js 添加到我们的 HTML 文件中。

```
<script src="https://cdn.jsdelivr.net/npm/@tensorflow/tfjs@2.0.0/dist/tf.min.js"></script>
```

（2）从 NPM 安装

可以使用 npm cli 工具或 yarn 安装 TensorFlow.js，具体命令如下：

```
yarn add @tensorflow/tfjs
```

或：

```
npm install @tensorflow/tfjs
```

14.1.4　平台和环境

TensorFlow.js 可以在浏览器和 Node.js 中运行，并且在两个平台中都具有许多不同的可用配置。每个平台都有一组影响应用开发方式的独特注意事项。在浏览器中，TensorFlow.js 支持移动设备以及桌面设备。每种设备都有一组特定的约束（如可用 WebGL API），系统会自动确定和配置这些约束。

1．环境

在执行 TensorFlow.js 程序时，将特定配置称为环境。环境由单个全局后端以及一组控制 TensorFlow.js 细粒度功能的标记构成。

2．后端

TensorFlow.js 支持可实现张量存储和数学运算的多种不同后端,在任何给定时间内,均只有一个后端处于活动状态。在大多数情况下，TensorFlow.js 会根据当前环境自动选择最佳后端。但是，有时必须要知道正在使用哪个后端以及如何进行切换。

如果要确定使用的后端，则运行以下代码：

```
console.log(tf.getBackend());
```

如果要手动更改后端，则运行以下代码：

```
tf.setBackend('cpu');
console.log(tf.getBackend());
```

（1）WebGL 后端

WebGL 后端'webgl'是当前适用于浏览器的功能最强大的后端，此后端的速度比普通 CPU 后端快 100 倍。张量将存储为 WebGL 纹理，而数学运算将在 WebGL 着色器中实现。在使用 WebGL 后端时需要了解如下的实用信息。

● 避免阻塞界面线程

当调用诸如 tf.matMul(a, b)等运算时，生成的 tf.Tensor 会被同步返回，但是矩阵乘法计算实际上可能还未准备就绪。这说明返回的 tf.Tensor 只是计算的句柄。当调用 x.data() 或 x.array()时，这些值将在计算实际完成时解析。这样，就必须对同步对应项 x.dataSync() 和 x.arraySync()使用异步 x.data()和 x.array()方法，以避免在计算完成时阻塞界面线程。

● 内存管理

在使用 WebGL 后端时需要显式内存管理，浏览器不会自动回收 WebGLTexture（最终存储张量数据的位置）的垃圾。要想销毁 tf.Tensor 的内存，可以使用 dispose()方法实现：

```
const a = tf.tensor([[1, 2], [3, 4]]);
a.dispose();
```

在现实应用中将多个运算链接在一起的情形十分常见，保持对用于处置这些运算的所有中间变量的引用会降低代码的可读性。为了解决这个问题，TensorFlow.js 提供了 tf.tidy()方法，可以清理执行函数后未被该函数返回的所有 tf.Tensor，这类似于执行函数时清理局部变量的方式：

```
const a = tf.tensor([[1, 2], [3, 4]]);
const y = tf.tidy(() => {
  const result = a.square().log().neg();
  return result;
});
```

注意：在具有自动垃圾回收功能的非 WebGL 环境（如 Node.js 或 CPU 后端）中使用 dispose()或 tidy()没有弊端。实际上，与自然发生垃圾回收相比，释放张量内存的性能可能会更胜一筹。

● 精度

在移动设备上，WebGL 可能仅支持 16 位浮点纹理。但是，大多数机器学习模型都使用 32 位浮点权重和激活进行训练。这可能会导致为移动设备移植模型时出现精度问题，因为 16 位浮点数只能表示[0.000000059605, 65504]范围内的数字。这说明应注意模型中的权重和激活不超出此范围。要想检查设备是否支持 32 位的纹理，需要检查 tf.ENV.getBool('WEBGL_RENDER_FLOAT32_CAPABLE')的值，如果为 false，则设备仅支持 16 位浮点纹理。可以使用 tf.ENV.getBool('WEBGL_RENDER_FLOAT32_ENABLED') 检查 TensorFlow.js 当前是否使用 32 位纹理。

● 着色器编译和纹理上传

TensorFlow.js 通过运行 WebGL 着色器程序的方式在 GPU 上执行运算，当用户要求执行运算时，这些着色器会迟缓地进行汇编和编译。着色器的编译在 CPU 主线程上进行，可能十分缓慢。TensorFlow.js 将自动缓存已编译的着色器，从而大幅加快第二次调用具有相同形状输入和输出张量的同一运算的速度。通常，TensorFlow.js 应用在应用生命周期内会多次使用同一运算，因此第二次通过机器学习模型的速度会大幅提高。

TensorFlow.js 会将 tf.Tensor 数据存储为 WebGLTextures。在创建 tf.Tensor 时不会立即将数据上传到 GPU，而是将数据保留在 CPU 上，直到运算中使用到 tf.Tensor 为止。当第二次使用 tf.Tensor 时，因为数据已位于 GPU 上，所以不存在上传成本。在典型的机器学习模型中，说明在模型第一次预测期间会上传权重，而第二次通过模型则会快得多。

如果开发者在意通过模型或 TensorFlow.js 代码执行首次预测的性能，建议在使用实际数据之前先通过传递相同形状的输入张量来预热模型。例如：

```
const model = await tf.loadLayersModel(modelUrl);
//在使用真实数据之前预热模型
const warmupResult = model.predict(tf.zeros(inputShape));
warmupResult.dataSync();
warmupResult.dispose();

//这时第二个predict()会快得多
const result = model.predict(userData);
```

（2）Node.js TensorFlow 后端

在 TensorFlow Node.js 后端 'node' 中，使用 TensorFlow C API 来加速运算。这将在可用情况下使用计算机的可用硬件加速（如 CUDA）。

在这个后端中，就像 WebGL 后端一样，运算会同步返回 tf.Tensor。但与 WebGL 后端不同的是，运算在返回张量之前就已完成。这说明调用 tf.matMul(a, b)将阻塞 UI 线程。因此，如果打算在生产应用中使用，则应在工作线程中运行 TensorFlow.js 以免阻塞主线程。

（3）WASM 后端

TensorFlow.js 提供了 WebAssembly 后端(wasm)，可以实现 CPU 加速功能，并且可以替代普通的 JavaScript CPU (cpu)和 WebGL 加速(webgl)后端。用法如下：

```
//将后端设置为 WASM 并等待模块就绪
tf.setBackend('wasm');
tf.ready().then(() => {...});
```

如果服务器在不同的路径上或以不同的名称提供".wasm"文件，则需要在初始化后端前使用 setWasmPath。

注意：TensorFlow.js 会为每个后端定义优先级并为给定环境自动选择支持程度最高的后端。要显式使用 WASM 后端，需要调用 tf.setBackend('wasm')函数实现。

（4）CPU 后端

CPU 后端'cpu'是性能最低但最简单的后端，所有运算均在普通的 JavaScript 中实现，这使它们的可并行性较差，这些运算还会阻塞界面线程。CPU 后端对于测试或在 WebGL 不可用的设备上非常有用。

14.1.5 第一个 TensorFlow.js 程序

请看下面的实例文件 js01.html，在网页中引入 TensorFlow.js。

```html
<!DOCTYPE html>
<html lang="en">
<head>
    <meta charset="UTF-8">
    <title>tensorflow</title>
    <script src="https://cdn.jsdelivr.net/npm/@tensorflow/tfjs@0.9.0">
</script>
</head>
<body>
    <script>
        console.log(tf);
    </script>
</body>
</html>
```

在浏览器中运行上述 HTML 文件，然后在浏览器中打开 console 控制台，可以看到 tensorflow.js 中的对象，其中包含了很多个属性和方法，如图 14-1 所示。

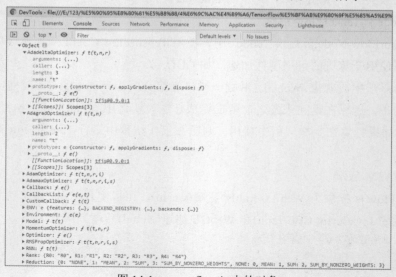

图 14-1 tensorflow.js 中的对象

14.2　保存和加载 tf.Model 模型

TensorFlow.js 提供了保存和加载模型的功能，这些模型可以是使用 LayersAPI 创建的或从现有 TensorFlow 模型转换过来的。可能是我们自己训练过的模型，也可能是别人训练的模型。使用 Layers API 的一个主要好处是使用它创建的模型是可序列化的，这就是将在本节内容中探讨的内容。

14.2.1　保存 tf.Model

在 tf.Model 和 tf.Sequential 中同时提供了函数 model.save()，允许保存一个模型的拓扑结构（topology）和权重（weights）。

- 拓扑结构（Topology）：是一个描述模型结构的文件（如它使用了哪些操作），包含对存储在外部的模型权重的引用。
- 权重（Weights）：是以有效格式存储给定模型权重的二进制文件，通常存储在与拓扑结构相同的文件夹中。

例如，下面是一段保存模型的代码：

```
const saveResult = await model.save('localstorage://my-model-1');
```

对上述代码的具体说明如下：

- 函数 model.save()的参数是以 scheme 字符串开头的 URL 的字符串参数（简称 scheme），描述了想要保存的模型地址的类型。在上述代码中，使用参数"localstorage:// scheme"将模型保存到本地存储。
- 在 scheme 之后是路径（path），在上述代码中，路径是'my-model-1'。
- 函数 model.save()是异步的。
- 函数 model.save()的返回值是一个 JSON 对象，包含一些可能有用的信息，如模型的拓扑结构和权重的大小。

在 node.js 中保存模型时，不会阻碍模型在浏览器中被加载。

在下面的内容中，将介绍几种保存模型的不同方案。

（1）本地存储（仅限浏览器），格式是 Scheme: localstorage://，例如下面的代码：

```
await model.save('localstorage://my-model');
```

可以在浏览器的本地存储中以名称 my-model 来保存模型。这样，存储能够在浏览器刷新后保持不变，而当存储空间成为问题时，用户或浏览器本身可以清除本地存储。每个浏览器还可以对给定域在本地的存储空间设定限额。

（2）IndexedDB（仅限浏览器），格式是 Scheme: indexeddb://，例如：

```
await model.save('indexeddb://my-model');
```

这样会将模型保存到浏览器的 IndexedDB 存储中。与本地存储一样，在刷新后仍然存在，同时也对存储对象的大小有较大的限制。

（3）文件下载（仅限浏览器），格式是 Scheme: downloads://，例如：

```
await model.save('downloads://my-model');
```

这会让浏览器将模型文件下载到用户的机器上，并生成两个文件：

- 一个名为[my-model].json 的 JSON 文件，它包含模型的拓扑结构和接下来将要介绍的权重文件的引用。
- 一个二进制文件，其中包含名为[my-model].weights.bin 的权重值。

可以更换[my-model]的名称，以获得一个不同的名称的文件。因为".json"使用相对路径指向".bin"，所以两个文件需要被保存在同一个文件夹中。

（4）HTTP(S) Request 方式，格式是 Scheme: http://或 https://，例如：

```
await model.save('http://model-server.domain/upload')
```

这样会创建一个 Web 请求，将模型保存到远程服务器。应该控制该远程服务器，以便确保它能够处理该请求。模型将通 POST 请求发送到指定的 HTTP 服务器。POST 请求的 body 遵循 multipart/form-data 格式，由以下两个文件组成：

- 一个名为 model.json 的 JSON 文件，其中包含拓扑结构和对下面描述的权重文件的引用；
- 一个二进制文件，其中包含名为[my-model].weights.bin 的权重值。

注意，上述两个文件的名称需要与上述介绍中的保持完全相同（因为名称内置于函数中，无法更改）。此 api 文档包含一个 Python 代码片段，演示了如何使用 flask web 框架来处理源自 save 的请求。

通常，必须向 HTTP 服务器传递更多参数或请求头（如用于身份验证，或者如果要指定应保存模型的文件夹）。可以通过替换 tf.io.browserHTTPRequest 函数中的 URL 字符串参数来获得对来自 save 函数的请求在这些方面的细粒度控制。这个 API 在控制 HTTP 请求方面提供了更大的灵活性。例如：

```
await model.save(tf.io.browserHTTPRequest(
    'http://model-server.domain/upload',
    {method: 'PUT', headers: {'header_key_1': 'header_value_1'} }));
```

（5）本机文件系统（仅限于 Node.js），格式是 Scheme: file://，例如：

```
await model.save('file:///path/to/my-model');
```

在运行 Node.js 后可以直接访问文件系统并且保存模型，上述命令会将以下两个文件保存到在 scheme 之后指定的 path 中：

- 一个名为 model.json 的 JSON 文件，其中包含拓扑结构和对下面描述的权重文件的引用。
- 一个二进制文件，其中包含名为 model.weights.bin 的权重值。

注意，这两个文件的名称将始终与上面指定的完全相同（该名称内置于函数中）。

14.2.2　加载 tf.Model

如果使用上述方法之一保存模型,接下来可以使用 tf.loadLayersModel API 来加载这个模型。首先看一下如下加载模型的代码:

```
const model = await tf.loadLayersModel('localstorage://my-model-1');
```

对上述代码的具体说明如下:

- 函数 loadLayersModel()使用以 scheme 开头的类似 URL 的字符串参数,描述了我们试图从中加载模型的目标类型;
- scheme 由 path 指定,在上述例子中的路径为 my-model-1;
- URL 字符串可以被替换为一个符合 IOHandler 接口的对象;
- 函数 tf.loadLayersModel()是异步的;
- 函数 tf.loadLayersModel 的返回值是 tf.Model。

在下面的内容中,将介绍加载模型的不同方案。

(1)本地存储(仅限浏览器),格式是 Scheme: localstorage://,例如:

```
const model = await tf.loadLayersModel('localstorage://my-model');
```

这将从浏览器的本地存储加载一个名为 my-model 模型。

(2)IndexedDB(仅限浏览器),格式是 Scheme: indexeddb://,例如:

```
const model = await tf.loadLayersModel('indexeddb://my-model');
```

这将从浏览器的 IndexedDB 中加载一个模型。

(3)HTTP(S),格式是 Scheme: http:// or https://,例如:

```
const model = await tf.loadLayersModel('http://model-server.domain/
download/model.json');
```

这将从 HTTP 端加载模型,在加载 JSON 文件后,函数将请求对应的 JSON 文件引用的 “.bin” 文件。

(4)本机文件系统(仅限于 Node.js),格式是 Scheme: file://,例如:

```
const model = await tf.loadLayersModel('file://path/to/my-model/model.
json');
```

当运行在 Node.js 上时,可以直接访问文件系统并且从那里加载模型。注意,在上面的函数调用中引用 model.json 文件本身(而在保存时,我们指定一个文件夹)。相应的 “.bin” 文件需要和 JSON 文件在同一个文件夹中。

(5)使用 IOHandlers 加载模型

如果上述方案没有满足我们的需求,还可以使用 IOHandler 执行自定义的加载行为。在 Tensorflow.js 的 IOHandler 中提供了函数 tf.io.browserFiles(),功能是供浏览器用户在浏览器中上传文件。

14.3 使用卷积神经网络进行手写数字识别

在本节的实例中，将使用 Tensorflow.js 建立手写数字识别卷积神经网络模型。首先训练分类器查看数千个图像以及其标签，然后使用模型根据未见过的测试数据来评估分类器的准确性。

14.3.1 编写 HTML 文件

（1）编写 HTML 文件 index.html，在文件中使用 TensorFlow.js，代码如下：

```
<!DOCTYPE html>
<html>
<head>
  <meta charset="utf-8">
  <meta http-equiv="X-UA-Compatible" content="IE=edge">
  <meta name="viewport" content="width=device-width, initial-scale=1.0">
  <title>TensorFlow.js Tutorial</title>
  <!-- Import TensorFlow.js -->
  <script src="https://cdn.jsdelivr.net/npm/@tensorflow/tfjs@1.0.0/dist/
tf.min.js"></script>
  <!-- Import tfjs-vis -->
  <script src="https://cdn.jsdelivr.net/npm/@tensorflow/tfjs-vis@1.0.2/
dist/tfjs-vis.umd.min.js"></script>
  <!-- Import the data file -->
  <script src="data.js" type="module"></script>

  <!-- Import the main script file -->
  <script src="script.js" type="module"></script>
</head>
<body>
</body>
</html>
```

（2）在上述 HTML 文件所在的文件夹中，创建一个名为 script.js 的文件，并编写如下代码：

```
console.log('Hello TensorFlow');
```

（3）在上述 HTML 文件所在的文件夹中，创建一个名为 data.js 的文件，并将谷歌 API 文件 mnist_data.js 的内容复制到该文件中。

在浏览器中运行文件 index.html，在 Console 中会显示文本信息"Hello TensorFlow"。

14.3.2 加载数据

在本实例中将训练一个模型，功能是识别图片中的数字，如图 14-2 所示。这些图片是名为 MNIST 的数据集中的 28×28 像素灰度图片。

在文件 data.js 中实现了加载数据集功能，当然也可以尝试编写自己的数据加载方法。在文件 data.js 中包含如下两个重要的函数和类：

图 14-2　识别数字

- 函数 nextTrainBatch(batchSize)：从训练集返回随机批次的图片及其标签。
- 函数 nextTestBatch(batchSize)：从测试集中返回一批图片及其标签。
- 类 MnistData：实现重排数据和将数据归一化的功能。

在数据集中总共有 65 000 张图片，我们最多可使用 55 000 张来训练模型，并保存 10 000 张图片，用于在操作完成后测试模型的性能。

将如下代码添加到文件 script.js 中：

```
import {MnistData} from './data.js';

async function showExamples(data) {
  //在 visor 中创建容器
  const surface =
    tfvis.visor().surface({ name: 'Input Data Examples', tab: 'Input
Data'});

  //获取实例
  const examples = data.nextTestBatch(20);
  const numExamples = examples.xs.shape[0];

  //创建一个 canvas 元素来渲染每个实例
  for (let i = 0; i < numExamples; i++) {
    const imageTensor = tf.tidy(() => {
      //将图像重塑为 28x28 像素
      return examples.xs
        .slice([i, 0], [1, examples.xs.shape[1]])
        .reshape([28, 28, 1]);
    });

    const canvas = document.createElement('canvas');
    canvas.width = 28;
    canvas.height = 28;
    canvas.style = 'margin: 4px;';
    await tf.browser.toPixels(imageTensor, canvas);
    surface.drawArea.appendChild(canvas);

    imageTensor.dispose();
  }
}

async function run() {
  const data = new MnistData();
```

```
   await data.load();
   await showExamples(data);
}

document.addEventListener('DOMContentLoaded', run);
```

在浏览器中运行文件 index.html，在面板中会显示图片数字，如图 14-3 所示。

Input Data Examples

图 14-3　图片数字

本实例的目标是训练一个模型，该模型会获取一张图片，然后学习预测图片可能所属的 10 个数字类中每个类的值（数字 0～9）。每张图片的尺寸大小为 28×28 像素，并具有 1 个颜色通道（因为这是灰度图片）。因此，每张图片的形状为[28, 28, 1]。

注意，我们要进行一对十的映射操作，并设置每个输入示例的形状，因为这对于下一部工作会非常重要。

14.3.3　定义模型架构

接下来将编写定义模型架构的代码，模型架构其实就是"模型在执行时会运行的函数"，或者"我们的模型将用于计算答案的算法"的另一种说法。在文件 script.js 编写定义模型架构的代码：

```
function getModel() {
  const model = tf.sequential();

  const IMAGE_WIDTH = 28;
  const IMAGE_HEIGHT = 28;
  const IMAGE_CHANNELS = 1;

  //在卷积神经网络的第一层，我们必须指定输入形状，然后为在这一层发生的卷积运算指定
一些参数
  model.add(tf.layers.conv2d({
    inputShape: [IMAGE_WIDTH, IMAGE_HEIGHT, IMAGE_CHANNELS],
    kernelSize: 5,
    filters: 8,
    strides: 1,
    activation: 'relu',
    kernelInitializer: 'varianceScaling'
  }));

  // MaxPooling 层作为一种使用区域中的最大值而不是平均值的下采样
```

```
model.add(tf.layers.maxPooling2d({poolSize: [2, 2], strides: [2, 2]}));

//重复另一个 conv2d+maxPooling 堆栈
// 注意，卷积中有更多的滤波器
model.add(tf.layers.conv2d({
  kernelSize: 5,
  filters: 16,
  strides: 1,
  activation: 'relu',
  kernelInitializer: 'varianceScaling'
}));
model.add(tf.layers.maxPooling2d({poolSize: [2, 2], strides: [2, 2]}));

// 将 2D 滤波器的输出展平成一维向量，准备输入最后一层。这是向最终分类输出层提供高
维数据时的常见做法
model.add(tf.layers.flatten());

// 最后一层是一个密集层，有 10 个输出单元，每个单元一个
// 输出类(i.e. 0, 1, 2, 3, 4, 5, 6, 7, 8, 9).
const NUM_OUTPUT_CLASSES = 10;
model.add(tf.layers.dense({
  units: NUM_OUTPUT_CLASSES,
  kernelInitializer: 'varianceScaling',
  activation: 'softmax'
}));

// 选择优化器、损失函数和精度度量
// 然后编译并返回模型
const optimizer = tf.train.adam();
model.compile({
  optimizer: optimizer,
  loss: 'categoricalCrossentropy',
  metrics: ['accuracy'],
});

return model;
}
```

通过上述代码可知，在本实例中使用 conv2d 层而不是密集层，conv2d 配置对象中
每个参数的说明如下：

- inputShape：设置输入流模型的第一层数据的形状。在本例中，MNIST 示例是 28
  ×28 像素的黑白图片。图片数据的规范格式为[row, column, depth]，因此在这里
  需要配置以下形状：[28, 28, 1]。各个维度的像素数量为 28 行和 28 列，深度为 1，
  因为我们的图片只有一个颜色通道。注意，我们不会在输入形状中指定批次大小。
  层设计与批次大小无关，因此在推理期间可以传入任何批次大小的张量。
- kernelSize：要应用于输入数据的滑动卷积过滤器窗口的尺寸。在本实例中，将

kernelSize 设置为 5，以指定方形的 5×5 卷积窗口。

- filters：设置过滤器窗口数量，在本实例中设置使用 8 个过滤器。
- strides：滑动窗口的"步长"，即每次移动图片时过滤器都会移动多少像素。指定步长为 1，表示过滤器将以 1 像素为步长在图片上滑动。
- activation：卷积完成后应用于数据的激活函数。在本例中，将使用修正线性单元（ReLU）函数，这是机器学习模型中非常常见的激活函数。
- kernelInitializer：用于随机初始化模型权重的方法，这对于动态训练非常重要，本实例使用的 VarianceScaling 是一种很好的初始化方式。

在本实例中使用函数 model.compile() 设置优化器和损失函数，本实例使用 categoricalCrossentropy() 作为损失函数。当模型的输出为概率分布时就会使用此函数，categoricalCrossentropy() 会衡量模型的最后一层生成的概率分布与真实标签提供的概率分布之间的误差。例如，如果我们的数字实际上是 7，那么可能的结果见表 14-1。

表 14-1　可能的结果

索引	0	1 次	2	3	4	5	6	7	8	9
真实标签	0	0	0	0	0	0	0	1	0	0
预测	0.1	0.01	0.01	0.01	0.20	0.01	0.01	0.60	0.03	0.02

分类交叉熵会生成一个数字，设置预测向量与真实标签向量的相似程度。此处用于标签的数据表示法称为独热编码，这在分类问题中很常见。对于每个示例来说，每个类都有相关联的概率。如果我们确切地知道应该如何进行设置，就可以将这种概率设置为 1，而将其他值设置为 0。

另外，我们监控的另一个指标是 accuracy，对于分类问题，这是正确预测在所有预测中所占的百分比。

14.3.4　训练模型

（1）在文件 script.js 中编写如下的训练代码：

```
async function train(model, data) {
  const metrics = ['loss', 'val_loss', 'acc', 'val_acc'];
  const container = {
    name: 'Model Training', tab: 'Model', styles: { height: '1000px' }
  };
  const fitCallbacks = tfvis.show.fitCallbacks(container, metrics);

  const BATCH_SIZE = 512;
  const TRAIN_DATA_SIZE = 5500;
  const TEST_DATA_SIZE = 1000;

  const [trainXs, trainYs] = tf.tidy(() => {
```

```
  const d = data.nextTrainBatch(TRAIN_DATA_SIZE);
  return [
    d.xs.reshape([TRAIN_DATA_SIZE, 28, 28, 1]),
    d.labels
  ];
});

const [testXs, testYs] = tf.tidy(() => {
  const d = data.nextTestBatch(TEST_DATA_SIZE);
  return [
    d.xs.reshape([TEST_DATA_SIZE, 28, 28, 1]),
    d.labels
  ];
});

return model.fit(trainXs, trainYs, {
  batchSize: BATCH_SIZE,
  validationData: [testXs, testYs],
  epochs: 10,
  shuffle: true,
  callbacks: fitCallbacks
});
}
```

（2）然后将如下代码添加到函数 run()中：

```
const model = getModel();
tfvis.show.modelSummary({name: 'Model Architecture', tab: 'Model'},
model);

await train(model, data);
```

对上述代码的具体说明如下：

- 使用 metrics 确定要监控的指标，将监控训练集的损失和准确率，以及验证集的损失和准确率（val_loss 和 acc_acc）。
- 创建两个数据集：一个用于训练模型的训练集，另一个用于在每个周期结束时测试模型的验证集。但是，在训练过程中，验证集中的数据绝不会向模型展示。上述代码中的数据类可让我们轻松地从图片数据中获取张量。但是，仍然会将这些张量重塑为模型所需的形状([num_examples, image_width, image_height, channels])，然后才能将其提供给模型。每个数据集都有输入(X) 和标签(Y)。
- 调用函数 model.fit()启动训练循环，传递 validationData 属性以指明模型在每个周期后使用哪些数据来测试本身（但不用于训练）。

如果在使用训练数据时表现良好，但在使用验证数据时表现不佳，则说明模型很可能与训练数据过拟合，并且对从未出现过的输入泛化效果不佳。

在浏览器中运行文件 index.html，会在面板中显示一些报告训练进度的图表，如图 14-4 所示。

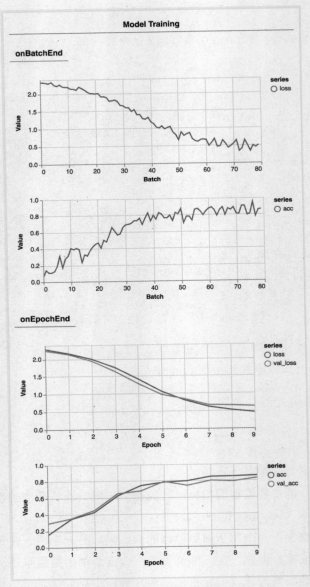

图 14-4　训练进度图表

14.3.5　评估模型

验证准确率能够很好地预估模型对之前未出现过的数据的效果（只要该数据在某种程度上类似于验证集），但是我们可能需要更详细地了解不同类的性能。

（1）将以下代码添加到文件 script.js 的底部：

```
const classNames = ['Zero', 'One', 'Two', 'Three', 'Four', 'Five', 'Six',
'Seven', 'Eight', 'Nine'];
```

```javascript
function doPrediction(model, data, testDataSize = 500) {
  const IMAGE_WIDTH = 28;
  const IMAGE_HEIGHT = 28;
  const testData = data.nextTestBatch(testDataSize);
  const testxs = testData.xs.reshape([testDataSize, IMAGE_WIDTH,
IMAGE_HEIGHT, 1]);
  const labels = testData.labels.argMax(-1);
  const preds = model.predict(testxs).argMax(-1);

  testxs.dispose();
  return [preds, labels];
}

async function showAccuracy(model, data) {
  const [preds, labels] = doPrediction(model, data);
  const classAccuracy = await tfvis.metrics.perClassAccuracy(labels,
preds);
  const container = {name: 'Accuracy', tab: 'Evaluation'};
  tfvis.show.perClassAccuracy(container, classAccuracy, classNames);

  labels.dispose();
}

async function showConfusion(model, data) {
  const [preds, labels] = doPrediction(model, data);
  const confusionMatrix = await tfvis.metrics.confusionMatrix(labels,
preds);
  const container = {name: 'Confusion Matrix', tab: 'Evaluation'};
  tfvis.render.confusionMatrix(container, {values: confusionMatrix,
tickLabels: classNames});

  labels.dispose();
}
```

对上述代码的具体说明如下：

- 函数 doPrediction()实现预测，将拍摄 500 张图片并预测其中包含的数字（可以稍后增大该数字以对更大的图片集进行测试）。值得注意的是，函数 argmax 提供概率最高的类的索引。模型会输出每个类的概率，会找出最高概率，并指定将其用作预测。

- 使用函数 showAccuracy()显示每个类的准确率，借助一组预测和标签，计算每个类的准确率。

- 使用函数 showConfusion()显示混淆矩阵，混淆矩阵与每个类的准确率相似，但会进一步细分以显示错误分类的模式。借助混淆矩阵，可以了解模型是否对任何特定的类对感到困惑。

（2）将以下代码添加到运行函数 run()的底部，功能是显示评估信息。

```
await showAccuracy(model, data);
await showConfusion(model, data);
```

此时，在浏览器中运行文件 index.html，会在面板中显示评估信息，如图 14-5 所示。

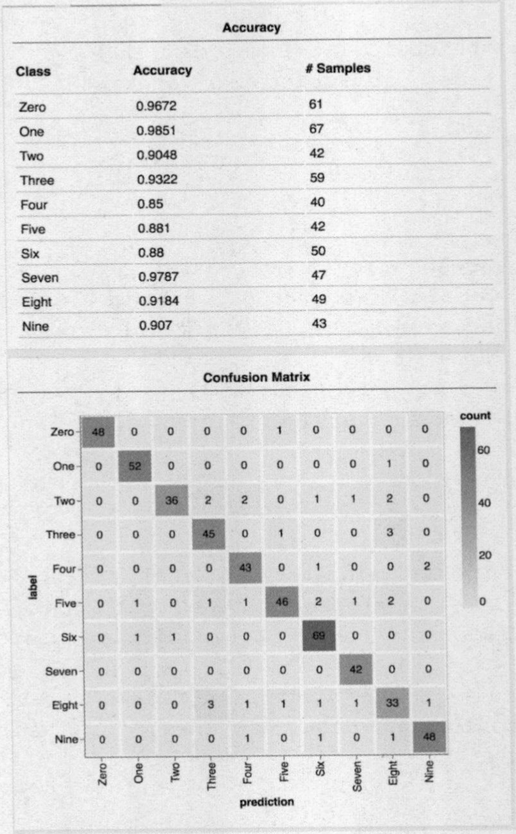

Accuracy

Class	Accuracy	# Samples
Zero	0.9672	61
One	0.9851	67
Two	0.9048	42
Three	0.9322	59
Four	0.85	40
Five	0.881	42
Six	0.88	50
Seven	0.9787	47
Eight	0.9184	49
Nine	0.907	43

Confusion Matrix

label \ prediction	Zero	One	Two	Three	Four	Five	Six	Seven	Eight	Nine
Zero	48	0	0	0	0	1	0	0	0	0
One	0	52	0	0	0	0	0	0	1	0
Two	0	0	36	2	2	0	1	1	2	0
Three	0	0	0	45	0	1	0	0	3	0
Four	0	0	0	0	43	0	1	0	0	2
Five	0	1	0	1	1	46	2	1	2	0
Six	0	1	1	0	0	0	69	0	0	0
Seven	0	0	0	0	0	0	0	42	0	0
Eight	0	0	0	3	1	1	1	1	33	1
Nine	0	0	0	0	1	0	1	0	1	48

图 14-5　评估信息

第 15 章　综合实战：姿势预测器

经过前面内容的学习，已经学会了使用 TensorFlow Lite 开发物体检测识别系统的知识。在本章的内容中，将通过一个姿势预测器系统的实现过程，详细讲解使用 TensorFlow Lite 开发大型软件项目的过程，包括项目的架构分析、创建模型和具体实现知识，介绍开发大型 TensorFlow Lite 项目的流程。

15.1　系统介绍

在本项目中，通过使用计算机图形技术来对图片和视频中的人进行检测和判断。本项目的具体结构如图 15-1 所示。

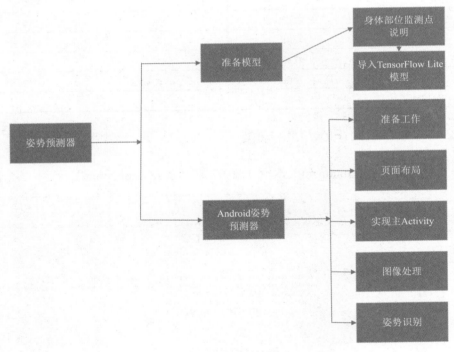

图 15-1　项目结构

15.2　准备模型

在创建鲜花识别系统之前，需要先创建识别模型。先使用 TensorFlow 创建普通的数据模型，然后转换为 TensorFlow Lite 数据模型。在本项目中，通过文件 mo.py 创建模型，接下来将详细讲解这个模型文件的具体实现过程。

15.2.1 身体部位监测点说明

为了实现清晰的识别人体器官和预测姿势的目的，该算法只是对图像中的人简单地预测身体关键位置所在，而不会去辨别此人是谁。身体部位关键点的检测使用"编号部位"的格式进行索引，并对每个部位的探测结果设置一个信任值，这个信任值取值范围在 0.0～1.0，其中 1.0 表示最高信任值。各个身体部位对应的编号见表 15-1。

表 15-1 身体部位的编号说明

编　号	部　位	编　号	部　位
0	鼻子	9	左腕
1	左眼	10	右腕
2	右眼	11	左髋
3	左耳	12	右髋
4	右耳	13	左膝
5	左肩	14	右膝
6	右肩	15	左踝
7	左肘	16	右踝
8	右肘			

15.2.2 导入 TensorFlow Lite 模型

（1）使用 Android Studio 导入本项目源码工程"pose_estimation"，如图 15-2 所示。

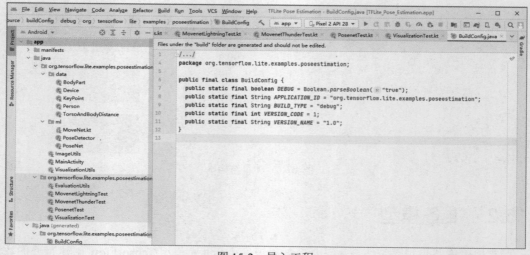

图 15-2 导入工程

（2）将 TensorFlow Lite 模型添加到工程

将在之前训练的 TensorFlow Lite 模型文件复制到 Android 工程的 assets 的目录中（见图 15-3），具体如下：

`pose_estimation/android/app/src/main/assets`

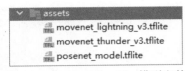

图 15-3　TensorFlow Lite 模型文件

15.3　Android 姿势预测器

在准备好 TensorFlow Lite 模型后，接下来将使用这个模型开发一个 Android 身体姿势识别器系统。

15.3.1　准备工作

（1）打开 app 模块中的文件 build.gradle，分别设置 Android 的编译版本和运行版本，设置需要使用的库文件，添加对 TensorFlow Lite 模型库的引用。代码如下：

```
plugins {
    id 'com.android.application'
    id 'kotlin-android'
}

android {
    compileSdkVersion 30
    buildToolsVersion "30.0.3"

    defaultConfig {
        applicationId "org.tensorflow.lite.examples.poseestimation"
        minSdkVersion 23
        targetSdkVersion 30
        versionCode 1
        versionName "1.0"

        testInstrumentationRunner "androidx.test.runner.AndroidJUnitRunner"
    }

    buildTypes {
        release {
            minifyEnabled false
            proguardFiles getDefaultProguardFile('proguard-android-optimize.
txt'), 'proguard-rules.pro'
        }
    }
    compileOptions {
        sourceCompatibility JavaVersion.VERSION_1_8
        targetCompatibility JavaVersion.VERSION_1_8
    }
    kotlinOptions {
```

```
        jvmTarget = '1.8'
    }
}

//下载 tflite 模型
apply from:"download.gradle"
dependencies {
    implementation "org.jetbrains.kotlin:kotlin-stdlib:$kotlin_version"
    implementation 'androidx.core:core-ktx:1.5.0'
    implementation 'androidx.appcompat:appcompat:1.3.0'
    implementation 'com.google.android.material:material:1.3.0'
    implementation 'androidx.constraintlayout:constraintlayout:2.0.4'
    implementation "androidx.activity:activity-ktx:1.2.3"
    implementation 'androidx.fragment:fragment-ktx:1.3.5'
    implementation 'org.tensorflow:tensorflow-lite:2.5.0'
    implementation 'org.tensorflow:tensorflow-lite-gpu:2.5.0'
    implementation 'org.tensorflow:tensorflow-lite-support:0.2.0'
    androidTestImplementation 'androidx.test.ext:junit:1.1.2'
    androidTestImplementation 'androidx.test.espresso:espresso-core:3.3.0'
    androidTestImplementation "com.google.truth:truth:1.1.3"
}
```

（2）在文件 download.gradle 中设置下载 TensorFlow Lite 模型文件的链接，代码如下：

```
task downloadPosenetModel(type: DownloadUrlTask) {
    def  modelPosenetDownloadUrl  =  "https://storage.googleapis.com/
download.tensorflow.org/models/tflite/posenet_mobilenet_v1_100_257x257_m
ulti_kpt_stripped.tflite"
    doFirst {
        println "Downloading ${modelPosenetDownloadUrl}"
    }
    sourceUrl = "${modelPosenetDownloadUrl}"
    target = file("src/main/assets/posenet_model.tflite")
}

task downloadMovenetLightningModel(type: DownloadUrlTask) {
    def modelMovenetLightningDownloadUrl = "https://tfhub.dev/google/
lite-model/movenet/singlepose/lightning/3?lite-format=tflite"
    doFirst {
        println "Downloading ${modelMovenetLightningDownloadUrl}"
    }
    sourceUrl = "${modelMovenetLightningDownloadUrl}"
    target = file("src/main/assets/movenet_lightning_v3.tflite")
}

task downloadMovenetThunderModel(type: DownloadUrlTask) {
    def  modelMovenetThunderDownloadUrl  =  "https://tfhub.dev/google/
lite-model/movenet/singlepose/thunder/3?lite-format=tflite"
    doFirst {
        println "Downloading ${modelMovenetThunderDownloadUrl}"
    }
```

```
    sourceUrl = "${modelMovenetThunderDownloadUrl}"
    target = file("src/main/assets/movenet_thunder_v3.tflite")
}

task downloadModel {
    dependsOn downloadPosenetModel
    dependsOn downloadMovenetLightningModel
    dependsOn downloadMovenetThunderModel
}

class DownloadUrlTask extends DefaultTask {
    @Input
    String sourceUrl

    @OutputFile
    File target

    @TaskAction
    void download() {
        ant.get(src: sourceUrl, dest: target)
    }
}

preBuild.dependsOn downloadModel
```

15.3.2　页面布局

本项目的页面布局文件是 activity_main.xml，功能是在 Android 界面中显示相机预览框视图，主要实现代码如下：

```
<SurfaceView
    android:id="@+id/surfaceView"
    android:layout_width="match_parent"
    android:layout_height="match_parent" />

<androidx.appcompat.widget.Toolbar
    android:id="@+id/toolbar"
    android:layout_width="match_parent"
    android:layout_height="?attr/actionBarSize"
    android:background="#66000000">

    <ImageView
        android:layout_width="wrap_content"
        android:layout_height="wrap_content"
        android:contentDescription="@null"
        android:src="@drawable/tfl2_logo" />
</androidx.appcompat.widget.Toolbar>

<include layout="@layout/bottom_sheet_layout"/>
</androidx.coordinatorlayout.widget.CoordinatorLayout>
```

在上述代码中，调用文件 bottom_sheet_layout.xml 中的布局信息，功能是在相机预览界面下方显示一个滑动面板，在面板中显示识别得分，还可以设置设备的类型和模型文件的类型。文件 bottom_sheet_layout.xml 的主要实现代码如下：

```xml
<ImageView
    android:contentDescription="@null"
    android:id="@+id/bottom_sheet_arrow"
    android:layout_width="wrap_content"
    android:layout_height="wrap_content"
    android:layout_gravity="center"
    android:src="@drawable/icn_chevron_up" />

<TextView
    android:id="@+id/tvTime"
    android:layout_width="match_parent"
    android:layout_height="wrap_content" />

<TextView
    android:id="@+id/tvScore"
    android:layout_width="match_parent"
    android:layout_height="wrap_content" />

<LinearLayout
    android:layout_width="match_parent"
    android:layout_height="wrap_content"
    android:orientation="horizontal">

    <TextView
        android:layout_width="wrap_content"
        android:layout_height="wrap_content"
        android:text="@string/tfe_pe_tv_device" />

    <Spinner
        android:id="@+id/spnDevice"
        android:layout_width="match_parent"
        android:layout_height="wrap_content" />
</LinearLayout>

<LinearLayout
    android:layout_width="match_parent"
    android:layout_height="wrap_content"
    android:orientation="horizontal">

    <TextView
        android:layout_width="wrap_content"
        android:layout_height="wrap_content"
        android:text="@string/tfe_pe_tv_model" />
```

```
    <Spinner
        android:id="@+id/spnModel"
        android:layout_width="match_parent"
        android:layout_height="wrap_content" />
</LinearLayout>
```

15.3.3 实现主 Activity

本项目的主 Activity 功能是由文件 MainActivity.kt 实现的，功能是调用前面的布局文件 activity_main.xml 在屏幕上方显示一个相机预览界面，在屏幕下方的面板中显示识别结果的文字信息和控制按钮。文件 MainActivity.kt 的具体实现流程如下。

（1）定义需要的常量，设置实现相机预览功能的常量参数。代码如下：

```
private lateinit var surfaceHolder: SurfaceHolder

/** 用于在后台运行任务的[Handler]   */
private var backgroundHandler: Handler? = null

/** 相机预览的[android.util.Size]  */
private var previewSize: Size? = null

/**用于运行不应阻塞 UI 的任务的附加线程 */
private var backgroundThread: HandlerThread? = null

/**当前[CameraDevice]的 ID */
private var cameraId: String = ""

/**相机预览的[android.util.Size.getWidth]*/
private var previewWidth = 0

/**相机预览的[android.util.Size.getHeight] */
private var previewHeight = 0

/**对打开的[CameraDevice]的引用*/
private var cameraDevice: CameraDevice? = null

/**用于相机预览的[CameraCaptureSession]*/
private var captureSession: CameraCaptureSession? = null

/** Posenet 库的对象*/
private var poseDetector: PoseDetector? = null

/**默认设备是 GPU*/
private var device = Device.CPU

/** Default 0 == Movenet Lightning model */
private var modelPos = 2

/** 用于提取帧数据的形状   */
```

```kotlin
    private var imageReader: ImageReader? = null

    /**得分阈值 */
    private val minConfidence = .2f

    /** [CaptureRequest.Builder]用于相机预览 */
    private var previewRequestBuilder: CaptureRequest.Builder? = null

    /**[CaptureRequest]由[.previewRequestBuilder]生成*/
    private var previewRequest: CaptureRequest? = null

    private lateinit var tvScore: TextView
    private lateinit var tvTime: TextView
    private lateinit var spnDevice: Spinner
    private lateinit var spnModel: Spinner
```

（2）定义图像侦听器，从预览的相机界面中加载排到的图像，实时监控图像的变化。代码如下：

```kotlin
    private var imageAvailableListener = object : ImageReader.OnImage
AvailableListener {
        override fun onImageAvailable(imageReader: ImageReader) {
            //我们需要等待，直到我们从 onPreviewSizeChosen 得到一些尺寸
            if (previewWidth == 0 || previewHeight == 0) {
                return
            }

            val image = imageReader.acquireLatestImage() ?: return
            val nv21Buffer =
                ImageUtils.yuv420ThreePlanesToNV21(image.planes,
previewWidth, previewHeight)
            val imageBitmap = ImageUtils.getBitmap(nv21Buffer!!, previewWidth,
previewHeight)

            //创建用于纵向显示的旋转版本
            val rotateMatrix = Matrix()
            rotateMatrix.postRotate(90.0f)

            val rotatedBitmap = Bitmap.createBitmap(
                imageBitmap!!, 0, 0, previewWidth, previewHeight,
                rotateMatrix, true
            )
            image.close()

            processImage(rotatedBitmap)
        }
    }
```

（3）编写函数 changeModel()，功能是在应用程序运行时更改模型。代码如下：

```kotlin
    private fun changeModel(position: Int) {
        modelPos = position
        createPoseEstimator()
    }
```

（4）编写函数 changeDevice()，功能是在应用程序运行时更改设备的类型。代码如下：

```
private fun changeDevice(position: Int) {
    device = when (position) {
        0 -> Device.CPU
        1 -> Device.GPU
        else -> Device.NNAPI
    }
    createPoseEstimator()
}
```

（5）通过函数 initSpinner()初始化微调器，用户可以选择他们想要的型号和设备。代码如下：

```
private fun initSpinner() {
    ArrayAdapter.createFromResource(
        this,
        R.array.tfe_pe_models_array,
        android.R.layout.simple_spinner_item
    ).also { adapter ->
        //设置显示选项列表时要使用的布局
        adapter.setDropDownViewResource(android.R.layout.simple_
spinner_dropdown_item)
        // Apply the adapter to the spinner
        spnModel.adapter = adapter
        spnModel.onItemSelectedListener = changeModelListener
    }

    ArrayAdapter.createFromResource(
        this,
        R.array.tfe_pe_device_name, android.R.layout.simple_spinner_item
    ).also { adaper ->
        adaper.setDropDownViewResource(android.R.layout.simple_spinner_
dropdown_item)

        spnDevice.adapter = adaper
        spnDevice.onItemSelectedListener = changeDeviceListener
    }
}
```

（6）编写函数 requestPermission()获取需要用到的权限。代码如下：

```
private fun requestPermission() {
    when (PackageManager.PERMISSION_GRANTED) {
        ContextCompat.checkSelfPermission(
            this,
            Manifest.permission.CAMERA
        ) -> {
            //可以使用需要权限的 API
            openCamera()
```

```
            }
            else -> {
                //可以直接请求许可
                //注册的 ActivityResultCallback 获取此请求的结果
                requestPermissionLauncher.launch(
                    Manifest.permission.CAMERA
                )
            }
        }
    }
```

（7）编写函数 openCamera()打开设备中的相机。代码如下：

```
    private fun openCamera() {
        //检查是否授予了权限
        if (checkPermission(
                Manifest.permission.CAMERA,
                Process.myPid(),
                Process.myUid()
            ) == PackageManager.PERMISSION_GRANTED
        ) {
            setUpCameraOutputs()
            val manager = getSystemService(Context.CAMERA_SERVICE) as
CameraManager
            manager.openCamera(cameraId, stateCallback, backgroundHandler)
        }
    }

    private fun closeCamera() {
        captureSession?.close()
        captureSession = null
        cameraDevice?.close()
        cameraDevice = null
        imageReader?.close()
        imageReader = null
    }
```

（8）编写函数 setUpCameraOutputs()设置与摄影机相关的成员变量。代码如下：

```
    private fun setUpCameraOutputs() {
        val manager = getSystemService(Context.CAMERA_SERVICE) as
CameraManager
        try {
            for (cameraId in manager.cameraIdList) {
                val characteristics = manager.getCameraCharacteristics
(cameraId)

                //在本示例中不使用前置摄像头
                val cameraDirection = characteristics.get(CameraCharacteristics.
LENS_FACING)
                if (cameraDirection != null &&
```

```
                cameraDirection == CameraCharacteristics.LENS_FACING_
FRONT
            ) {
                continue
            }

            previewSize = Size(PREVIEW_WIDTH, PREVIEW_HEIGHT)

            imageReader = ImageReader.newInstance(
                PREVIEW_WIDTH, PREVIEW_HEIGHT,
                ImageFormat.YUV_420_888, /*maxImages*/ 2
            )

            previewHeight = previewSize!!.height
            previewWidth = previewSize!!.width

            this.cameraId = cameraId

            //找到一个可行的摄像头并完成了成员变量的设置，
            //所以我们不需要迭代其他可用的摄像机
            return
        }
    } catch (e: CameraAccessException) {
    } catch (e: NullPointerException) {
        //当使用 Camera2API 但此代码运行的设备不支持时，会引发 NPE 错误
    }
}
```

（9）分别通过函数 startBackgroundThread()、stopBackgroundThread()启动和停止后台线程。代码如下：

```
private fun startBackgroundThread() {
    backgroundThread = HandlerThread("imageAvailableListener").also
{ it.start() }
    backgroundHandler = Handler(backgroundThread!!.looper)
}

private fun stopBackgroundThread() {
    backgroundThread?.quitSafely()
    try {
        backgroundThread?.join()
        backgroundThread = null
        backgroundHandler = null
    } catch (e: InterruptedException) {
        // do nothing
    }
}
```

（10）编写函数 createCameraPreviewSession()为相机预览创建新的[CameraCapture Session]。代码如下：

```
private fun createCameraPreviewSession() {
```

```kotlin
        try {
            // 以 YUV 格式从预览中捕获图像
            imageReader = ImageReader.newInstance(
                previewSize!!.width, previewSize!!.height, ImageFormat.
YUV_420_888, 2
            )
            imageReader!!.setOnImageAvailableListener(imageAvailableListener,
backgroundHandler)

            // 记录图像以处理的曲面
            val recordingSurface = imageReader!!.surface

            //使用输出曲面设置 CaptureRequest.Builder
            previewRequestBuilder = cameraDevice!!.createCaptureRequest(
                CameraDevice.TEMPLATE_PREVIEW
            )
            previewRequestBuilder!!.addTarget(recordingSurface)

            //为摄影机预览创建一个 CameraCaptureSession
            cameraDevice!!.createCaptureSession(
                listOf(recordingSurface),
                object : CameraCaptureSession.StateCallback() {
                    override    fun    onConfigured(cameraCaptureSession:
CameraCaptureSession) {
                        //已经关上摄像机
                        if (cameraDevice == null) return

                        //当会话准备就绪时开始显示预览
                        captureSession = cameraCaptureSession
                        try {
                            //对于相机预览，自动对焦应该是连续的
                            previewRequestBuilder!!.set(
                                CaptureRequest.CONTROL_AF_MODE,
                                CaptureRequest.CONTROL_AF_MODE_CONTINUOUS_
PICTURE
                            )
                            //最后开始显示相机预览
                            previewRequest = previewRequestBuilder!!.build()
                            captureSession!!.setRepeatingRequest(
                                previewRequest!!,
                                null, null
                            )
                        } catch (e: CameraAccessException) {
                            Log.e(TAG, e.toString())
                        }
                    }

                    override fun onConfigureFailed(cameraCaptureSession:
CameraCaptureSession) {
                        Toast.makeText(this@MainActivity, "Failed", Toast.
```

```
LENGTH_SHORT).show()
                    }
                },
            null
        )
    } catch (e: CameraAccessException) {
        Log.e(TAG, "Error creating camera preview session.", e)
    }
}
```

（11）编写函数 processImage()，功能是使用库 Movenet 处理图像。代码如下：

```
private fun processImage(bitmap: Bitmap) {
    var score = 0f
    var outputBitmap = bitmap

    // 运行"检测姿势"在原始图像上绘制点和线
    poseDetector?.estimateSinglePose(bitmap)?.let { person ->
        score = person.score
        if (score > minConfidence) {
            outputBitmap = drawBodyKeypoints(bitmap, person)
        }
    }

    // 绘制"位图"和"人物"`
    val canvas: Canvas = surfaceHolder.lockCanvas()

    val screenWidth: Int
    val screenHeight: Int
    val left: Int
    val top: Int

    if (canvas.height > canvas.width) {
        val ratio = outputBitmap.height.toFloat() / outputBitmap.
width
        screenWidth = canvas.width
        left = 0
        screenHeight = (canvas.width * ratio).toInt()
        top = (canvas.height - screenHeight) / 2
    } else {
        val ratio = outputBitmap.width.toFloat() / outputBitmap.
height
        screenHeight = canvas.height
        top = 0
        screenWidth = (canvas.height * ratio).toInt()
        left = (canvas.width - screenWidth) / 2
    }
    val right: Int = left + screenWidth
    val bottom: Int = top + screenHeight

    canvas.drawBitmap(
        outputBitmap, Rect(0, 0, outputBitmap.width, outputBitmap.
```

```
height),
                Rect(left, top, right, bottom), Paint()
        )
        surfaceHolder.unlockCanvasAndPost(canvas)
        tvScore.text = getString(R.string.tfe_pe_tv_score).format(score)
        poseDetector?.lastInferenceTimeNanos()?.let {
            tvTime.text =
                getString(R.string.tfe_pe_tv_time).format(it * 1.0f /
1_000_000)
        }
    }
```

（12）编写类 ErrorDialog，功能是当程序出错时显示一个错误消息对话框。代码
如下：

```
class ErrorDialog : DialogFragment() {

    override fun onCreateDialog(savedInstanceState: Bundle?): Dialog =
        AlertDialog.Builder(activity)
            .setMessage(requireArguments().getString(ARG_MESSAGE))
            .setPositiveButton(android.R.string.ok) { _, _ ->
            }
            .create()

    companion object {

        @JvmStatic
        private val ARG_MESSAGE = "message"

        @JvmStatic
        fun newInstance(message: String): ErrorDialog = ErrorDialog().
apply {
            arguments = Bundle().apply { putString(ARG_MESSAGE, message) }
        }
    }
}
```

15.3.4 图像处理

将用摄像机预览图像时，会实时预测图像中人物的姿势，并通过图像处理技术绘制
出人物的四肢。

（1）编写程序文件 ImageUtils.kt，实现用于操作图像的实用程序类。提取摄像机中
的图像，并使用线条绘制四肢和和头部器官，将回执结果保存到缓存中。代码如下：

```
object ImageUtils {

    private const val TAG = "ImageUtils"
```

```kotlin
@RequiresApi(VERSION_CODES.KITKAT)
fun yuv420ThreePlanesToNV21(
    yuv420888planes: Array<Plane>, width: Int, height: Int
): ByteBuffer? {
    val imageSize = width * height
    val out = ByteArray(imageSize + 2 * (imageSize / 4))
    if (areUVPlanesNV21(yuv420888planes, width, height)) {
        //复制 Y 的值
        yuv420888planes[0].buffer[out, 0, imageSize]
        val uBuffer = yuv420888planes[1].buffer
        val vBuffer = yuv420888planes[2].buffer
        //从 V 缓冲区获取第一个 V 值，因为 U 缓冲区不包含它
        vBuffer[out, imageSize, 1]
        //从 U 缓冲区复制第一个 U 值和剩余的 VU 值
        uBuffer[out, imageSize + 1, 2 * imageSize / 4 - 1]
    } else {
        // 回退处理并逐个复制 UV 值，虽然速度较慢，但也有效
        unpackPlane(
            yuv420888planes[0],
            width,
            height,
            out,
            0,
            1
        )
        //拆包 U
        unpackPlane(
            yuv420888planes[1],
            width,
            height,
            out,
            imageSize + 1,
            2
        )
        //拆包 V
        unpackPlane(
            yuv420888planes[2],
            width,
            height,
            out,
            imageSize,
            2
        )
    }
    return ByteBuffer.wrap(out)
}

@TargetApi(VERSION_CODES.KITKAT)
private fun unpackPlane(
```

```kotlin
        plane: Plane, width: Int, height: Int, out: ByteArray, offset: Int,
pixelStride: Int
    ) {
        val buffer = plane.buffer
        buffer.rewind()

        // 计算当前平面的大小
        //假设它具有与原始图像相同的纵横比
        val numRow = (buffer.limit() + plane.rowStride - 1) /
plane.rowStride
        if (numRow == 0) {
            return
        }
        val scaleFactor = height / numRow
        val numCol = width / scaleFactor

        //提取输出缓冲区中的数据
        var outputPos = offset
        var rowStart = 0
        for (row in 0 until numRow) {
            var inputPos = rowStart
            for (col in 0 until numCol) {
                out[outputPos] = buffer[inputPos]
                outputPos += pixelStride
                inputPos += plane.pixelStride
            }
            rowStart += plane.rowStride
        }
    }

    @RequiresApi(VERSION_CODES.KITKAT)
    private fun areUVPlanesNV21(planes: Array<Plane>, width: Int, height:
Int): Boolean {
        val imageSize = width * height
        val uBuffer = planes[1].buffer
        val vBuffer = planes[2].buffer

        //备份缓冲区属性
        val vBufferPosition = vBuffer.position()
        val uBufferLimit = uBuffer.limit()

        //将 V 缓冲区提前 1 字节，因为 U 缓冲区不包含第一个 V 值
        vBuffer.position(vBufferPosition + 1)
        //切掉 U 缓冲区的最后一个字节，因为 V 缓冲区不包含最后一个 U 值
        uBuffer.limit(uBufferLimit - 1)

        //检查缓冲区是否相等并具有预期的元素数
        val areNV21 =
            vBuffer.remaining() == 2 * imageSize / 4 - 2 && vBuffer.
compareTo(uBuffer) == 0
```

```
    //将缓冲区恢复到其初始状态
    vBuffer.position(vBufferPosition)
    uBuffer.limit(uBufferLimit)
    return areNV21
}

fun getBitmap(data: ByteBuffer, width: Int, height: Int): Bitmap? {
    data.rewind()
    val imageInBuffer = ByteArray(data.limit())
    data[imageInBuffer, 0, imageInBuffer.size]
    try {
        val image = YuvImage(
            imageInBuffer, ImageFormat.NV21, width, height, null
        )
        val stream = ByteArrayOutputStream()
        image.compressToJpeg(Rect(0, 0, width, height), 80, stream)
        val bmp = BitmapFactory.decodeByteArray(stream.toByteArray(),
0, stream.size())
        stream.close()
        return bmp
    } catch (e: Exception) {
        Log.e(TAG, "Error: " + e.message)
    }
    return null
}
}
```

（2）编写文件 MoveNet.kt 实现移动处理，因为相机中的人物动作是动态的，所以需要适时绘制人物的四肢和头部器官的运动轨迹。文件 MoveNet.kt 的具体实现流程如下：

● 编写函数 processInputImage()准备用于检测的输入图像。代码如下：

```
    private  fun  processInputImage(bitmap:  Bitmap,  inputWidth:  Int,
inputHeight: Int): TensorImage? {
        val width: Int = bitmap.width
        val height: Int = bitmap.height

        val size = if (height > width) width else height
        val imageProcessor = ImageProcessor.Builder().apply {
            add(ResizeWithCropOrPadOp(size, size))
            add(ResizeOp(inputWidth, inputHeight, ResizeOp.ResizeMethod.
BILINEAR))
        }.build()
        val tensorImage = TensorImage(DataType.FLOAT32)
        tensorImage.load(bitmap)
        return imageProcessor.process(tensorImage)
    }
```

● 编写函数 initRectF()定义默认的裁剪区域，当算法无法从上一帧可靠地确定裁剪区域时，该函数提供初始裁剪区域（从两侧填充完整图像，使其成为方形图像）。

代码如下：

```
    private fun initRectF(imageWidth: Int, imageHeight: Int): RectF {
        val xMin: Float
        val yMin: Float
        val width: Float
        val height: Float
        if (imageWidth > imageHeight) {
            width = 1f
            height = imageWidth.toFloat() / imageHeight
            xMin = 0f
            yMin = (imageHeight / 2f - imageWidth / 2f) / imageHeight
        } else {
            height = 1f
            width = imageHeight.toFloat() / imageWidth
            yMin = 0f
            xMin = (imageWidth / 2f - imageHeight / 2) / imageWidth
        }
        return RectF(
            xMin,
            yMin,
            xMin + width,
            yMin + height
        )
    }
```

编写函数 torsoVisible()检查是否有足够的躯干关键点，此函数检查模型是否有把握预测指定裁剪区域中的一个肩部/髋部。代码如下：

```
    private fun torsoVisible(keyPoints: List<KeyPoint>): Boolean {
        return ((keyPoints[BodyPart.LEFT_HIP.position].score > MIN_CROP_
KEYPOINT_SCORE).or(
            keyPoints[BodyPart.RIGHT_HIP.position].score  >  MIN_CROP_
KEYPOINT_SCORE
        )).and(
            (keyPoints[BodyPart.LEFT_SHOULDER.position].score > MIN_CROP_
KEYPOINT_SCORE).or(
                keyPoints[BodyPart.RIGHT_SHOULDER.position].score > MIN_
CROP_KEYPOINT_SCORE
            )
        )
    }
```

- 确定要裁剪图像以供模型运行推断的区域，该算法使用前一帧检测到的关节来估计包围目标人全身并以两个髋关节中点为中心的正方形区域。裁剪尺寸由每个关节与中心点之间的距离确定。当模型对四个躯干关节预测不确定时，该函数将返回默认裁剪，即填充为方形的完整图像。代码如下：

```
    private fun determineRectF(
        keyPoints: List<KeyPoint>,
        imageWidth: Int,
```

```
        imageHeight: Int
    ): RectF {
        val targetKeyPoints = mutableListOf<KeyPoint>()
        keyPoints.forEach {
            targetKeyPoints.add(
                KeyPoint(
                    it.bodyPart,
                    PointF(
                        it.coordinate.x * imageWidth,
                        it.coordinate.y * imageHeight
                    ),
                    it.score
                )
            )
        }
        if (torsoVisible(keyPoints)) {
            val centerX =
                (targetKeyPoints[BodyPart.LEFT_HIP.position].coordinate.x +
                    targetKeyPoints[BodyPart.RIGHT_HIP.position].
coordinate.x) / 2f
            val centerY =
                (targetKeyPoints[BodyPart.LEFT_HIP.position].coordinate.y +
                    targetKeyPoints[BodyPart.RIGHT_HIP.position].
coordinate.y) / 2f

            val torsoAndBodyDistances =
                determineTorsoAndBodyDistances(keyPoints, targetKeyPoints,
centerX, centerY)

            val list = listOf(
                torsoAndBodyDistances.maxTorsoXDistance * TORSO_EXPANSION_
RATIO,
                torsoAndBodyDistances.maxTorsoYDistance * TORSO_EXPANSION_
RATIO,
                torsoAndBodyDistances.maxBodyXDistance * BODY_EXPANSION_
RATIO,
                torsoAndBodyDistances.maxBodyYDistance * BODY_EXPANSION_
RATIO
            )

            var cropLengthHalf = list.maxOrNull() ?: 0f
            val tmp = listOf(centerX, imageWidth - centerX, centerY,
imageHeight - centerY)
            cropLengthHalf = min(cropLengthHalf, tmp.maxOrNull() ?: 0f)
            val cropCorner = Pair(centerY - cropLengthHalf, centerX -
cropLengthHalf)

            return if (cropLengthHalf > max(imageWidth, imageHeight) / 2f) {
```

```
            initRectF(imageWidth, imageHeight)
        } else {
            val cropLength = cropLengthHalf * 2
            RectF(
                cropCorner.second / imageWidth,
                cropCorner.first / imageHeight,
                (cropCorner.second + cropLength) / imageWidth,
                (cropCorner.first + cropLength) / imageHeight,
            )
        }
    } else {
        return initRectF(imageWidth, imageHeight)
    }
}
```

- 编写函数 torsoVisible()计算每个关键点到中心位置的最大距离。该函数返回两组关键点之间的最大距离：完整的 17 个关键点和 4 个躯干关键点。返回的信息将用于确定作物大小。代码如下：

```
private fun determineTorsoAndBodyDistances(
    keyPoints: List<KeyPoint>,
    targetKeyPoints: List<KeyPoint>,
    centerX: Float,
    centerY: Float
): TorsoAndBodyDistance {
    val torsoJoints = listOf(
        BodyPart.LEFT_SHOULDER.position,
        BodyPart.RIGHT_SHOULDER.position,
        BodyPart.LEFT_HIP.position,
        BodyPart.RIGHT_HIP.position
    )

    var maxTorsoYRange = 0f
    var maxTorsoXRange = 0f
    torsoJoints.forEach { joint ->
        val distY = abs(centerY - targetKeyPoints[joint].coordinate.y)
        val distX = abs(centerX - targetKeyPoints[joint].coordinate.x)
        if (distY > maxTorsoYRange) maxTorsoYRange = distY
        if (distX > maxTorsoXRange) maxTorsoXRange = distX
    }

    var maxBodyYRange = 0f
    var maxBodyXRange = 0f
    for (joint in keyPoints.indices) {
        if (keyPoints[joint].score < MIN_CROP_KEYPOINT_SCORE) continue
        val distY = abs(centerY - keyPoints[joint].coordinate.y)
        val distX = abs(centerX - keyPoints[joint].coordinate.x)

        if (distY > maxBodyYRange) maxBodyYRange = distY
        if (distX > maxBodyXRange) maxBodyXRange = distX
```

```
        }
        return TorsoAndBodyDistance(
            maxTorsoYRange,
            maxTorsoXRange,
            maxBodyYRange,
            maxBodyXRange
        )
    }
```

（3）编写文件 PoseNet.kt 实现姿势处理，具体实现方法如下：

- 编写函数 postProcessModelOuputs()将 Posenet 热图和偏移量输出转换为关键点列表。代码如下：

```
private fun postProcessModelOuputs(
    heatmaps: Array<Array<Array<FloatArray>>>,
    offsets: Array<Array<Array<FloatArray>>>
): Person {
    val height = heatmaps[0].size
    val width = heatmaps[0][0].size
    val numKeypoints = heatmaps[0][0][0].size

    //查找最可能存在关键点的位置（行、列）
    val keypointPositions = Array(numKeypoints) { Pair(0, 0) }
    for (keypoint in 0 until numKeypoints) {
        var maxVal = heatmaps[0][0][0][keypoint]
        var maxRow = 0
        var maxCol = 0
        for (row in 0 until height) {
            for (col in 0 until width) {
                if (heatmaps[0][row][col][keypoint] > maxVal) {
                    maxVal = heatmaps[0][row][col][keypoint]
                    maxRow = row
                    maxCol = col
                }
            }
        }
        keypointPositions[keypoint] = Pair(maxRow, maxCol)
    }

    //通过偏移调整计算关键点的 x 和 y 坐标
    val xCoords = IntArray(numKeypoints)
    val yCoords = IntArray(numKeypoints)
    val confidenceScores = FloatArray(numKeypoints)
    keypointPositions.forEachIndexed { idx, position ->
        val positionY = keypointPositions[idx].first
        val positionX = keypointPositions[idx].second
        yCoords[idx] = ((
                position.first / (height - 1).toFloat() * inputHeight +
                    offsets[0][positionY][positionX][idx]
                ) * (cropSize.toFloat() / inputHeight)).toInt() +
(cropHeight / 2).toInt()
```

```
            xCoords[idx] = ((
                position.second / (width - 1).toFloat() * inputWidth +
                    offsets[0][positionY]
                        [positionX][idx + numKeypoints]
                ) * (cropSize.toFloat() / inputWidth)).toInt() +
(cropWidth / 2).toInt()
            confidenceScores[idx] = sigmoid(heatmaps[0][positionY][positionX]
[idx])
        }

        val keypointList = mutableListOf<KeyPoint>()
        var totalScore = 0.0f
        enumValues<BodyPart>().forEachIndexed { idx, it ->
            keypointList.add(
                KeyPoint(
                    it,
                    PointF(xCoords[idx].toFloat(), yCoords[idx].toFloat()),
                    confidenceScores[idx]
                )
            )
            totalScore += confidenceScores[idx]
        }
        return Person(keypointList.toList(), totalScore / numKeypoints)
    }

    override fun lastInferenceTimeNanos(): Long = lastInferenceTimeNanos

    override fun close() {
        interpreter.close()
    }
```

- 编写函数 processInputImage()将输入图像缩放并裁剪为张量图像。代码如下：

```
    private fun processInputImage(bitmap: Bitmap): TensorImage {
        //重置裁剪宽度和高度
        cropWidth = 0f
        cropHeight = 0f
        cropSize = if (bitmap.width > bitmap.height) {
            cropWidth = (bitmap.width - bitmap.height).toFloat()
            bitmap.height
        } else {
            cropHeight = (bitmap.height - bitmap.width).toFloat()
            bitmap.width
        }

        val imageProcessor = ImageProcessor.Builder().apply {
            add(ResizeWithCropOrPadOp(cropSize, cropSize))
            add(ResizeOp(inputWidth, inputHeight, ResizeOp.ResizeMethod.
BILINEAR))
            add(NormalizeOp(MEAN, STD))
        }.build()
        val tensorImage = TensorImage(DataType.FLOAT32)
```

```
            tensorImage.load(bitmap)
            return imageProcessor.process(tensorImage)
    }
```

- 编写函数 initOutputMap()，功能是为要填充的模型实现初始化处理，将输出保存
  为 1*x*y*z 格式的浮点型数组的 outputMap。代码如下：

```
        private fun initOutputMap(interpreter: Interpreter): HashMap<Int,
Any> {
            val outputMap = HashMap<Int, Any>()

            // 包含热图 1 * 9 * 9 * 17
            val heatmapsShape = interpreter.getOutputTensor(0).shape()
            outputMap[0] = Array(heatmapsShape[0]) {
                Array(heatmapsShape[1]) {
                    Array(heatmapsShape[2]) { FloatArray(heatmapsShape[3]) }
                }
            }

            // 包含偏移量 1 * 9 * 9 * 34
            val offsetsShape = interpreter.getOutputTensor(1).shape()
            outputMap[1] = Array(offsetsShape[0]) {
                Array(offsetsShape[1]) { Array(offsetsShape[2]) { FloatArray
(offsetsShape[3]) } }
            }

            //包含向前位移 1 * 9 * 9 * 32
            val displacementsFwdShape = interpreter.getOutputTensor(2).shape()
            outputMap[2] = Array(offsetsShape[0]) {
                Array(displacementsFwdShape[1]) {
                    Array(displacementsFwdShape[2])        { FloatArray
(displacementsFwdShape[3]) }
                }
            }

            //包含向后位移 1 * 9 * 9 * 32
            val displacementsBwdShape = interpreter.getOutputTensor(3).shape()
            outputMap[3] = Array(displacementsBwdShape[0]) {
                Array(displacementsBwdShape[1]) {
                    Array(displacementsBwdShape[2])        { FloatArray
(displacementsBwdShape[3]) }
                }
            }

            return outputMap
    }
```

15.3.5　姿势识别

（1）编写文件 EvaluationUtils.kt 实现识别处理过程中的评估测试功能，推断从图像

中检测到的人是否与预期结果相匹配。如果检测结果在预期结果的可接受误差范围内，则会视为正确。文件 EvaluationUtils.kt 的具体实现代码如下：

```kotlin
object EvaluationUtils {

    private const val ACCEPTABLE_ERROR = 10f // max 10 pixels
    private const val BITMAP_FIXED_WIDTH_SIZE = 400
    fun assertPoseDetectionResult(
        person: Person,
        expectedResult: Map<BodyPart, PointF>
    ) {
        //检查模型是否有足够的信心检测到此人
        assertThat(person.score).isGreaterThan(0.5f)

        for ((bodyPart, expectedPointF) in expectedResult) {
            val keypoint = person.keyPoints.firstOrNull { it.bodyPart ==
bodyPart }
            assertWithMessage("$bodyPart  must  exist").that(keypoint).
isNotNull()

            val detectedPointF = keypoint!!.coordinate
            val distanceFromExpectedPointF = distance(detectedPointF,
expectedPointF)
            assertWithMessage("Detected $bodyPart must be close to
expected result")
                .that(distanceFromExpectedPointF).isAtMost(ACCEPTABLE_E
RROR)
        }
    }

    /**
     * 使用资源名称从资产文件夹加载图像
     *注意：图像隐式调整为固定的 400px 宽度，同时保持其比率。
     *这对于保持测试图像一致是必要的，因为将根据设备屏幕大小加载不同的位图分辨率
     */
    fun loadBitmapResourceByName(name: String): Bitmap {
        val resources = InstrumentationRegistry.getInstrumentation().
context.resources
        val resourceId = resources.getIdentifier(
            name, "drawable",
            InstrumentationRegistry.getInstrumentation().context.packageName
        )
        val options = BitmapFactory.Options()
        options.inMutable = true
        return scaleBitmapToFixedSize(BitmapFactory.decodeResource(resources,
resourceId, options))
    }

    private fun scaleBitmapToFixedSize(bitmap: Bitmap): Bitmap {
        val ratio = bitmap.width.toFloat() / bitmap.height
```

```
        return Bitmap.createScaledBitmap(
            bitmap,
            BITMAP_FIXED_WIDTH_SIZE,
            (BITMAP_FIXED_WIDTH_SIZE / ratio).toInt(),
            false
        )
    }


    private fun distance(point1: PointF, point2: PointF): Float {
        return ((point1.x - point2.x).pow(2) + (point1.y - point2.y).
pow(2)).pow(0.5f)
    }
}
```

（2）编写文件 MovenetLightningTest.kt，功能是使用 Movenet 数据模型识别动作，在 EXPECTED_DETECTION_RESULT1 中存储了预期的检测结果。具体实现代码如下：

```
@RunWith(AndroidJUnit4::class)
class MovenetLightningTest {

    companion object {

        private const val TEST_INPUT_IMAGE1 = "image1"
        private val EXPECTED_DETECTION_RESULT1 = mapOf(
            BodyPart.NOSE to PointF(193.0462f, 87.497574f),
            BodyPart.LEFT_EYE to PointF(2015.29642f, 75.67456f),
            BodyPart.RIGHT_EYE to PointF(182.6607f, 78.23213f),
            BodyPart.LEFT_EAR to PointF(2315.74228f, 88.43133f),
            BodyPart.RIGHT_EAR to PointF(176.84341f, 815.485374f),
            BodyPart.LEFT_SHOULDER to PointF(253.89224f, 162.15315f),
            BodyPart.RIGHT_SHOULDER to PointF(152.12976f, 155.90091f),
            BodyPart.LEFT_ELBOW to PointF(270.097f, 260.88635f),
            BodyPart.RIGHT_ELBOW to PointF(148.23059f, 2315.923f),
            BodyPart.LEFT_WRIST to PointF(275.47607f, 335.0756f),
            BodyPart.RIGHT_WRIST to PointF(142.26117f, 311.81918f),
            BodyPart.LEFT_HIP to PointF(238.68332f, 3215.58127f),
            BodyPart.RIGHT_HIP to PointF(178.08572f, 331.83063f),
            BodyPart.LEFT_KNEE to PointF(260.20868f, 468.5389f),
            BodyPart.RIGHT_KNEE to PointF(141.22626f, 467.30423f),
            BodyPart.LEFT_ANKLE to PointF(273.98502f, 588.24274f),
            BodyPart.RIGHT_ANKLE to PointF(95.03668f, 597.6913f),
        )

        private const val TEST_INPUT_IMAGE2 = "image2"
        private val EXPECTED_DETECTION_RESULT2 = mapOf(
            BodyPart.NOSE to PointF(185.01096f, 86.7739f),
            BodyPart.LEFT_EYE to PointF(193.2121f, 75.5961f),
            BodyPart.RIGHT_EYE to PointF(172.3854f, 76.547386f),
            BodyPart.LEFT_EAR to PointF(204.05804f, 77.61157f),
```

```
        BodyPart.RIGHT_EAR to PointF(156.31363f, 78.961266f),
        BodyPart.LEFT_SHOULDER to PointF(2115.9895f, 125.02336f),
        BodyPart.RIGHT_SHOULDER to PointF(144.1854f, 131.37856f),
        BodyPart.LEFT_ELBOW to PointF(2515.59085f, 197.88562f),
        BodyPart.RIGHT_ELBOW to PointF(180.91986f, 214.5548f),
        BodyPart.LEFT_WRIST to PointF(247.00491f, 214.88852f),
        BodyPart.RIGHT_WRIST to PointF(233.76907f, 212.72563f),
        BodyPart.LEFT_HIP to PointF(2115.44794f, 2815.7696f),
        BodyPart.RIGHT_HIP to PointF(176.40805f, 293.85168f),
        BodyPart.LEFT_KNEE to PointF(206.05576f, 421.18146f),
        BodyPart.RIGHT_KNEE to PointF(173.7746f, 426.6271f),
        BodyPart.LEFT_ANKLE to PointF(188.79883f, 534.07745f),
        BodyPart.RIGHT_ANKLE to PointF(157.41333f, 566.5951f),
    )
}

private lateinit var poseDetector: PoseDetector
private lateinit var appContext: Context

@Before
fun setup() {
    appContext    =    InstrumentationRegistry.getInstrumentation().
targetContext
    poseDetector = MoveNet.create(appContext, Device.CPU, ModelType.
Lightning)
}

@Test
fun testPoseEstimationResultWithImage1() {
    val input = EvaluationUtils.loadBitmapResourceByName(TEST_INPUT_
IMAGE1)

    //由于Movenet 使用前一帧优化检测结果，因此使用同一图像多次运行该帧以改进结果
    poseDetector.estimateSinglePose(input)
    poseDetector.estimateSinglePose(input)
    poseDetector.estimateSinglePose(input)
    val person = poseDetector.estimateSinglePose(input)
    EvaluationUtils.assertPoseDetectionResult(person, EXPECTED_
DETECTION_RESULT1)
}

@Test
fun testPoseEstimationResultWithImage2() {
    val input = EvaluationUtils.loadBitmapResourceByName(TEST_INPUT_
IMAGE2)

    // 由于Movenet 使用前一帧优化检测结果，因此使用同一图像多次运行该帧以改进
结果
    poseDetector.estimateSinglePose(input)
    poseDetector.estimateSinglePose(input)
```

```
    poseDetector.estimateSinglePose(input)
    val person = poseDetector.estimateSinglePose(input)
    EvaluationUtils.assertPoseDetectionResult(person, EXPECTED_
DETECTION_RESULT2)
        }
    }
```

本项目的识别性能很大程度取决于我们的设备性能以及输出的幅度（热点图和偏移向量）。本项目对于不同尺寸的图片的预测结果是不变的，也就是说，在原始图像和缩小后图像中预测姿势位置相同。这也说明我们能精确地配置性能消耗。最终的输出幅度决定了缩小后的和输入的图片尺寸的相关程度，输出幅度同样影响图层的尺寸和输出的模型。更高的输出幅度决定了更小的网络和输出的图层分辨率，和更小的可信度。

在本实例中，输出幅度可以为 8、16 或 32。换句话说，当输出幅度为 32 时会拥有最高性能和最差的可信度；当输出幅度为 8 时则会有用最高的可信度和最低的性能。本项目给出的建议是 16。更高的输出幅度速度更快，但是也会导致更低的可信度。

到此为止，整个项目工程全部开发完毕。单击 Android Studio 顶部的运行按钮运行本项目，在 Android 设备中将会显示执行效果。在屏幕上方会显示摄像头的拍摄界面，在下方显示摄像头视频的识别结果。执行效果如图 15-4 所示。

图 15-4　执行效果

第16章　综合实战：智能客服系统

经过本书上一章内容的学习，已经学会了使用 TensorFlow Lite 实现物体检测识别的知识。在本章的内容中，将通过一个智能客服系统的实现过程，详细讲解使用 TensorFlow Lite 开发大型软件项目的过程，包括项目的架构分析、创建模型和具体实现知识，详细介绍开发大型 TensorFlow Lite 项目的流程。

16.1　系统介绍

本智能客服系统是基于智能回复模型实现的，能够基于用户输入的聊天消息生成回复建议。该建议是主要是依据上下文中的相关内容进行响应，帮助用户快速回复用户输入的文本消息。智能回复是上下文相关的一键式回复，可帮助用户高效、轻松地回复收到的短信（或电子邮件）。智能回复在包括 Gmail、Inbox 和 Allo 在内的多个 Google 产品中都非常成功。

本项目的具体结构如图 16-1 所示。

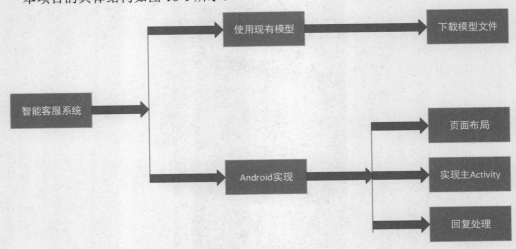

图 16-1　项目结构

16.2　准备模型

本项目使用 TensorFlow 官方提供的现成的模型，可以登录 TensorFlow 官方网站下载模型文件 smartreply.tflite。

16.2.1　模型介绍

移动设备上的智能回复模型针对文本聊天应用场景，具有与基于云的同类产品完全不同的架构，专为内存限制设备（如手机和手表）而构建。本智能客服系统已成功用于在 Android Wear 上向所有第一方和第三方应用程序提供智能回复。

本项目所使用的模型有以下几个好处：

- 更快：模型驻留在设备上，不需要互联网连接。因此推理速度非常快，平均延迟只有几毫秒。
- 资源高效：该模型在设备上占用的内存很小。
- 隐私友好：用户数据永远不会离开设备，这消除了任何隐私限制。

16.2.2　下载模型文件

开发者可以在 Tensorflow 官网下载这个模型，下载地址如下：

https://tensorflow.google.cn/lite/examples/smart_reply/overview?hl=zh_cn

也可以在项目文件 build.gradle 中设置下载模型文件的 URL 地址，对应代码如下：

```
ext {
    LITE_MODEL_URL = 'https://storage.googleapis.com/download.tensorflow.
org/models/tflite/smartreply/smartreply.tflite'
    LITE_MODEL_NAME = 'smartreply.tflite'
    LITE_MODEL_DIRS = [
            "$projectDir/src/main/assets",
            "$projectDir/libs/cc/testdata",
    ]

    AAR_URL = 'https://storage.googleapis.com/download.tensorflow.org/
models/tflite/smartreply/smartreply_runtime_aar.aar'
    AAR_PATH = "$projectDir/libs/smartreply_runtime_aar.aar"
```

16.3　Android 物体检测识别器

在准备好 TensorFlow Lite 模型后，接下来将使用这个模型开发一个 Android 智能客服系统。

16.3.1　准备工作

（1）使用 Android Studio 导入本项目源码工程 "smart_reply"，如图 16-2 所示。

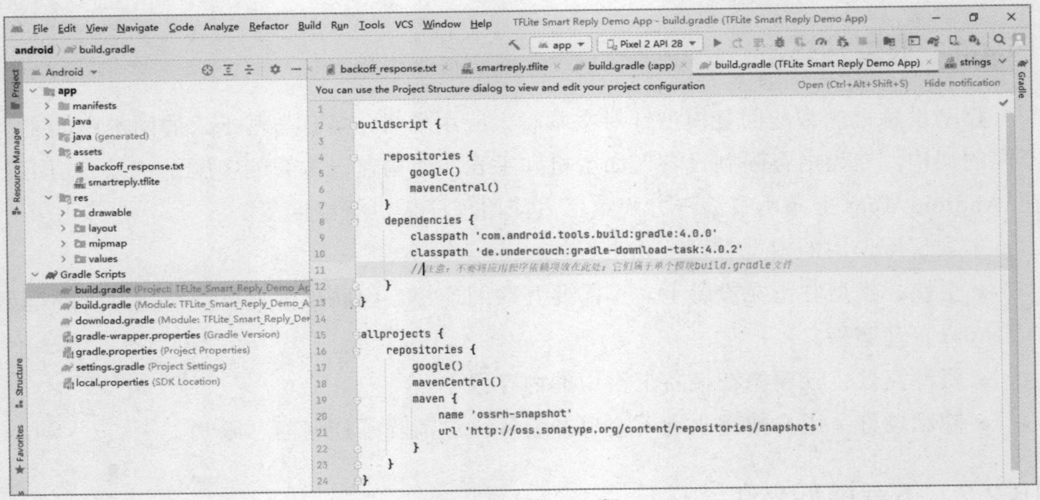

图 16-2　导入工程

（2）更新 build.gradle

打开 app 模块中的文件 build.gradle，分别设置 Android 的编译版本和运行版本，设置需要使用的库文件，添加对 TensorFlow Lite 模型库的引用。代码如下：

```
apply plugin: 'com.android.application'
apply plugin: 'de.undercouch.download'

android {
    compileSdkVersion 28
    defaultConfig {
        applicationId "org.tensorflow.lite.examples.smartreply.SmartReply"
        minSdkVersion 19
        targetSdkVersion 28
        versionCode 1
        versionName "1.0"
        ndk {
            abiFilters 'armeabi-v7a', 'arm64-v8a', 'x86', 'x86_64'
        }
        testInstrumentationRunner "androidx.test.runner.AndroidJUnitRunner"
    }

    aaptOptions {
        noCompress "tflite"
    }

    buildTypes {
        release {
            minifyEnabled false
            proguardFiles getDefaultProguardFile('proguard-android-optimize.
txt'), 'proguard-rules.pro'
```

```
    }
    }

    compileOptions {
        sourceCompatibility '1.8'
        targetCompatibility '1.8'
    }

    repositories {
        mavenCentral()
        maven {
            name 'ossrh-snapshot'
            url 'http://oss.sonatype.org/content/repositories/snapshots'
        }
        flatDir {
            dirs 'libs'
        }
    }
}

//下载预构建的 AAR 和 TF Lite 模型
apply from: 'download.gradle'

dependencies {
    implementation fileTree(dir: 'libs', include: ['*.jar', '*.aar'])
    //支持库
    implementation 'com.google.guava:guava:28.1-android'
    implementation 'androidx.appcompat:appcompat:1.1.0'
    implementation 'androidx.constraintlayout:constraintlayout:1.1.3'

    // TF Lite
    implementation 'org.tensorflow:tensorflow-lite:0.0.0-nightly-SNAPSHOT'

    testImplementation 'junit:junit:4.12'
    testImplementation 'androidx.test:core:1.2.0'
    testImplementation 'org.robolectric:robolectric:4.3.1'
}
```

16.3.2　页面布局

本项目主界面的页面布局文件是 tfe_sr_main_activity.xml，功能是在 Android 屏幕下方显示文本输入框和"发送"按钮，在屏幕上方显示系统自动回复的文本内容。文件 tfe_sr_main_activity.xml 的具体实现代码如下：

```
<androidx.constraintlayout.widget.ConstraintLayout
    xmlns:android="http://schemas.android.com/apk/res/android"
    xmlns:app="http://schemas.android.com/apk/res-auto"
    xmlns:tools="http://schemas.android.com/tools"
```

```
    android:layout_width="match_parent"
    android:layout_height="match_parent"
    android:layout_margin="@dimen/tfe_sr_activity_margin"
    tools:context=".MainActivity">

    <ScrollView
        android:id="@+id/scroll_view"
        android:layout_width="match_parent"
        android:layout_height="0dp"
        app:layout_constraintTop_toTopOf="parent"
        app:layout_constraintBottom_toTopOf="@+id/message_input">

        <TextView
            android:id="@+id/message_text"
            android:layout_width="match_parent"
            android:layout_height="wrap_content" />
    </ScrollView>

    <EditText
        android:id="@+id/message_input"
        android:layout_width="0dp"
        android:layout_height="wrap_content"
        android:hint="@string/tfe_sr_edit_text_hint"
        android:inputType="textNoSuggestions"
        android:importantForAutofill="no"
        app:layout_constraintBaseline_toBaselineOf="@+id/send_button"
        app:layout_constraintEnd_toStartOf="@+id/send_button"
        app:layout_constraintStart_toStartOf="parent"
        app:layout_constraintBottom_toBottomOf="parent" />

    <Button
        android:id="@+id/send_button"
        android:layout_width="wrap_content"
        android:layout_height="wrap_content"
        android:text="@string/tfe_sr_button_send"
        app:layout_constraintBottom_toBottomOf="parent"
        app:layout_constraintEnd_toEndOf="parent"
        app:layout_constraintStart_toEndOf="@+id/message_input"
        />
</androidx.constraintlayout.widget.ConstraintLayout>
```

16.3.3　实现主 Activity

本项目的主 Activity 功能是由文件 MainActivity.java 实现的，功能是调用前面的布局文件 tfe_sr_main_activity.xml，监听用户是否单击"发送"按钮。如果单击"发送"按钮，则执行函数 send()调用智能回复模块显示回复信息。文件 MainActivity.java 的具体实现代码如下：

```java
/**
*显示一个文本框，该文本框在收到输入的消息时更新
*/
public class MainActivity extends AppCompatActivity {
  private static final String TAG = "SmartReplyDemo";
  private SmartReplyClient client;

  private TextView messageTextView;
  private EditText messageInput;
  private ScrollView scrollView;

  private Handler handler;

  @Override
  protected void onCreate(Bundle savedInstanceState) {
    super.onCreate(savedInstanceState);
    Log.v(TAG, "onCreate");
    setContentView(R.layout.tfe_sr_main_activity);

    client = new SmartReplyClient(getApplicationContext());
    handler = new Handler();

    scrollView = findViewById(R.id.scroll_view);
    messageTextView = findViewById(R.id.message_text);
    messageInput = findViewById(R.id.message_input);
    messageInput.setOnKeyListener(
        (view, keyCode, keyEvent) -> {
          if (keyCode == KeyEvent.KEYCODE_ENTER && keyEvent.getAction()
== KeyEvent.ACTION_UP) {
            //当按下 Enter 键时发送消息
            send(messageInput.getText().toString());
            return true;
          }
          return false;
        });
    Button sendButton = findViewById(R.id.send_button);
    sendButton.setOnClickListener((View v) -> send(messageInput.getText().
toString()));
  }

  @Override
  protected void onStart() {
    super.onStart();
    Log.v(TAG, "onStart");
    handler.post(
        () -> {
          client.loadModel();
```

```
        });
    }

    @Override
    protected void onStop() {
      super.onStop();
      Log.v(TAG, "onStop");
      handler.post(
          () -> {
            client.unloadModel();
          });
    }

    private void send(final String message) {
      handler.post(
          () -> {
            StringBuilder textToShow = new StringBuilder();
            textToShow.append("Input: ").append(message).append("\n\n");

            //从模型中获取建议的回复内容
            SmartReply[] ans = client.predict(new String[] {message});
            for (SmartReply reply : ans) {
              textToShow.append("Reply: ").append(reply.getText()).append
("\n");
            }
            textToShow.append("------").append("\n");
            runOnUiThread(
                () -> {
                  //在屏幕上显示消息和建议的回复内容
                  messageTextView.append(textToShow);

                  //清除输入框
                  messageInput.setText(null);

                  //滚动到底部以显示最新条目的回复结果
                  scrollView.post(() -> scrollView.fullScroll(View.FOCUS_DOWN));
                });
          });
    }
}
```

16.3.4　智能回复处理

当用户在文本框输入文本并单击"发送"按钮后，会执行回复处理程序在屏幕上方显示智能回复信息。整个回复处理程序是由以下 3 个文件实现的。

（1）文件 AssetsUtil.java：功能是从资源目录"assets"加载模型文件，具体实现代码如下：

```java
public class AssetsUtil {

  private AssetsUtil() {}

  /**
   *直接获取指定路径的AssetFileDescriptor，或通过缓存压缩路径返回其副本
   */
  public static AssetFileDescriptor getAssetFileDescriptorOrCached(
      Context context, String assetPath) throws IOException {
    try {
      return context.getAssets().openFd(assetPath);
    } catch (FileNotFoundException e) {
      //如果无法从asset（可能是压缩的）目录读取文件，请尝试复制到缓存文件夹并重新
加载

      File cacheFile = new File(context.getCacheDir(), assetPath);
      cacheFile.getParentFile().mkdirs();
      copyToCacheFile(context, assetPath, cacheFile);
      ParcelFileDescriptor cachedFd = ParcelFileDescriptor.open(cacheFile,
MODE_READ_ONLY);
      return new AssetFileDescriptor(cachedFd, 0, cacheFile.length());
    }
  }
  private static void copyToCacheFile(Context context, String assetPath,
File cacheFile)
      throws IOException {
    try (InputStream inputStream = context.getAssets().open(assetPath,
ACCESS_BUFFER);
      FileOutputStream fileOutputStream = new FileOutputStream
(cacheFile, false)) {
      ByteStreams.copy(inputStream, fileOutputStream);
    }
  }
}
```

（2）文件 SmartReplyClient.java：功能是将用户输入的文本作为输入，然后使用加载的模型实现预测处理。文件 SmartReplyClient.java 的具体实现代码如下：

```java
/**用于加载TfLite模型并提供预测的接口 */
public class SmartReplyClient implements AutoCloseable {
  private static final String TAG = "SmartReplyDemo";
  private static final String MODEL_PATH = "smartreply.tflite";
  private static final String BACKOFF_PATH = "backoff_response.txt";
  private static final String JNI_LIB = "smartreply_jni";

  private final Context context;
  private long storage;
  private MappedByteBuffer model;
```

```java
private volatile boolean isLibraryLoaded;

public SmartReplyClient(Context context) {
  this.context = context;
}

public boolean isLoaded() {
  return storage != 0;
}

@WorkerThread
public synchronized void loadModel() {
  if (!isLibraryLoaded) {
    System.loadLibrary(JNI_LIB);
    isLibraryLoaded = true;
  }
  try {
    model = loadModelFile();
    String[] backoff = loadBackoffList();
    storage = loadJNI(model, backoff);
  } catch (IOException e) {
    Log.e(TAG, "Fail to load model", e);
    return;
  }
}

@WorkerThread
public synchronized SmartReply[] predict(String[] input) {
  if (storage != 0) {
    return predictJNI(storage, input);
  } else {
    return new SmartReply[] {};
  }
}

@WorkerThread
public synchronized void unloadModel() {
  close();
}

@Override
public synchronized void close() {
  if (storage != 0) {
    unloadJNI(storage);
    storage = 0;
  }
}
```

```
        private MappedByteBuffer loadModelFile() throws IOException {
          try (AssetFileDescriptor fileDescriptor =
                  AssetsUtil.getAssetFileDescriptorOrCached(context, MODEL_PATH);
              FileInputStream inputStream = new FileInputStream(fileDescriptor.
getFileDescriptor())) {
              FileChannel fileChannel = inputStream.getChannel();
              long startOffset = fileDescriptor.getStartOffset();
              long declaredLength = fileDescriptor.getDeclaredLength();
              return fileChannel.map(FileChannel.MapMode.READ_ONLY, startOffset,
declaredLength);
          }
        }

        private String[] loadBackoffList() throws IOException {
          List<String> labelList = new ArrayList<String>();
          try (BufferedReader reader =
              new  BufferedReader(new  InputStreamReader(context.getAssets().
open(BACKOFF_PATH)))) {
              String line;
              while ((line = reader.readLine()) != null) {
                if (!line.isEmpty()) {
                  labelList.add(line);
                }
              }
          }
          String[] ans = new String[labelList.size()];
          labelList.toArray(ans);
          return ans;
        }
        @Keep
        private  native  long  loadJNI(MappedByteBuffer  buffer,  String[]
backoff);

        @Keep
        private native SmartReply[] predictJNI(long storage, String[] text);

        @Keep
        private native void unloadJNI(long storage);
    }
```

（3）文件 SmartReply.java：根据预测结果的分数由高到低列表显示多行文本，每一行文本都是一种智能回复方案。文件 SmartReply.java 的具体实现代码如下：

```
/**
 * SmartReply 包含预测的回复信息
 * *<p>注意: 不应该混淆 JNI 使用的这个类、类名和构造函数
 */
@Keep
public class SmartReply {
```

```java
private final String text;
private final float score;

@Keep
public SmartReply(String text, float score) {
  this.text = text;
  this.score = score;
}

public String getText() {
  return text;
}

public float getScore() {
  return score;
}
}
```

到此为止，整个项目工程全部开发完毕。单击 Android Studio 顶部的运行按钮运行本项目，在 Android 设备中将会显示执行效果。在 Android 屏幕下方显示文本输入框和"发送"按钮，在屏幕上方显示系统自动回复的文本内容。例如，输入"how many"后的执行效果如图 16-3 所示。

图 16-3　执行效果